О progresso e seus desafios

CONSELHO EDITORIAL

Ana Paula Torres Megiani

Eunice Ostrensky

Haroldo Ceravolo Sereza

Joana Monteleone

Maria Luiza Ferreira de Oliveira

Ruy Braga

O progresso e seus desafios

Uma perspectiva histórica de ciências e técnicas no Brasil

Gildo Magalhães (org.)

Copyright © 2017 Gildo Magalhães.

Grafia atualizada segundo o Acordo Ortográfico da Língua Portuguesa de 1990, que entrou em vigor no Brasil em 2009.

Edição: Haroldo Ceravolo Sereza/ Joana Monteleone
Editor assistente: Jean Ricardo Freitas
Projeto gráfico, diagramação e capa: Jean Ricardo Freitas
Assistente acadêmica: Bruna Marques
Revisão: Alexandra Collontini
Imagens da capa: Montagem a partir de imagens contidas no livro.

Esta obra foi publicada com apoio da Fapesp, nº do processo 2016/07101-5.

CIP-BRASIL. CATALOGAÇÃO-NA-FONTE
SINDICATO NACIONAL DOS EDITORES DE LIVROS, RJ

P958

O progresso e seus desafios : uma perspectiva histórica de ciências e
técnicas no Brasil
Organização Gildo Magalhães. - 1. ed.
São Paulo : Alameda, 2017.
396 p. : il. ; 21 cm

Inclui bibliografia
ISBN: 978-85-7939-473-7

1. Ciências - Brasil - História. I. Magalhães, Gildo.

| 17-41779 | CDD: 507 |
| | CDU: 501 |

ALAMEDA CASA EDITORIAL
Rua 13 de Maio, 353 – Bela Vista
CEP 01327-000 – São Paulo, SP
Tel. (11) 3012-2403
www.alamedaeditorial.com.br

Prefácio 7
Maria Amélia Dantes

Introdução geral. Uma história de desafios e 13
progresso: práticas e instituições tecnocientíficas
Gildo Magalhães

Cabuçu e o abastecimento de água na cidade de São 33
Paulo no início do século XX
Filomena Fonseca e Dalmo Vilar

Capitais em combate: a eletrificação de São Paulo no 63
início da República
Alexandre Ricardi

Privatistas e nacionalistas na história do setor 93
elétrico: do Código de Águas à Eletrobrás
Marcelo Silva

Da utopia à realidade: o Plano Smith-Montenegro, o 127
ITA e a construção aeronáutica brasileira
Nilda Oliveira

A FEI e o desenvolvimento econômico do ABC 163
paulista no pós-Segunda Guerra
Gisela de Aquino

Os primórdios da genética tropical no Brasil e a 187
Universidade de São Paulo
Dayana Formiga

Da industrialização à autonomia: o software livre e o 215
desenvolvimento da informática brasileira
Rubens de Souza

Permanências e mudanças: um século de técnicas de 243
pesca dos caiçaras paulistas
Marcelo Afonso

Antropologia e etnografia em debate: o Brasil e o 277
Congresso Internacional dos Americanistas (1888)
Adriana Keuller

Abolindo a lógica racial? Arthur Ramos e sua 301
concepção de atraso da cultura negra
Luana Tamano

Tropeços institucionais: as campanhas de Mario Barata 321
por um curso superior de história da arte no Brasil
Danielle Amaro

Lugar(es) da ciência: as duas primeiras décadas do 363
programa *Roda Viva*
Lívia Botin

Sobre os Autores 391

Prefácio

Maria Amélia Dantes

O livro *O progresso e seus desafios: uma perspectiva histórica de ciências e técnicas no Brasil*, organizado pelo prof. Gildo Magalhães, traz um conjunto diversificado de estudos sobre temas da História das ciências e das técnicas no Brasil. Contemplando o final do século XIX e o século XX, os textos apresentam as práticas científicas e técnicas integradas ao contexto social, e mostram como sua implantação e desenvolvimento foi influenciada por questões políticas, econômicas e mesmo ideológicas.

Minha proposta, neste prefácio, é realizar um diálogo com os vários textos que compõem o livro, destacando alguns temas que me parecem relevantes.

A presença das ciências e das técnicas na História do Brasil

Como é conhecido, foi só a partir dos anos 1970 que a História das Ciências e das técnicas no Brasil passou a chamar a atenção dos pesquisadores. Esta área se desenvolveu de forma mais continuada nos últimos anos e, a meu ver, uma de suas contribuições mais marcantes tem sido chamar a atenção para a presença de atividades científicas e técnicas no território brasileiro desde períodos remotos. Esta contribuição da historiografia brasileira está integrada à produção internacional, que passou a ver a difusão da ciência moderna pelas várias regiões do globo como parte do processo de expansão europeia – política, comercial, militar e cultural – a partir do qual foram formados os grandes impérios coloniais. Nas palavras

8 Gildo Magalhães (org.)

da historiadora norte-americana Mary Louise Pratt, com a expansão europeia constituiu-se uma consciência planetária eurocêntrica, um conhecimento da natureza que absorveu e subjugou outros saberes.[1] Ainda hoje, as pesquisas sobre o período colonial brasileiro são limitadas e tratam de alguns poucos temas, como as observações astronômicas e as práticas terapêuticas realizadas pelos jesuítas, as práticas naturalistas desenvolvidas no período holandês, ou as artes médicas que se difundiram na colônia. Mas, mais recentemente, tem crescido de forma significativa, o interesse dos historiadores brasileiros e portugueses pelo papel desempenhado pelas ciências e técnicas nas políticas metropolitanas do período iluminista. Esta produção tem mostrado o grande dinamismo destas políticas, com a criação de várias instituições científicas no Reino, a introdução das ciências na Universidade de Coimbra, e a formação de uma geração de ilustrados que atuaram diretamente no mapeamento territorial das colônias e no levantamento de recursos naturais de interesse econômico. Podemos lembrar, entre outros, da atuação de José Bonifácio de Andrada e Silva, que se dedicou aos estudos mineralógicos na Europa; ou de naturalistas brasileiros, como José Vieira Couto que, seguindo ordens da Coroa portuguesa, fez levantamentos mineralógicos em Minas Gerais; ou ainda da criação, no final do século XVIII, de jardins botânicos como o de Belém que, visando a recuperação da produção colonial, tinham a função de aclimatar e distribuir espécies de interesse econômico. Vemos assim que, já no século XVIII, as ciências naturais eram vistas por Portugal como fundamentais para a riqueza do império.[2]

---

1 Mary Louise Pratt. *Os olhos do Império: relatos de viagem e transculturação.* Bauru: EDUSC, 1999.

2 Sobre as ciências e técnicas no período iluminista v. Lorelai Kury & Heloisa Gesteira (Orgs.). *Ensaios de História das Ciências no Brasil: das Luzes à nação independente.* Rio de Janeiro Ed. UERJ/FAPERJ, 2012.

Profissionais e instituições brasileiras do século XIX

Muitos dos textos deste livro mostram a atuação de médicos e engenheiros na implantação de atividades científicas e técnicas. Vejamos então como estes profissionais começaram a se formar na colônia. Em 1808, foram criadas as academias médico-cirúrgicas da Bahia e Rio de Janeiro, que só se tornaram Faculdades de Medicina em 1832. E, em 1810, a Academia Real Militar, voltada para a formação de engenheiros militares. Estas instituições procuravam responder à demanda por quadros para a administração metropolitana, recém transferida para o Rio de Janeiro.

A Academia Real Militar foi criada segundo o padrão mais moderno de ensino técnico da época: o modelo da Escola Politécnica de Paris. Seus primeiros professores eram militares portugueses que, além das aulas, foram responsáveis pela redação de manuais e tradução de clássicos como os livros dos matemáticos franceses Legendre e Euler, usados no ensino da escola. Mas, se o projeto era impecável, a Academia passou por dificuldades em seus primeiros anos e, foi somente na segunda metade do século XIX, que o ensino militar e o civil se separaram. Em 1870, começou a funcionar a Escola Politécnica do Rio de Janeiro. Os engenheiros brasileiros atuaram sobretudo como funcionários do estado imperial e participaram da construção de estradas, pontes, portos e, mais para o final do século XIX, de linhas telegráficas. Já então, começaram a dividir funções com engenheiros estrangeiros, como os ingleses, na construção de ferrovias. Também atuaram em áreas de pesquisa científica, como a astronomia que, no século XIX, era parte da formação dos engenheiros. Encontramos assim vários deles trabalhando no Observatório Astronômico do Rio de Janeiro, tanto em atividades de pesquisa como em projetos de demarcação territorial.

No entanto, é a medicina que mais tem chamado a atenção dos historiadores brasileiros. Entre os temas que vêm sendo pesquisados, destacam-se: a formação e a atuação clínica dos médicos brasileiros; sua

10 Gildo Magalhães (org.)

relação com as práticas populares de cura de origem indígena ou africana; a criação de associações profissionais e a publicação de periódicos; sua inserção nos organismos imperiais de saúde pública criados na segunda metade do século XIX para combate a epidemias. Estes estudos têm mostrado que, durante o século XIX, os médicos brasileiros tiveram que travar longas disputas pelo monopólio das profissões de cura e que seu reconhecimento profissional só se consolidou no final do século, com o estabelecimento do paradigma microbiano.

Ainda sobre o século XIX é importante lembrarmos que alguns destes médicos se destacaram em pesquisa científica, atuando sobretudo na área das ciências naturais. Assim, vários dos diretores do Museu Nacional do Rio de Janeiro, criado em 1818 e a mais importante instituição científica brasileira do século XIX, eram médicos de formação.[3]

É justamente sobre esta instituição o único texto deste livro que trata das ciências naturais no século XIX e que focaliza a atuação de Ladislau Netto, botânico, antropólogo, e diretor do Museu de 1870 ao início da República. Neste estudo é analisada sua participação como representante brasileiro nos congressos americanistas.

Ciência e técnica na República

Os outros artigos do livro tratam do período republicano quando, com o federalismo, proliferaram as escolas estaduais de medicina e engenharia. Nestes anos também foram criados os institutos de ciências biomédicas, bastante prestigiados pela função que desempenharam no combate a doenças endêmicas e epidêmicas encontráveis no país. Mas, foi somente com as primeiras universidades brasileiras, nos anos 1930, que a formação profissional se diversificou.

---

3 Sobre personagens e instituições do período imperial, ver, por exemplo, Alda Heizer & Antonio Videira (Orgs.). *Ciência, civilização e império nos trópicos*, Rio de Janeiro: Ed.Access, 2001.

Podemos agrupar os textos do livro em alguns sub-temas. Inicialmente, os que tratam das questões técnicas advindas da crescente urbanização e dos embates que cercaram a instalação e a regulamentação dos serviços de água, saneamento e eletricidade, da primeira república aos anos 1960. São textos que mostram como médicos e engenheiros atuaram nestes serviços e como sua implantação foi cercada por fortes interesses políticos e comerciais.

Já outros textos tratam da relação entre capacitação técnica e produção industrial, dos anos 1950 ao final do século XX, como a atuação dos engenheiros do ITA na implantação da indústria aeronáutica, a contribuição da FEI na consolidação do parque industrial do ABC, ou ainda, a atuação de engenheiros nos projetos de criação de tecnologias de software autônomas, nos anos 1980.

Com um outro enfoque, alguns textos tratam mais das áreas científicas que começaram a se desenvolver nas universidades brasileiras a partir dos anos 1930, como a criação da escola de genética da USP; ou, nos anos 1960, os projetos de implantação da história da arte em universidades cariocas. O antropólogo Arthur Ramos, tema de um dos estudos, também pertence à geração universitária e, como o texto mostra, sua obra foi se transformando com a incorporação de novos enfoques, como o da antropologia cultural.

Quero também chamar a atenção para o artigo que trata da convivência de diferentes tradições culturais nas atividades de pesca desenvolvidas pela população caiçara de São Paulo, que toca em um tema hoje bastante presente na historiografia brasileira. Já foram realizados, por exemplo, muitos estudos sobre a permanência de práticas populares de cura no Brasil, do século XIX até os dias de hoje.

Por fim, podemos ver a presença de cientistas e tecnólogos brasileiros no programa televisivo Roda Viva, tema de um dos artigos, tanto como um reconhecimento da competência destes especialistas, como da constatação, pela mídia, de que hoje as ciências e as técnicas são noticia e que fazem parte do imaginário popular.

Possibilidades e limitações das ciências e das técnicas no Brasil

Concluindo, quero chamar a atenção para algumas das contribuições dos artigos deste livro. Inicialmente, por tratarem de temas centrais da história das ciências e das técnicas no Brasil: a implantação e o desenvolvimento de áreas científicas; a introdução de novas técnicas; o desenvolvimento de novos ramos industriais; as experiências tecnológicas de ponta.

Também os textos nos fazem refletir sobre como a ação de fatores políticos, econômicos e ideológicos levaram a mudanças de rumo ou mesmo à inviabilização de alguns projetos voltados para as áreas da ciência e da técnica no país.

Assim, se considerarmos o final do século XIX, vários textos do livro nos mostram que interesses comerciais estavam presentes não apenas nas atividades produtivas, mas também no universo das obras públicas. Por exemplo, o artigo que focaliza a Companhia de Água e Luz de São Paulo, de 1890, mostra as dificuldades enfrentadas pela empresa até sua incorporação pela canadense Light, que manteve por décadas o monopólio da produção de energia elétrica. Já o estudo sobre os caminhos que levaram à criação da Eletrobrás, em 1961, registra os grandes debates entre nacionalistas e privativistas que cercaram o estabelecimento do Código de Águas nos anos 1930, com forte presença de empresas estrangeiras.

Os múltiplos interesses em jogo, em um contexto de alta competitividade internacional, também estão presentes nos debates dos anos 1950 sobre a criação autônoma e a importação de tecnologia. Tema central nos estudos sobre os caminhos da indústria aeronáutica brasileira e os projetos de construção de uma competência nacional em informática.

Ou seja, os estudos aqui apresentados, nos mostram casos de sucesso, mas também dificuldades e percalços que têm cercado a implantação de práticas científicas e técnicas no país, contribuindo assim para o aprofundamento das reflexões sobre as dinâmicas presentes na história brasileira.

Introdução Geral

Uma história de desafios e progresso: práticas e instituições tecnocientíficas

Gildo Magalhães

A história em sua essência é transformação, movimento ou – caso aceite a palavra fora de moda – progresso... Uma sociedade que perdeu a confiança na sua capacidade de progredir no futuro rapidamente deixará de preocupar-se com seu progresso no passado.[1]

Apesar de existir muita controvérsia em torno da demarcação entre ciência e técnica (e sua derivada, a tecnologia), sobejam razões para não entrar aqui nesse terreno, a começar pela mais pragmática, que é a falta de espaço. Para os fins presentes preferiu-se tratar estas duas atividades antes como nuances do conhecimento do que como repartições, e importa notar que na verdade costuma haver uma fertilização cruzada entre elas durante a maior parte do tempo.[2]

O que é inconteste é que estas atividades se caracterizam por se desenvolverem em ritmos cada vez mais acelerados por meio de inovações, que ocorrem pela intervenção do próprio homem. A ciência e a técnica, ainda que não normatizadas como as entendemos hoje, devem ser tão antigas quanto a humanidade e seu papel foi fundamental nas

---

1   E. H.Carr. *Que é história?* Rio de Janeiro: Paz e Terra, 1989, p. 110-111.

2   Vide uma discussão filosófica interessante do tema em Jean-Pierre Séris, *La technique*. (Paris: PUF, 1994), retomada por Pascal Acot em *História das ciências* (Lisboa: Ed. 70, 2001). O assunto está tratado também em Gildo Magalhães, *Introdução à metodologia da pesquisa. Caminhos da ciência e tecnologia* (São Paulo: Ática, 2005).

14 Gildo Magalhães (org.)

etapas civilizatórias, notadamente desde a chamada revolução neolítica. Nesta escala já era marcante a interação entre as capacidades manuais e intelectuais, que concorrem em conjunto levando a uma convergência, apesar da diversificação de soluções para os mesmos problemas, em diferentes épocas e regiões.[3]

O resultado de tantos séculos de inovação foi a criação da máquina. Embora as formas da natureza redundem em soluções até homólogas a elementos de máquinas humanas para diversos problemas com que os seres vivos se defrontam,[4] as máquinas simples da Antiguidade, que incluíam a alavanca, o parafuso e a polia, evoluíram cada vez mais na transformação e uso da natureza. O ápice da máquina foi a automação, que também tem uma longa história, e que evidenciou cada vez mais que a substituição da força física do trabalho humano caminhava para uma extensão ao domínio de suas faculdades mentais, levando o homem a se deparar com fronteiras ainda maiores e a dúvida ante a possibilidade de exercitar um poder antes reservado aos seus deuses.[5]

A crítica, que é uma faculdade inerente ao ser humano e desempenha um papel essencial exatamente para o surgimento de inovações, passou a se voltar para os problemas decorrentes da aplicação das ciên-

---

3   O estudo já clássico de André Leroi-Gourhan, *Evolução e técnicas* (Lisboa: Ed. 70, 1984, 2 vol.) nos dá uma medida da multiplicidade característica do gênero humano, repartida por diferentes épocas e povos distribuídos pela Terra.

4   Cf. a visão original da natureza e da arte exposta por Jorge Wagensberg em *La rebelión de las formas. O como perseverar cuando la incertidumbre aprieta* (Barcelona: Tusquets, 2004).

5   Não acredito na "inteligência" artificial, por razões que escapam de muito ao âmbito deste prefácio, e têm a ver com resultados como o teorema da Gödel sobre a incompletude necessária dos sistemas formais. Basta-nos neste momento afirmar que a faculdade da criatividade é maior do que a criação. Sobre a interessante e crescente evolução das máquinas de automação, vide Mário Losano, *Histórias de autômatos. Da Grécia clássica à Belle Époque* (São Paulo: Companhia das Letras, 1992).

cias e técnicas, ainda no período de consolidação da ciência moderna, como exemplificado pela associação (forçada) das máquinas com a força satânica no *Paraíso Perdido,* de Milton. Nossa época, ainda mais, tem acentuado a tecnofobia, angustiada pela crise de valores injetada pela aplicação desenfreada do programa do neoliberalismo econômico e suas associações filosóficas. Daí se rebelar contra a tanatocracia das guerras, a devastação da poluição ambiental e o pesar das catástrofes, culpando a ciência e a técnica por essa dimensão do mal. O pessimismo que tomou conta de boa parte da civilização contemporânea voltou-se exatamente contra a razão instrumental, vista como inimiga da felicidade. Isto naturalmente é um contrassenso, pois equivale a pedir a desumanização do homem, a revogar o que o distingue enquanto espécie.

A própria ciência foi afetada por esta perspectiva e se refugiou nesta vã expectativa, como se viu na formulação irracional da física quântica, que preferiu o domínio do acaso ao da causalidade e, no entanto, não abdicou do uso dessa mesma razão em sua sofisticada descrição matematizada da natureza. O puro acaso, no entanto, parece não existir nem na esfera natural nem na cultural – como exemplo, pode-se citar que mesmo uma técnica como a pintura por gotejamento de Jackson Pollock não se dava ao acaso, mas traía uma racionalidade subjacente.

Em resumo, todo problema científico (técnico e tecnológico) se revela essencialmente um problema histórico e, portanto, político, social, econômico, ético – e refém das demais categorias condicionantes da atividade humana. Se é verdade que o conhecimento em si não é trágico, sua utilização claramente pode sê-lo, como bem ilustra o dilema fáustico, e apenas nesse sentido é que se pode dizer que a ciência não é neutra, nem objetiva.

Ao invés de continuar me utilizando das palavras evolução ou desenvolvimento, vou agora recorrer a um termo desgastado pelo mencionado clima de pessimismo cultural em que vivemos, notadamente após os anos 1970. Refiro-me ao *progresso*, termo por muitos considerado politicamente incorreto, ou mesmo já descartado. Ao se estudar o tema

16 Gildo Magalhães (org.)

do progresso em suas múltiplas vertentes, verifica-se que uma parte da bibliografia mais contemporânea a esse respeito segue convicta de que se trata de algo ilusório, fruto da crença em uma ideologia tipicamente iluminista. Pelo contrário, sustento que o progresso é algo empiricamente testável especialmente em conexão com a história da ciência e da técnica e, sem entrar nas minúcias da distinção entre ideia e ideologia, pode-se falar com propriedade que a ideia de progresso é certamente uma das molas propulsoras da civilização humana.[6] Nesse contexto, o desenvolvimento dessa ideia mantém certa continuidade, que vem desde o mundo clássico e ela vai sendo reformulada pelos primeiros pensadores cristãos, seguindo uma trajetória que certamente se acentua com o Renascimento e é tornada, isto sim, bem conspícua no período que vai desde o Iluminismo até a era vitoriana.[7]

A noção de progresso se torna explicitamente expressa em meados do século XVII, e de forma muito clara pelo notável cientista-filósofo Blaise Pascal. Para ele, há uma diferença fundamental entre os animais e o homem. Enquanto que os primeiros têm uma "ciência frágil", impulsionados pela necessidade do momento, o homem "foi produzido para o infinito" e conserva não só a própria experiência, mas a de seus predecessores.[8] Assim, ao mesmo tempo que o homem mantém conhecimentos, pode também aumentá-los, e dessa forma é como se os antigos pudessem viver até hoje, adicionando conhecimentos ao longo dos tempos. Para ele, a opinião mais nova sobre algo é, paradoxalmente, a opinião mais antiga, pois que a nova depende de tudo que foi aprendido desde a anti-

---

6   Remeto a uma das conclusões de que é possível usar ideologia de uma forma mais ampla, tendendo para *Weltanschauung*, ou visão de mundo. Cf. Terry Eagleton, *Ideologia* (São Paulo: Unesp/Boitempo, 1997).

7   Vide o excelente estudo de Robert Nisbet, *History of the idea of progress*. (New Brunswick: Transaction Publishers, 1998).

8   Blaise Pascal, "Fragmento de um tratado sobre o vácuo". In: *Tratados físicos de Blaise Pascal. Cadernos de história e filosofia da Ciência*, série 2, vol. 1, janeiro a dezembro de 1989, p. 52-53.

guidade. O homem atual é equivalente a uma coletividade que aprende continuamente, ou o que é equivalente, todas as gerações equivalem a um homem que vivesse desde a aurora da humanidade, resultando no progresso da ciência.

Paolo Rossi acredita que essa consciência do saber como processo sempre aberto, tipificada por Pascal, é absolutamente única. Nela se cristaliza a ideia de que o saber se desenvolve gradativamente, numa construção lenta e nunca concluída. Sem temor da acusação de eurocentrismo ou até de antropocentrismo, para Rossi tal convicção centralizou-se na Europa e não existe desta forma no Oriente nem em outras culturas antes da europeia.[9]

Nessa mesma linha de justificativa do progresso, encontramos no filósofo Espinosa uma síntese sobre como é gerado o conhecimento. Argumenta este que para forjar o ferro é necessário um martelo, e para se ter um martelo é preciso outro martelo e assim ao infinito. No entanto, seria vão tentar provar que por causa dessa regressão os homens não teriam o poder de forjar o ferro. No começo, continua o filósofo, os homens fizeram coisas com esforço e imperfeição, passando gradativamente a coisas mais difíceis e, da mesma forma, o intelecto fabrica para si instrumentos que lhe dão cada vez mais forças para realizar outras obras intelectuais, o que lhe permite continuar investigando o mundo.[10]

Seria igualmente um engano supor que a fé no progresso morreu com o "longo" século XIX, acabando nas trincheiras da Primeira Guerra Mundial, ou, no máximo, com o pós-Segunda Guerra. Um historiador discordante dessa crença declara em pleno século XX peremptoriamente:

---

9 Paolo Rossi, *Os filósofos e as máquinas, 1400-1700*. São Paulo: Companhia das Letras, 1989, p. 63- 88. Algumas das ideias de Rossi foram reencontradas por ele em suas leituras de Zilsel e na ênfase deste no inusitado encontro da cultura dos artesãos europeus com a erudição dos intelectuais do Renascimento – vide Edgar Zilsel, *The social origins of modern science* (Doordrecht: Kluwer, 2003).

10 Baruch Espinosa, *Tratado da correção do intelecto*, § 30 e 31. In: *Os pensadores*, vol. XVII (São Paulo: Abril Cultural, 1973).

Gildo Magalhães (org.)

"A crença no progresso significa não uma crença no processo automático ou inevitável, mas no desenvolvimento gradativo das potencialidades humanas".[11] O equívoco em ignorar a ideia de progresso é, portanto, tão grande quanto, numa polaridade invertida, sustentar uma crença ingênua na linearidade do progresso. De fato, numa visualização espaço-temporal, a variável do progresso se desenvolve mais em trajetórias curvas (ou, talvez, dito de uma forma mais precisa, em trajetórias helicoidais) do que retilíneas, podendo parecer para um observador desavisado quanto à relatividade de seu referencial que se volta ao ponto de partida, ou até mesmo que se caminha para trás, quando ocorre o inverso.

Certamente a construção hegeliana de uma história em progresso absoluto (e plenamente acabada, como no modelo do Estado prussiano da primeira metade do século XIX) pode tanto ser conjugada com uma base positivista de um lado ou com o desdobramento marxista, de outro lado. Esta forma de entendimento costuma ser temperada pela visão triunfalista ("whiggish") de uma história cujos desdobramentos e inevitabilidade justificam a si mesma no presente e a projetam para o futuro – concepção que sofreu recuos notáveis durante o século XX. Não se pode tampouco esquecer que, em contraponto constante ao progresso, a ideia oposta de decadência da humanidade compõe a historiografia há muito tempo, em especial desde a época moderna.[12] Nosso tempo espelha bem a tensão entre a crença no progresso continuado (embora não linear nem inevitável) e a posição pessimista de declínio, que especialmente no contexto pós-modernista gera angústia e desesperança.[13] A querela entre an-

---

11 E.H. Carr, *Que é história?* (Rio de Janeiro: Paz e Terra, 1982, p. 100-101). É sintomático o desaparecimento da referência a esse autor nos atuais cursos de História.

12 Cf. o erudito levantamento de história desse tema empreendido por Arthur Herman em *A ideia de decadência na história ocidental* (Rio de Janeiro: Record, 1999).

13 Este é o tema também de Paolo Rossi em *Naufrágios sem espectador. A ideia de progresso* (São Paulo: Edunesp, 2000). O fenômeno pode ainda ser examinado como uma suposta perda de sentido histórico, como em Remo Bodei, *A história tem um sentido?* (Bauru: EDUSC, 2001).

tigos e modernos no século XVII está correlacionada com essa contraposição e não se encerrou então: seus ecos se encontram nítidos nos dias de hoje, sem o que não conseguimos entender como surgiram e se mantêm numerosos paradoxos da atualidade em torno da questão do progresso.[14]

Chega a ser um lugar-comum nos círculos atuais, principalmente no estudo de humanidades, a identificação anticientífica de pessoas imbuídas da refutação da ideia do progresso por influência de tendências historiográficas e sociológicas, que ganharam maior expressão com o questionamento das aplicações tecnocientíficas desde o século XX.[15] Isto se coaduna na opinião pública e na mídia de divulgação científica com movimentos como a condenação absoluta e por princípio ao uso pacífico da energia nuclear, e com a intensificação de protestos contra a industrialização e os danos ao meio-ambiente – e que podem pelo contrário simplesmente traduzir no fundo, mesmo inconscientemente, uma postura politicamente conservadora. A discussão dos contextos históricos concretos que cercam essas questões é a única possibilidade de permitir

---

14 Há mais do que uma aproximação entre artes e técnicas, para além da incorporação linguística que era evidente na expressão antiga de "artes e ofícios" e que uma cultura desumanizada transformou em disjunção. Isto traz à baila a questão da legitimidade de se falar em progresso das artes. O tema é igualmente polêmico e, citando um dos principais trabalhos da atualidade sobre o mesmo, não se pode dizer que não existe o progresso artístico, mas pode-se sim criticar o uso que se faz dessa noção para categorizar e classificar as obras de arte, ao invés de analisá-las e interpretá-las (Olga Hazan, *Le mythe du progrès artistique*. Montréal: Les Presses de L'Université de Montréal, 1999, p. 415).

15 Além da visão negativa sobre a tecnologia que constituiu uma tradição hoje emblemática, representada pela Escola de Frankfurt e especialmente por apologistas contra a industrialização, como Lewis Mumford, a partir de *Technics and civilization* (San Diego: Harcourt Brace: 1934), a repulsa foi retomada com força a partir dos anos 1960 e expressa como franco pessimismo dos críticos do progresso e céticos da tecnologia, como Jacques Ellul, em *The technological order* (Detroit: Wayne State University Press, 1963).

Gildo Magalhães (org.)

aos interessados novas interpretações para reavaliar suas críticas e sintetizar das contradições um novo posicionamento pessoal.

Há na ciência e na tecnologia um cumprimento inequívoco da ideia de progresso perene e *plus ultra*: cada época avança no conhecimento e isto se materializa na forma de máquinas e técnicas cada vez mais aperfeiçoadas, potentes e maravilhosas, para o bem e para o mal. O progresso da medicina, por exemplo, responsável pelo aumento extraordinário da duração da vida média, se contrapõe ao terror da tecnologia bélica, capaz de ferir e matar de forma cada vez mais formidável. As perspectivas polarizadas e conflitantes da ciência e tecnologia só podem ser entendidas a partir do questionamento de sua pretensa neutralidade de valor. Assim, um posicionamento axiológico sobre o progresso deve ser assumido e não evitado, para que ambas, ciência e técnica, sejam entendidas como partes integrantes da história da cultura.

Outro componente da problemática do progresso que é necessário enfrentar diz respeito à tomada de posição entre continuidade e ruptura no que diz respeito às invenções, teorias e demais elementos que compõem a história da ciência e da técnica. Diferentemente da concepção simplista que apresenta essa história como fruto de gênios isolados a serem cultuados como heróis, e cujas inovações brotam aparentemente do nada pelo seu esforço individual, toda obra criativa é social e devedora de um passado mais ou menos remoto. Sem tirar o mérito individual, responsável pelo aproveitamento de circunstâncias que de outro modo ficaria perdido ou postergado, cresce a convicção de que ciência, técnica (e arte, poderíamos acrescentar) são frutos de um lento acúmulo de saberes. Também neste sentido, a ênfase kuhniana sobre "revoluções" científicas não tem contribuído para desfazer mitos e lendas incrustadas no senso comum.

Justamente por entender que há uma continuidade na longa duração, apesar de reviravoltas no curto prazo, a história progride de forma não linear. Longe, portanto, de esposar uma teoria linear e irreversível de progresso, podemos entender como a humanidade almeja crescimento tanto material quanto ético, em meio à constante mutação do mundo, aguçada pelo desenvolvimento da ciência e de suas aplicações. Nossa contemporaneidade pontua, segundo alguns, que se deva distinguir entre progresso, evolução e desenvolvimento. No entanto, não fazer essa distinção nos dá uma posição privilegiada para procurar uma forma unificada de formação do progresso. Isto pode ser ilustrado pelo tratamento dado a um agravante daquela tendência de separação entre as três categorias citadas (de progresso, evolução e desenvolvimento), provindo das ciências da vida.

Após a primeira metade do século XX, biólogos adeptos da evolução darwinista começaram a lutar contra a identificação de "evolução" com a ideia de "progresso", por entenderem que aquela não é direcionada para um fim, ao passo que este tem um sabor teleológico. Não obstante, não era essa uma posição firme de Darwin nem de seus seguidores mais diretos, como Thomas Huxley, mas com os trabalhos de biólogos e de influentes divulgadores científicos ao longo do século XX, o progresso tornou-se anátema dentro do paradigma biológico.[16]

O saldo da discussão travada não diretamente com os biólogos mais tradicionalistas, mas com aqueles que têm maior abertura para questionar paradigmas tem sido, além de um exercício de cerne epistemológico, chamar a atenção para como a história da ciência pode funcionar como parceira da própria ciência: esta é um processo em construção, em que a verdade não pode ser imposta nem se estabelece em definitivo, mas que acarreta um trabalho constante de dúvida metacartesiana - ou talvez melhor expresso, de dúvida dentro da matriz popperiana de ceticismo construtivo.

Ora, é exatamente o tema do *progresso científico* em busca de verdades uma das vertentes em que se observa a questão geral da ideia de progresso. Uma possibilidade adicional de se entender a história da ciên-

---

16 Como Stephen Jay Gould expõe e defende em *Lance de dados* (Rio de Janeiro: Record, 2001).

cia desta forma e do processo pelo qual isto transcorre é, destarte, que ela trata de um conhecer progressivo. Nesse ponto, é determinante recordar a lição do historiador de origem russa Alexandre Koyré, que afirma ser a história das ciências sempre um juízo de valor sobre os pensamentos e as descobertas dos cientistas.[17] Não seria, portanto, possível a alguém pretender ser um historiador "isento" nas ciências, mesmo em se tratando de teorias hoje tidas como incontestes. Pela história da ciência refaz-se o percurso das teorias que tiveram seu "ganho de causa", e de novo são verificadas suas bases – momentos de reflexão, quando todo o edifício pode revelar rachaduras irrecuperáveis ou, pelo contrário, podem finalmente ser fechadas brechas entreabertas por motivos diversos.

Na história, a percepção da ciência como uma atividade eivada de certezas basilares, tais como objetividade, certeza e verdade, está longe da prática real dos cientistas, em que o empreendimento científico costuma emergir já envolto em controvérsias e lutas de interesses, muitas das quais de média e longa duração – ou até perenes, como para citar um exemplo antológico, a discussão sobre a validade de uma teoria atomística – e para cuja formulação entram componentes filosóficos e ideológicos, insuspeitos à primeira vista.[18]

Pode-se assim reafirmar que todo conhecimento científico é parcial e provisório. A controvérsia e o conflito são benéficos, já que levam a novos conhecimentos e a busca da verdade deve ser temperada com tolerância, porque tantas convicções do passado se revelaram incorretas e é muito provável que as certezas atuais sejam ultrapassadas daqui a algum tempo. Deve-se mesmo creditar à possibilidade de controvérsia o principal valor humano da ciência, pois é a controvérsia que garante o

---

17 Alexandre Koyré, "Perspectivas sobre a história das ciências". In: Manuel Maria Carrilho (org.), *Epistemologia: posições e críticas* (Lisboa: Fundação Gulbenkian, 1991).

18 Outro exemplo ilustrativo desta asserção que tem um passado ilustre na história da ciência é a existência do éter luminoso, tantas vezes descartado, mas que ressurge mesmo nos dias de hoje, conquanto a ideia que lhe é subjacente vá se alterando.

poder de crítica, o que por sua vez tem sido responsável pelo caráter de progresso ininterrupto do conhecimento. Observe-se que a controvérsia também tem sido um elemento fundamental para escapar à estagnação técnica por intermédio de inventos e inovações, dado que a existência de polêmicas alavanca novos avanços. Ainda que descartando uma visão ingênua no progresso inevitável da razão científica, é inegável que há uma tendência geral para um progresso verdadeiro do conhecimento ao longo do tempo, tanto nas ciências naturais quanto nas humanas.

Em outra chave, é oportuno no contexto do presente livro mencionar como o citado desejo de progresso tem sido um componente lapidar da história brasileira, pelo menos desde que o país manifestou sua vontade de inserção na comunidade de povos desenvolvidos e modernos. Nos estudos históricos sobre os dilemas do progresso social e econômico envolvendo o processo da industrialização brasileira, sobressaem as relações do embate entre dirigismo estatal e liberalismo econômico. Vamos repetir aqui um exemplo conhecido disso, que foi o processo de eletrificação em São Paulo, essencial para o primeiro surto de industrialização paulista, intensificado nas décadas de 1910 e 1920, e que acompanhou o alastramento dos cafezais e a marcha de urbanização para o oeste do Estado, bem como a expansão do transporte ferroviário, verificando-se o reinvestimento dos lucros assim gerados em atividades manufatureiras, principalmente a renda proporcionada pela exportação dos grãos de café.

Após a Segunda Guerra Mundial, uma série de apagões elétricos evidenciou o descaso crescente das multinacionais *Light* e *AMFORP* em prover a melhoria e expansão da eletrificação por elas dominada em São Paulo, assim como em outros estados da Federação. A partir do governo JK, o investimento na indústria automobilística, concentrado no ABC, e a instalação de um parque industrial mais diversificado e ávido pelo consumo de eletricidade, levaram o governo paulista a entrar no setor elétrico, resultando na criação da *CESP* e, mais tarde, na estatização da *Light* (que se tornou a *Eletropaulo*) e da *AMFORP* (transformada em *CPFL, Companhia Paulista de Força e Luz*). Essas três empresas cons-

24 Gildo Magalhães (org.)

tituíram um conglomerado poderoso e, passadas algumas décadas, elas tinham criado uma cultura própria e forte, abrangendo desde um *modus operandi* peculiar até o patrocínio do desenvolvimento autóctone de tecnologias, principalmente de projetos de engenharia para usinas e outros componentes da eletrificação.

O outro lado da moeda também é conhecido e pode ser exemplificado por meio dessa história da eletrificação, assim como em muitos outros: houve um desenvolvimento extremamente desigual, com exclusão social e econômica de largos contingentes da população, atraso nunca vencido de fato, e tornado até mais agudo pela existência de algumas ilhas de excelência e de real progresso tecnocientífico.[19] A evidenciar o permanente descompasso, conhece-se a situação de penúria educacional em todos os níveis, com destaque para o ensino fundamental e médio, e que tem levado o país a posições vergonhosas no cotejo com outras nações bem menos ricas. Reavivam-se com isso as disputas mencionadas que parecem levar a razão aos pessimistas com relação ao progresso.[20]

É oportuno lembrar como, no período do Iluminismo, Condorcet foi bastante explícito em meio aos tumultos e às violências da Revolução Francesa, escrevendo no cárcere que o progresso é um fenômeno do espírito humano como um todo, valendo de forma imediatamente visível para as ciências naturais, mas que também nas ciências morais era possível projetar um futuro de progresso, de forma a aumentar a liberdade e a felicidade dos homens.[21] Contra o que se poderia chamar de cinismo por parte de Rousseau, Condorcet responde que, de fato, a velocidade do progresso

---

19 O confronto entre o liberalismo econômico e o dirigismo planificador, entre os anseios de modernização e a realidade do atraso em nossa sociedade, está bem descrito em Luiz Carlos Bresser-Pereira, *Desenvolvimento e crise no Brasil. História, economia e política de Getúlio Vargas a Lula* (São Paulo: Ed. 34, 2003).

20 Uma exposição abrangente das duas polaridades pode ser encontrada em Leo Marx e Bruze Mazlich (orgs.), *Progresso: realidade ou ilusão?* (Lisboa: Bizâncio, 2001).

21 Marquês de Condorcet (Jean-Antoine Nicolas de Caritat), *Esboço de um quadro histórico dos progressos do espírito humano* (Campinas: Edunicamp, 1993).

O progresso e seus desafios   25

material e científico não é a mesma da do progresso intelectual e moral, mas que a tendência seria de crescimento dos dois. Essa projeção de um presente incerto para um futuro esperançoso é reconhecida como "futuro passado" no pensamento de Koselleck, para quem, se o progresso moral e político exibe certo retardamento quando comparado com as invenções científicas e suas aplicações industriais, não é menos verdade que tanto o progresso técnico-científico quanto o sociopolítico modificam os ritmos da vida de forma cada vez mais acelerada.[22] Penso que o progresso tecnocientífico não é uma condição suficiente para o progresso moral, haja vista como a barbárie convive com a ciência e a técnica, mas é uma condição necessária, pois sem o primeiro não seríamos mais do que um bando de símios vagando por campos e matas à mercê das intempéries e dos nossos predadores – no fundo os dois tipos de progresso podem se complementar e este é que é um desafio permanente.

A compreensão da evolução que num longo prazo levou o mundo inanimado ao surgimento da biosfera manifestou-se em pensadores como Vladimir Vernadsky na Rússia que, ao modo de Condorcet, projetou sua esperança de um mundo melhor em meio à destruição das catástrofes de duas grandes guerras mundiais do século XX. Essa tendência para o progresso foi vista pelo cientista soviético como a manifestação da chegada à noosfera, ou envoltória da razão, englobando o surgimento e a ação transformadora das inovações que se intensificam exponencialmente nas ciências e técnicas.[23] Para Vernadsky, a atividade humana evidencia como não mais é legítimo falar em oposição entre ciência ou técnica e a natureza, posto que a natureza deixou de existir isoladamente do homem, num processo irreversível – e, posto numa escala cosmológica, esta seria uma tendência universal, caso existam outras formas de vida para além da Terra.

---

22   Reinhart Koselleck. *Futuro passado. Contribuição à semântica dos tempos históricos* (Rio de Janeiro: PUC, 2006, p. 314-327).

23   Vladimir Vernadsky, *Scientific thought as a planetary phenomenon* (Moscow: V. I. Vernadsky Foundation, 1997).

26 Gildo Magalhães (org.)

◆ ◆ ◆

Os ensaios que aqui se seguem provêm de projetos de pesquisadores ligados ao GEPTEC (Grupo de Estudos do Progresso da Técnica e Ciência) na Universidade de São Paulo, e que congrega pesquisadores também de outras instituições, como ITA, Unicamp e PUC de São Paulo. O primeiro texto apresenta um aspecto até hoje pouco estudado em nossa história das técnicas, que é a criação de infraestrutura de saneamento para as cidades brasileiras em geral. Trata-se neste caso particular das obras de captação e distribuição de água para São Paulo, a partir de quando o crescimento econômico e demográfico se acelerou no final do século XIX, e foram definitivamente substituídas as antigas bicas e chafarizes públicos que datavam ainda da época colonial. Em "Cabuçu e o abastecimento de água na cidade de São Paulo no início do século XX", Filomena Fonseca e Dalmo Vilar descrevem os estudos e as obras de engenharia em bacias hidrográficas da Serra da Cantareira, que puderam prover água potável também para as classes trabalhadoras, quando foram habitar zonas operárias em terras baixas da cidade em expansão. Usando de recursos da arqueologia industrial, foram descobertas partes dos antigos dutos que transpuseram os acidentes naturais para essa travessia e é descrita a primeira grande obra de concreto armado em nosso meio, o reservatório do Cabuçu, integrante de uma rede hídrica que ainda compõe o problema bastante atual de escassez de água da região metropolitana paulistana.

Sem eletricidade seria impensável a civilização que se delineou como arauto da modernização a partir de meados do século XIX, chegando ao Brasil algum tempo depois. Desse esforço são bem conhecidas as histórias de duas multinacionais que vieram ao país e já citadas, a anglo-canadense *Light* e a norte-americana *AMFORP*. Uma série de empresas menores, de origem nacional, se estabeleceu no estado de São Paulo em conjunção com a riqueza proporcionada pela expansão para o oeste, acompanhando as fazendas de café, os primeiros surtos mais significativos de industrialização, o movimento imigratório e o crescimento

O progresso e seus desafios 27

populacional e urbano. Estas empresas foram objeto de interesse e disputa das multinacionais e uma delas, a *Companhia de Água e Luz de São Paulo*, tem sua história apresentada por Alexandre Ricardi em "Capitais em combate: a eletrificação de São Paulo no início da República".

Igualmente dedicada à história da eletrificação, mas focalizando o quadro nacional como um todo, é contada a história que cerca os embates em torno da criação da Eletrobrás, em "Privatistas e nacionalistas na história do setor elétrico: do Código de Águas à criação da Eletrobrás". Neste texto, Marcelo Silva coloca as discussões em torno dos defensores da iniciativa privada contra a iniciativa estatal numa batalha que atravessa várias décadas e em que os interesses econômicos e políticos não eram transparentes para o público - combate cujos reflexos persistem na atualidade.

O desenvolvimento das instituições de ensino e pesquisa tem despertado cada vez mais o interesse dos estudiosos de história das ciências e técnicas, e na sequência duas bem conhecidas representantes no campo das escolas de engenharia nacional têm sua história criticamente discutida. A primeira é o famoso ITA, Instituto de Tecnologia da Aeronáutica, tema de Nilda de Oliveira em "Da utopia à realidade: o Plano Smith-Montenegro, o ITA e a construção aeronáutica brasileira". Desde sua origem diferenciada tendo como modelo o congênere norte-americano MIT, essa instituição idealizada em tempos estatais por um militar nacionalista como Casemiro Montenegro está na origem da pujante indústria de aviões da Embraer, hoje privatizada, e de uma grande série de outras empresas que integram a cadeia produtiva das aeronaves.

Em contraste, a Faculdade de Engenharia Industrial tem suas origens no interesse educacional de um setor progressista da Igreja Católica, conforme relata Gisela de Aquino em "A FEI e o desenvolvimento econômico do ABC paulista no pós-Segunda Guerra". Desenvolvimentos posteriores levaram esta instituição, que posteriormente se tornou laica, da região central da cidade de São Paulo para o novo e dinâmico polo do ABC paulista, onde contribuiu significativamente para o seu crescimento, que foi interrompido pela desindustrialização maciça decorrente das políticas econômicas neoliberais verificadas principalmente a partir dos anos da década de 1990.

Um exemplo singular da história da nossa institucionalização científica é fornecido pelo campo da genética. Inicialmente ligada a recursos financeiros e cientistas vindos dos EUA através do patrocínio da Fundação Rockefeller, aos poucos se desenvolveu aqui uma pesquisa genética de base nacional. Em "Os primórdios da genética tropical no Brasil e a Universidade de São Paulo", Dayana Formiga identificou o papel pioneiro da USP e de seus então jovens pesquisadores (como Crodovaldo Pavan) para um desenvolvimento que fez uma vez mais o percurso da difusão de conhecimento entre, de um lado, um país desenvolvido como os EUA e de outro, um país atrasado, mas com grande potencial humano, como o nosso. Essa história se desenrola de forma semelhante ao que Milton Vargas chamava de "a mão dupla da transferência de tecnologia".[24] De São Paulo, os novos conhecimentos de genética populacional se irradiaram para outros centros nacionais e internacionais, tornando-se hoje uma área com destaque internacional.

Dentro dos aspectos da história das técnicas, dois ensaios aparentemente muito contrastantes comparecem para mostrar aproximações insuspeitas, pois ambos tratam do papel da apropriação nacional de conhecimentos. O primeiro é "Permanências e mudanças: um século de técnicas de pesca dos caiçaras paulistas", em que Marcelo Afonso conta o resultado de intensas pesquisas de campo no litoral de São Paulo, envolvendo comunidades de pescadores cuja técnica artesanal foi confrontada com a chegada de métodos e equipamentos modernos. Apesar da concorrência desproporcional, a sabedoria mais tradicional tem ainda contribuições de monta para serem observadas no manejo ambiental de uma atividade que já mereceu até um ministério, mas para a qual pouco se fez, considerando-se a extensão da costa brasileira e o seu potencial alimentar.

---

24 Milton Vargas, "Dupla transferência – o caso da mecânica dos solos", *Revista USP*, nº 7. 1990, p. 3-12.

O progresso e seus desafios   29

Num outro diapasão, Rubens de Souza discute a problemática histórica do *software* livre no Brasil. Esta questão fica clara apenas recorrendo-se à história dos sucessos e fracassos nacionais na área de informática, e mais especificamente ao desenvolvimento tecnológico dos programas de computador. "Da industrialização à autonomia: o *software* livre e o desenvolvimento da informática brasileira" trata do potencial para um desenvolvimento autóctone que procurou fugir da dominação multinacional. No entanto, essa oportunidade começou ultimamente a escapar das instâncias governamentais com poder para impor essa opção, em função da paulatina capitulação política aos fornecedores estrangeiros.

A história das ciências humanas comparece com três trabalhos. No primeiro destes, "Antropologia e etnografia em debate: o Brasil e o Congresso Internacional dos Americanistas (1888)", Adriana Keuller relata como cientistas brasileiros ao final do século XIX já podiam contribuir no plano internacional para definir linhas de pesquisa nas áreas de antropologia e etnografia. Apoiando-se em fontes com registros dos resultados de pesquisas de campo feitas por esses cientistas, bem como em seu trabalho museográfico da época, um material desse congresso na Alemanha, ainda inédito entre nós, fornece pistas para aprofundar como foi a contribuição brasileira.

Ainda dentro da antropologia, Luana Tamano descreve em "Abolindo a lógica racial: Arthur Ramos e sua concepção de atraso da cultura negra" os avanços e contradições do original pesquisador alagoano dentro dos estudos raciais brasileiros. Ainda pouco reconhecidas, as contribuições de Arthur Ramos podem ser cotejadas com as de Gilberto Freire, mas o destaque é que o primeiro contribuiu diretamente para a institucionalização acadêmica da antropologia em nosso meio. O médico e intelectual introduziu em suas análises sociológicas um componente de valor que se traduz por meio dos conceitos de "avançado" e "atrasado", criticamente confrontados no texto.

Já Danielle Amaro desvenda em "Tropeços institucionais: campanhas de Mario Barata por um curso superior de história da arte no Brasil" como foi tortuoso o processo para reconhecimento profissional de um campo de estudos cuja criação demorou tanto a se concretizar, e ainda o foi de forma apenas parcial. Ao contrário de outros países, em que a formação de historiador da arte se vincula às oportunidades de emprego relacionadas à atividade em pauta, até recentemente as poucas iniciativas neste sentido eram ainda truncadas, o que tem sua explicação em como a arte tem sido vista dentro da política e da cultura nacionais. A tentativa de alterar esse quadro de forma original e pouco canônica foi a contribuição atuação de Mario Barata, numa história que se ramifica com a de diversas instituições universitárias, inclusive a USP.

Assim como no caso da arte, no Brasil as tentativas de elaborar e cumprir políticas de ciência e tecnologia deram resultados muito aquém do desejado. Um reflexo disto pode ser entrevisto na quantidade e qualidade do espaço oferecido para divulgação científica, e é sobre este aspecto que se debruçou Lívia Botin no trabalho com que se encerra o livro. "Lugar(es) da ciência: as duas primeiras décadas do programa *Roda Viva*" trata de um dos programas de entrevistas mais conhecidos da Cultura, uma emissora em geral qualificada como "elitista". A avaliação de qual a dimensão oferecida para questões de fundo científico e tecnológico dentro dessa programação aparece como resultado de pesquisa que percorreu vinte anos de entrevistas gravadas, mostrando como são interligadas a imagem pública da ciência com a história da própria estação de televisão do governo paulista e com os perfis escolhidos de seus entrevistados e entrevistadores.

As ideias e instituições de cunho tecnocientífico receberam um notável impulso desde a consolidação do campo denominado de História da Ciência e Tecnologia em nosso meio, que começou timidamente ao final da década de 1970 e ganhou força maior a partir da década de 1990. Tendo em vista a posição defendida atrás de que há uma dialética ligando as continuidades com as descontinuidades nessa história, não se poderia deixar de referir como esta obra se considera devedora daquelas de seus predecessores.[25]

Passando, portanto, por cima de diferenças menores entre ciência, técnica e arte, procurou-se uma unidade nos trabalhos selecionados ao apresentar como a apropriação dos resultados do progresso nesses campos passou no Brasil por ideias e institucionalizações diversas, invariavelmente envolvendo controvérsias. Outra maneira de analisar isto é atentar para os lugares dessa institucionalização. Falamos aqui quer do espaço físico que evidencia a fundação de departamentos ou escolas de ensino superior, quer do espaço institucional que surge com a consolidação de disciplinas. Finalmente, estende-se aqui o conceito de espaço para o âmbito das mentalidades. Justifica-se assim a colocação lado a lado com as experiências anteriores de como novas e velhas técnicas demonstram o embate de ideias na sociedade, passando afinal pela arena da divulgação científica na mídia, que remete a um espaço virtual e mais amplo - o da mentalidade dirigida ao público.

Este é um livro que procura dar exemplos, ainda que numa escala singela e certamente passível de muita ampliação, de que nos trabalhos aqui apresentados há, não obstante, um componente substancial do progresso que contraria os céticos, até mesmo num país tradicionalmente encarado como atrasado e fadado a nunca chegar ao futuro, como tantos ainda pensam o Brasil. Pretende-se, aqui, portanto, o possível vislumbre de como a institucionalização do conhecimento em diversas esferas, apesar de vir sendo uma empreitada árdua e que não esmoreceu frente às adversidades, ainda enfrenta desafios antigos e novos.

A destruição de expectativas esperançosas gerada pelo pessimismo cultural tem levado à apatia e à rejeição de um projeto social nacional que,

---

25 Dentre trabalhos coletivos precursores que podem ser mencionados neste contexto, dois dos mais significativos são especialmente relembrados aqui: o de Maria Amélia Dantes (org.), *Espaços da ciência no Brasil, 1800-1930* (Rio de Janeiro: Fiocruz, 2001) e o de Shozo Motoyama (org.), *Prelúdio para uma História. Ciência e tecnologia no Brasil* (São Paulo: EDUSP, 2004).

usando o conhecimento histórico, pode projetar um futuro. Isto é tanto mais grave quanto o relativismo e a desesperança se infiltram até nos trabalhos que deveriam, por excelência e ao contrário, ter presente o esforço das gerações em constituir um progresso real e qualitativamente de maior nível, que são justamente os estudos de história da ciência e da técnica.

Cabuçu e o abastecimento de água na cidade de São Paulo no início do século XX

Dalmo Vilar
Filomena Fonseca

Afinal, São Paulo não era uma cidade nem de negros, nem de brancos e nem de mestiços; nem de estrangeiros e nem de brasileiros; nem americana, nem europeia, nem nativa; nem era industrial, apesar do volume crescente das fábricas, nem entreposto agrícola, apesar da importância crucial do café; não era tropical, nem subtropical; não era ainda moderna, mas já não tinha passado. Essa cidade que brotou súbita e inexplicavelmente, como um colossal cogumelo após a chuva, era um enigma para seus próprios habitantes, perplexos, tentando entendê-lo como podiam, enquanto lutavam para não serem devorados [...].[1]

Introdução

Situada numa colina alta e plana, cercada pelos rios Tamanduateí e Anhangabaú, além do Pinheiros e Tietê, que corriam isolados e mais afastados do centro, São Paulo era uma cidadezinha de traçado colonial até meados de 1850. A partir desse momento a cidade passou por uma rápida transformação, tomando-se o ano de 1900 como marco cronológico indicativo dessa mudança, que é atribuída a diversos fatores que a desencadearam, entre eles, a ascensão da lavoura do café, importante

---

1 Nicolau Sevcenko. *Orfeu extático na metrópole. São Paulo, sociedade e cultura, nos frementes anos 20.* São Paulo: Cia. das Letras, 1992, p.31.

34 Gildo Magalhães (org.)

agente econômico na estruturação do processo de urbanização e cuja dinâmica foi determinada pelos vínculos com a produção e o comércio cafeeiros. Segundo Teodoro Sampaio "o ressurgimento de São Paulo inicia-se com o café e consolida-se com ele".[2]

Outra importante contribuição se deve à rede ferroviária, que vencendo longas distâncias, atuou como importante elo de ligação entre os centros da cafeicultura e os de consumo, e cujo ponto de encontro era a cidade de São Paulo, onde a economia foi redimensionada pela construção das estradas de ferro que por um lado, favoreceram o povoamento da cidade e, por outro, incentivaram a formação de bairros operários nas proximidades de suas estações.

O início da industrialização ratificou e consolidou a conformação urbana da cidade, mudança que na opinião unânime de vários historiadores, se inicia com o Encilhamento, chamado por muitos de nuvem de papel, resultante dos capitais acumulados pela riqueza da cafeicultura e que abriu perspectivas inteiramente novas à industrialização. Segundo Carone, "A política de Rui Barbosa, facilitando a formação das sociedades anônimas, permite a multiplicação de empresas industriais pelo Brasil".[3]

A imigração estrangeira, por sua vez, tem relação direta com o crescimento demográfico de São Paulo, no final do século XIX e começo do XX, quando a cidade recebe grandes contingentes populacionais que se integravam à urbe paulistana, dando a ela um perfil cosmopolita. A metrópole multicultural, ponto de concentração de pessoas e bens, começava a se esboçar com diversas modernidades, que não estavam ao alcance de toda a gama populacional. Surgiam bairros com infraestrutura adequada aos desejos da elite, enquanto outras áreas continuavam à margem do progresso. São Paulo se urbanizava, seguindo uma crescente

---

2   Teodoro Sampaio. *São Paulo no Século XIX e outros ciclos históricos*. Petrópolis: Ed. Vozes 1978, p.87.

3   Edgard Carone. *A República Velha (Instituições e Classes Sociais)*. Difusão Europeia do Livro. São Paulo: 1972, p.78.

estratificação social de seu espaço, cujas transformações, de forma sectária, relegavam os menos afortunados às terras mais baixas, que passaram a serem abastecidas pelas pestilentas águas do já poluído rio Tietê.

Nesse período, como consequência direta da valorização territorial das áreas localizadas nas partes altas da cidade, surgem então, os arredores de São Paulo caracterizando-se como um mundo original, refratário a mudanças, começando a se transformar somente diante do impacto representado pela expansão urbana, das mais significativas nos primeiros anos do século XX.

Crescia desordenadamente a ocupação das áreas de várzea, do outro lado do rio Tamanduateí que, à guisa de barreira aquática, separava os bairros mais nobres dos proletários Brás, Belém, Mooca e Penha, a zona baixa – na topografia do poder, a riqueza, nas terras altas e a miséria, nas baixas. "Era a cidade suja e infecta do operariado e dos marginais, dos imigrantes e dos negros, em tudo negação da urbe civilizada e higiênica progressista e esbelta".[4]

Ao contrário, inauguravam-se símbolos de uma nova era, com a canalização das nascentes da Serra da Cantareira até o reservatório da Consolação para abastecer a chamada parte nobre da cidade. A abertura de alamedas nos bairros dos Campos Elíseos ou de Higienópolis e a Avenida Paulista, construída como um *boulevard,* mostraram, ainda na segunda metade do século XIX, a preocupação com a higiene e a influência estética francesa sobre seus novos trechos elegantes.

Começavam a despontar os sinais do surgimento de uma grande metrópole, cujo complexo processo de urbanização exigiu o desenvolvimento de uma infraestrutura capaz de suprir as necessidades administrativas, comerciais, culturais, financeiras e materiais, os chamados serviços ou equipamentos coletivos urbanos, como o sistema de abas-

---

4   Ana Fani Carlos. *A cidade e a organização do espaço,* citada por Cláudio Bertolli Filho, *A gripe Espanhola em São Paulo, 1918.* Rio de Janeiro: Ed. Paz e Terra, 2003, p.37.

36 Gildo Magalhães (org.)

tecimento de água e esgoto, fornecimento de energia, de alimentos, de ensino e saúde e a consequente melhoria em sua distribuição sócio-espacial, uso e aproveitamento.

Com uma população de mais de 240.000 mil habitantes na virada para o século XX, intensificava-se a dinâmica da estruturação do espaço paulista, sob seus inter-relacionamentos entre a industrialização e a urbanização que dividia ou, como querem muitos historiadores, segregava geograficamente os habitantes de acordo com suas classes sociais[5], muito embora existam opiniões de que essa segregação espacial só viesse a se acelerar a partir de 1930.[6]

Solução do abastecimento pelo rio Tietê: um projeto abandonado

Até o final do século XIX, o abastecimento de água na capital contava com apenas duas adutoras, a do Ipiranga e a da Cantareira. Com o adensamento populacional dos bairros operários Brás, Mooca e Belenzinho, a Repartição de Águas e Esgotos (RAE), criada pelo governo do Estado de São Paulo em 1893, procedeu à elevação das águas do rio Tietê em 1898, captadas na altura do Belenzinho, para abastecimento das redes destes bairros, a zona baixa, para onde a cidade começava a se estender.

O secretário da Agricultura, Antônio Candido Rodrigues, relata a Rodrigues Alves, presidente do Estado, que "a galeria filtrante do Belenzinho, concluída o ano passado, não foi ainda em 1900 utilizada para o abastecimento da cidade baixa, visto não ter faltado água dos mananciais da Serra e do Ipiranga. Todavia, esse recurso da água filtrada do

---

5   Cláudio Bertolli Filho, *op. cit.* p.37.

6   Georges Nabil Bonduki. "Origens do problema da habitação popular em São Paulo, primeiros estudos". São Paulo: *Espaço & Debates*, v.2, nº 5, 1982, p.81-111.

Tietê, que será o abastecimento do futuro, se manterá e se melhorará para qualquer emergência difícil".[7]

Com relação ao ano de 1901, os engenheiros ainda estudavam a possibilidade de se aproveitar as águas do Tietê, o que, segundo eles, constituiriam um importante subsídio para o abastecimento da Capital, "sem dispêndios quiçá superiores aos da própria renda do abastecimento e em todo caso dentro dos recursos ordinários do Tesouro".[8]

Este projeto, de autoria do engenheiro José Pereira Rebouças, Diretor da RAE, propunha a decantação das águas do rio por filtragem, utilizando-se os filtros rápidos americanos (de Puech y Chabal), que introduziram sistemas para depuração das águas desde o começo do século, com a coagulação ou precipitação química por sulfato de alumínio, sedimentação e filtração. Após a filtragem a água seria levada para reservatórios descobertos a fim de reforçar a rede.

Entretanto, o debate era acirrado, uma vez que a Sociedade de Medicina e Cirurgia de São Paulo acompanhava os índices de mortalidade dos bairros durante os surtos epidêmicos e o bairro do Brás era o mais afetado. Alegavam que uma única análise das águas do rio havia sido feita por Artur Mendonça, do Instituto Bacteriológico, que registrava sua não potabilidade e, portanto, seu uso condenado ao consumo. A estiagem prolongada de 1903 que, segundo as autoridades, assumia proporções da seca do nordeste do Brasil, fez com que se retomasse o projeto de aproveitamento das águas do Tietê, cujas instalações ampliadas chegaram a fornecer 6.000 m^3 por dia.

---

7   *Relatório da Secretaria dos Negócios da Agricultura, Comércio e Obras Públicas do Estado de São Paulo*, de 1900, apresentado ao Presidente do Estado de São Paulo pelo Secretário da Agricultura. São Paulo: Tipografia do Diário Oficial, 1901, p.219.

8   *Relatório da Secretaria dos Negócios da Agricultura, Comércio e Obras Públicas do Estado de São Paulo*, de 1902, apresentado ao Presidente do Estado de São Paulo, pelo Secretário da Agricultura. São Paulo: Tipografia do Diário Oficial, 1903, p.263.

Houve uma grande reação por parte da Sociedade de Medicina e Cirurgia de São Paulo, representada pelo médico Miranda de Azevedo, contrário ao uso das águas do rio Tietê para abastecimento público, uma vez que, as análises bacteriológicas de suas águas apontavam alarmante contaminação por microrganismos, devido ao esgoto da cidade que era despejado nesse rio sem qualquer tipo de tratamento.

Esse argumento era rebatido pelos professores da Escola Politécnica, os engenheiros Ataliba Valle e Fonseca Rodrigues, que propunham o uso do sistema de filtragem já adotado com sucesso na Europa e implantado recentemente em várias cidades dos Estados Unidos.

Essas posições contraditórias, durante meses foram expostas na imprensa paulistana da época, levando o Secretário da Agricultura a contratar o engenheiro José Pereira Rebouças, para elaborar em 1904, projeto de viabilização das águas do Tietê. O engenheiro propunha, além dos filtros rápidos, a utilização do sulfato de alumínio, sem adição de cal, substância proibida, pois não se sabia de seus efeitos a longo prazo no organismo humano. Sugeria que as águas do rio fossem captadas na altura do bairro da Penha e em seguida distribuídas, depois de tratadas, para a parte baixa da cidade, o que representaria um aumento substancial ao fornecimento do precioso líquido à população.

Apesar dos debates com relação ao tratamento químico, as águas do rio Tietê continuavam sendo distribuídas depois de passadas somente por galerias filtrantes, porém em 1904 uma delas rompeu-se ao lado de uma poluidora fábrica de sabão, permitindo que a água contaminada chegasse à rede distribuidora ao bairro do Brás sem qualquer tratamento, ocasionando muitas mortes, principalmente da população infantil.[9] Esse acidente levou as autoridades a abandonarem o projeto de captação das águas do rio Tietê.

---

9 Saturnino de Brito. *obras completas de Saturnino de Brito*. Vol III. *Abastecimento de águas. Parte geral, tecnologia e estatística*. Rio de Janeiro: Imprensa Nacional, 1943, p. 58.

O progresso e seus desafios

Ainda na primeira década do século XX, São Paulo já atingia a marca de 375.000 habitantes, distribuídos em um espaço urbano ainda carente de infraestrutura, como saneamento, transporte, vias e meios de comunicação, de circulação de mercadorias, obtenção e distribuição de energia e outros equipamentos coletivos.

Com a rigorosa estiagem de 1903, o problema da falta d'água se tornou insustentável, o que levou o governo do Estado de São Paulo a criar em 1904, chefiada pelo engenheiro Luiz Betim Paes Leme, a Comissão de Obras Novas de Saneamento e Abastecimento de Água da Capital, encarregada de estudos, projetos, orçamentos e execução das obras referentes a esse tão importante, quanto urgente ramo do serviço público.[10]

Organizada essa repartição, cuidou-se primeiramente de se fazer a estatística exata da rede de distribuição da água e projetar um remanejamento que viesse amenizar os inconvenientes da divisão da cidade em apenas três zonas: alta, média e baixa, o que ocasionava grandes perdas de água devido às fortes pressões nos encanamentos.

Lagos artificiais e a qualidade das águas: uma polêmica

A Comissão de Obras Novas apresentou como plano emergencial na solução do grave problema do abastecimento de água à cidade de São Paulo a construção de três grandes barragens que formariam os lagos artificiais do Engordador, Guaraú e Cabuçu, que juntamente com os reservatórios de acumulação da Cantareira, formariam (até 1974) o Sistema Cantareira antigo (Figura 2.1).

---

10 *São Paulo, leis e decretos.* Lei nº 936 de 17 de agosto de 1904. Cria a Comissão de Obras Novas de Saneamento e Abastecimento de Água da Capital e dá outras providências.

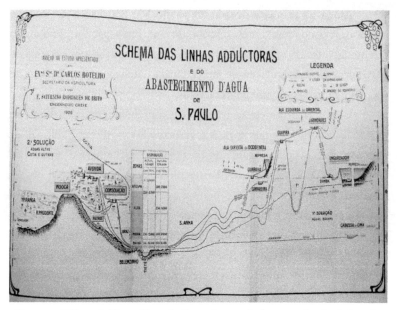

Figura 2.1 O Plano de Novas Obras de Abastecimento de Água para São Paulo (1905)[11]

As barragens de acumulação são obras de engenharia, que se estendem transversalmente de uma margem a outra de um curso d'água, destinadas a criar um reservatório ou lago artificial, e que permite armazenar as águas no período de cheias, para poder utilizá-las em épocas de estiagem, garantindo, entre outras utilidades, o abastecimento nesses períodos, bem como normalizar a vazão, minimizando os efeitos das cheias e criando lagos para diversas atividades. Considerados por muitos como excelente recurso para alimentar as cidades com água, em caso de falharem as fontes naturais e para dominar a escassez de águas correntes, esses lagos são criados por meio de barragens ou diques que cortam um vale em um ponto conveniente ao represamento de rios e córregos, com o fim de se formarem reservas destinadas a suprir a rede de distribuição nos

---

11 Fonte: *Relatório dos Negócios da Agricultura, Comércio e Obras Públicas do Estado de São Paulo*. São Paulo: Tipografia Brasil de Carlos Gerke, 1905, p. 238.

O progresso e seus desafios

tempos de estiagem, garantindo a capacidade efetiva das linhas adutoras no transporte da água a seu lugar de destino.

Segundo o Código Sanitário, Decreto 233/1894,[12] a água destinada à população, sempre que possível deveria provir de mananciais situados na serra, argumento esse usado pelos críticos ao projeto da Comissão. Esta, porém, desconsiderando os argumentos contrários e fazendo prevalecer as opiniões que lhe eram favoráveis, iniciou a construção das barragens formadoras dos lagos artificiais.

Durante as obras dos reservatórios do Engordador, Guaraú e Cabuçu, na serra da Cantareira, seus opositores apontavam também as desvantagens do empreendimento: muito dispendioso e de resultados duvidosos, principalmente em climas tropicais como o nosso, que poderiam causar graves perturbações na potabilidade da água que, armazenada, apodrecia, necessitando, naquela época, para se tornar de qualidade, de tratamentos químicos e bacteriológicos bem mais complexos que a simples passagem por filtros de areia.

Em 1906, o Diretor da Repartição de Água e Esgotos de São Paulo, Arthur Motta, continuava desaconselhando a construção das barragens para formação de lagos artificiais, como forma de aumentar os recursos de uma cidade situada em zona tropical, e que dispusesse de bacias hidrográficas em volume satisfatório para atender as necessidades da população. Além disso, para viabilizar esses projetos era mister que se fizessem estudos detalhados e pormenorizados dos cursos d'água, dos lagos, dos respectivos regimes e da meteorologia local, estudos esses que exigiam tempo, paciência e muito trabalho.

Alertava também para a decomposição das matérias orgânicas que existem na superfície da terra e que são arrastadas pelas fortes chu-

---

12 *São Paulo, leis e decretos. Decreto nº 233 de 2 de Março de 1894.* O Presidente do Estado, para a execução do artigo 3º da Lei nº 240 de 4 de Setembro de 1893, estabelece o Código Sanitário...Artigo 311. A água destinada aos usos domésticos deverá ser potável e inteiramente insuspeita de polluição... Artigo 312. Provirá de manancial sempre que for possível com origem em serra.

vas e enxurradas trazendo, em consequência, a proliferação de micro-organismos, principalmente algas, resultantes dos fenômenos da estagnação, "da água parada" nesses lagos, e, por essa razão, as alterações de seus caracteres organolépticos eram provenientes de várias e complexas circunstâncias que colocavam em xeque as condições do abastecimento, a quantidade versus a qualidade do líquido a ser consumido pelos habitantes da região. Expressava sua preocupação com nosso clima, umidade, hidrologia, fauna e flora que sujeitavam as águas à fermentação e à proliferação de fenômenos de intensidade variável e cuja remoção química e bacteriológica era, muitas vezes, difícil de se conseguir.

O engenheiro Paes Leme, diretor da Comissão de Obras Novas, entretanto, ao optar pela solução de abastecer a cidade com lagos artificiais, deixava de lado as críticas restritivas ao seu uso, e se respaldava na opinião favorável de especialistas em abastecimento de água e na experiência adotada em países como Estados Unidos, Inglaterra, Itália, França, Japão, Espanha, Austrália e Índia.

Logo após a inauguração em 1908, as águas dos novos lagos artificiais foram temporariamente condenadas para o consumo em razão dos resultados negativos das análises e dos exames microscópicos a que foram submetidas. Qual então deveria ser o tratamento adequado a fim de aproveitar em curto prazo as águas que estavam provisoriamente afastadas do abastecimento?

As opiniões eram divergentes, e o debate entre especialistas considerados autoridades no final do século XIX e começo do XX continuava, persistindo a falta de consenso quanto ao método a ser aplicado e sua eficácia na melhoria da qualidade da água dos lagos artificiais que a população mundial consumia.

Além dos cuidados comuns que deveriam ser postos em prática no início da construção das represas formadoras das bacias e que eram consideradas práticas rotineiras, alguns engenheiros sanitaristas eram muito exigentes, outros, porém, mais tolerantes.

No caso de Spataro,[13] sua recomendação era a de que a bacia deveria ser circundada de montes, exposta à ação das correntes aéreas, sua profundidade teria que ser considerável, a temperatura média do local baixa, a camada de húmus retirada e, além de todas essas exigências, deveriam ser usados filtros de purificação. Folwel[14], mais sintético, enfatizava a necessidade da remoção da terra vegetal e das saliências do terreno, para que se pudesse obter a maior profundidade possível, ainda que esse procedimento se tornasse bastante dispendioso.

Para outros peritos, havia necessidade de aprofundar as margens, protegendo-as com diques cujos taludes fossem revestidos de *riprap*,[15] garantindo a mínima profundidade de 1,30 m a 1,50m. Ainda Fanning[16] insistia na providência dos diques marginais de alvenaria de pedra apoiado por Russel e Turneaure[17] que citavam grandes extensões em que o circuito inteiro fora assim protegido com total sucesso. Hazen e Whipple julgavam que muitas vezes, era impossível remover os habitantes da bacia imbrífera, não sendo necessário tal procedimento nos casos de imensas

---

13   Donato Spataro. *Ingegneria sanitária: provvista dell'acque e risanamento dell'abitato*. Milano: Vallardi, 1909.

14   Amory Prescott Folwel. *Water supply engineering: the designing, construction, and maintenance of water-supply systems*. New York: John Wiley and Sons, 1900.

15   *Riprap* –"enrocamento": é um muro de pedras, simplesmente arrumadas umas sobre as outras sem uso de argamassa de cimento para proteção de taludes de aterros, existem também os *ripraps* vegetativos.

16   John Thomas Fanning. *A practical treatise on hydraulic and water-supply engineering.relating to the hydrology, hydrodynamics and practical construction of water-works in North-America*. New York: Van Nostrand, 1906, p.148.

17   Harry Luman Russel e Frederick Eugene Turneaure. *Public water-supplies: Requirements, resources, and the construction of works*. New York: John Wiley & Sons, 1903.

44 Gildo Magalhães (org.)

bacias e lagos com grande capacidade de armazenamento e alta densidade populacional em seu entorno.[18]

O diretor da R.A.E, em 1909, o já citado Arthur Motta, embora alegasse que tinha levado em consideração todos os estudos feitos pelas autoridades mundiais, um ano depois da inauguração, sendo a água ainda imprópria para o consumo, determinou o renovamento periódico das águas dos três lagos, Engordador, Cabuçu e Guaraú, no combate à estagnação, retirando todo o lodo sedimentado e fazendo a necessária limpeza, impedindo que a vegetação brotasse e aguardando a ação do tempo, porque segundo especialistas da época, as perturbações surgiam apenas nos primeiros anos da formação dos lagos, havendo uma diminuição lenta, mas gradativa de sua putrefação, assertiva constatada com a análise da água dos antigos reservatórios da Cantareira, que comprovavam sua inteira potabilidade.

A filtração, complemento exigido para o aproveitamento das águas dos lagos artificiais, e em geral de todas as águas de superfície, foi objeto de estudos da R.A.E., que procedeu a uma série de testes e análises comparativas para determinar os procedimentos tendentes a assegurar a qualidade da água que os paulistanos beberiam. Nesse sentido, a R.A.E. tomou um conjunto de providências para tornar a água própria para o uso doméstico e, para tanto, encetou experiências com filtros lentos de areia, aeração, autodepuração exercida pelo fator tempo e o provável desaparecimento de matérias orgânicas que surgiam com a fermentação, o combate da estagnação por meio de circulação contínua e o renovamento periódico do volume de água.

Após alguns meses, novos testes foram feitos para se saber se fora obtida a água "imaculada e imaculável", como dizia Imbeaux[19], que a popu-

---

18 Hazen, Whipple, citados no *Relatório da Repartição de Água e Esgotos de São Paulo, 1907/1908, apresentado ao Secretario da Agricultura pelo seu Diretor.* São Paulo: Typographia Brazil-Rothschild & Co., 1909.p.22.

19 Citado por Saturnino Brito, *op. cit.*, p.56.

O progresso e seus desafios

lação consumiria, tal como ocorrera em Nova York, Boston, São Francisco, em algumas cidades do Japão e em outras espalhadas pelo mundo.

De acordo com a mensagem enviada pelo Presidente do Estado de São Paulo ao Congresso Legislativo do Estado, em 1911: "(…) a julgar pelas observações feitas até então, é de supor que não fiquem perdidas as obras executadas de construção de barragens para a formação de lagos artificiais que devem constituir reservas para assegurar o funcionamento normal das linhas adutoras durante os períodos das secas."[20]

A polêmica sobre as águas armazenadas atravessou décadas como se pode depreender dos artigos sobre o tema em 1928, na Revista Viação, da capital federal, Rio de Janeiro, e que envolveu os principais nomes da engenharia civil e sanitária que atuavam em São Paulo.[21]

Arthur Motta mudando de opinião, agora defendia os lagos artificiais e afirmava que poderiam contar com águas armazenadas para solucionar o grave problema do abastecimento de água na cidade de São Paulo.

Por sua vez, na mesma revista, João Pereira Ferraz, engenheiro dirigente da Comissão de Saneamento do Estado de São Paulo e, a partir de 1893, professor da Escola Politécnica de São Paulo, onde foi o primeiro catedrático da cadeira de hidráulica e saneamento, alegava que as águas armazenadas estavam sujeitas a contaminação e a poluição com a maior facilidade.

Para Plínio de Queiroz, engenheiro formado pela Escola Politécnica de São Paulo, um dos criadores da Revista Politécnica e membro efetivo do Conselho Consultivo de Águas e Esgotos de São Paulo, as águas armazenadas nunca deveriam ser utilizadas, lembrando os poucos estudos das condições climáticas e geológicas que poderiam concorrer para perturbar a qualidade das águas represadas:

---

20 Mensagem enviada ao Congresso Legislativo do Estado de São Paulo, a 14 de julho de 1911, pelo presidente do Estado. São Paulo, 1911, p.38.

21 *Revista Viação. Revista Técnica Mensal Ilustrada*. Rio de Janeiro. Vol. D, nº especial 1928, p.18 a 38.

46 Gildo Magalhães (org.)

Infelizmente as nossas águas estão sujeitas ao mal das algas, como acontece em muitos casos da América do Norte. Seu repouso em açudes em vez de lhes melhorar as qualidades pela decantação dá azo à poluição das algas, pouca influência tendo a limpeza preliminar da bacia ou seu amadurecimento pela decomposição completa da matéria orgânica que nela se encontrava antes do enchimento. De quando em vez as águas se turvam adquirem mau cheiro, e mau gosto: apodrecem literalmente. Disto temos um exemplo bem frisante que é o Cabuçu. [22]

Paulo Moraes Barros, médico, que foi secretário de Agricultura, Indústria e Comércio de São Paulo de 1912-1915, era de opinião que a cidade contava com águas correntes em volume suficiente sem necessidade de se recorrer às águas paradas.

Egydio José Ferreira Martins, engenheiro que fez parte da comissão de técnicos, formada entre outros por Ramos de Azevedo e Theodoro Ramos, nomeada pelo presidente do Estado de São Paulo, Júlio Prestes, em setembro de 1927 era de opinião que sendo a decantação lenta um processo natural de melhoria das águas desde que sejam feitas as necessárias descargas regulares pelo fundo da bacia decantadora na época das sobras, dizia:

(...) não vejo razões para condenar-se este excelente recurso e, se condenarmos irrefletidamente as barragens, colocaremos as adutoras de Cotia, Cabuçu e Cantareira em tal situação de penúria, que nos forçará a lastimar tanto gasto para aduzir tão pouca água.[23]

---

22 Plínio Queiroz. In: *Revista Viação*. Rio de Janeiro: Tipografia Agência Will, 1928, p.117.

23 Sua conclusão foi a de que a adução de águas de longa distância (80 km), implicava preços exorbitantes: 150 mil contos, enquanto que os custos da adoção dos rios Tietê-Pinheiros seriam de 70 mil, portanto, de solução mais fácil e econômica; sob o aspecto da salubridade, concluiu a comissão que a perfeição que

Barragens do Engordador e Guaraú: sistemas construtivos

A escolha do tipo das barragens é, em geral, determinada pela natureza do solo e dos materiais de construção encontrados nas proximidades da obra; podem ser feitas de terra, alvenaria (e mistas), enrocamento, madeira e concreto armado.

As de alvenaria devem ser assentadas sobre um solo impermeável e incompressível, aquele que, embora submetido a forte pressão, não afunda, continua inalterado. As barragens de terra, quer do tipo francês de massa homogênea feita com mescla de argila, areia e cal, quer do tipo inglês, mistura de diferentes materiais, podem ter sua fundação sobre um solo compressível, exigindo-se apenas para sua garantia a condição de impermeabilidade.

> À necessidade de construção imitando o sistema inglês para execução barragens de terra, bastando abrir axialmente uma vala para receber o núcleo de material socado e apropriado a impedir as infiltrações pela base; este impedimento teria apenas por fim evitar que a água se escapasse por filetes prejudiciais, e não a umidade proveitosa às preciosas vazantes de açude.[24]

Para a construção das barragens do Engordador e do Guaraú, entre o sistema inglês e o francês, este foi o adotado, porque de acordo com as considerações de Arthur Motta:

> Satisfaz o princípio universalmente aceito, hoje – da homogeneidade do material de construção, principio que se traduz por uma grande garantia contra os recalques desiguais. Além disso não se

atingiu o tratamento químico das águas naqueles últimos anos representava uma garantia para a salubridade pública, e portanto, deveriam ser abandonados os projetos de captação de águas de fontes altas e protegidas quando distantes e a preços tão exorbitantes.

24 Saturnino de Brito, *op. cit.*, p. 37.

devem admitir no tipo inglês, orifícios de escoamentos no corpo da barragem, o que é permitido no tipo francês desde que sejam tomadas sérias precauções"[25]

Para o Engordador a escolha recaiu sobre o sistema de barragem de terra (Figura 2.2). A altura do reservatório é de 11 m, e o maciço que constituí a barragem foi executado com material homogêneo e impermeável. Nessa região, a grande quantidade de argila, areia e cal, fez com que sua construção fosse inteiramente de "corroi", sistema que consiste na mistura de argila e areia em parte iguais, com a adição de 15 litros de cal por metro cúbico, em pó ou líquido de acordo com o estado de umidade das terras.

Figura 2.2. *Barragem do Guaraú (1907). A barragem foi demolida em 1974, no local atualmente está em atividade a Estação de Tratamento de Água do Guaraú.* Fonte: Relatório da Secretaria da Agricultura de 1909.

---

25 *Revista Polytechnica*, II vol., 1906. São Paulo: Typographia do Diario Official, 1906, p. 278/279.

Com relação ao Guaraú, a exemplo do Engordador, foi adotado o sistema de barragem de terra, do tipo francês (Figura 2.3). Segundo os engenheiros, tendo em vista o bom resultado da análise das terras existentes nas proximidades do local da obra, prescindiu-se do emprego da cal na construção da barragem. Com 15 metros de altura, tinha a capacidade de retenção avaliada em 500.000 m³.

Figura 2.3 *Construção da barragem do Engordador (1906)*. Fonte: Relatório da Secretaria da Agricultura de 1909

Cabuçu: pioneirismo na técnica de construção de reservatórios com concreto armado.

Nos sistemas construtivos, a necessidade de aumentar a resistência da pedra ou argamassa, associando a elas barras metálicas, remonta ao tempo dos romanos, pois nas escavações arqueológicas das termas de Caracala, em Roma, notou-se a existência de barras de bronze dentro da argamassa das pozolanas. Espécie de cinza vulcânica arenosa fina, a pozolana, foi originariamente descoberta e retirada de Pozzuoli na região em torno do Vesúvio, Nápoles, muito usada nas antigas construções de

50   Gildo Magalhães (org.)

alvenaria, como nas termas romanas, e na Via Apia Antiqua. Essa espécie de argila, por si só, não tem valor aglomerante, porém, quando misturada com água e cal, age como o nosso moderno cimento.[26]

Em 1849, na França, o engenheiro francês Joseph Louis Lambot, foi o pioneiro no emprego do ferro com o cimento como elemento estrutural, invenção essa que deu origem ao moderno concreto armado. Utilizou para sua experiência os dois materiais, ferro e cimento, nos reservatórios de água, em Miraval, no Var (sul da França, onde morava), e em caixotes de laranjas substituindo os de madeira por concreto armado, garantindo assim uma maior durabilidade.

Pouco depois, em 1850, Lambot construiu um barco de concreto armado, cuja experiência pioneira consistia em introduzir uma malha de barras finas de ferro, ou arame, entrelaçadas com outras, mais grossas, seguras em uma argamassa. Essas malhas finas que serviam de estrutura para a obtenção do formato adequado de uma canoa, dispensavam o uso de moldes complicados e dispendiosos, e evitava os problemas com as fissuras.[27] O engenheiro francês patenteou sua invenção, e apresentou-a o na Feira Internacional de Paris de 1855. A divulgação dessa técnica, porém, se deve a outro francês, Monier (detentor da patente em 1867), e o aprimoramento de seus aspectos teóricos ao americano Hyatt, e aos alemães Wayss e Koenen.[28]

A revista *Nouvelles annales de la construction*, em agosto de 1899, publicou um estudo baseado no que foi apresentado por Maurice Levy em sessão de 5 de agosto de 1895 na Academia de Ciências de Paris, sobre o revestimento de cimento armado nas barragens,[29] criando um

---

26   Augusto Carlos Vasconcelos. *O concreto no Brasil*. São Paulo: JAG Composições e Artes Gráficas, 1985, p.8.

27   No museu nacional de Brignoles, está conservado o protótipo original de sua invenção.

28   Augusto Carlos Vasconcelos, *ibidem*, p.8 e 9.

29   *Nouvelles annales de la construction*. Paris: Revue Technologique, 1889, p. 16

tipo de muro de guarda, para evitar acidentes que eram comuns neste tipo de obra. Nesta ocasião, o engenheiro apresentou à assembleia algumas considerações sobre as grandes barragens, no que dizia respeito às condições de subpressão ou pressão ascendente e à aplicação de cimento armado para aumentar a resistência de suas paredes. Outra vantagem desse revestimento, segundo a mesma fonte, é a sua ligação com os tubos de tomadas d'água e de descarga também projetados com esse mesmo material, o que faz desaparecer as soluções de continuidade e com elas os pontos críticos e as infiltrações.

A propósito da facilidade do emprego do concreto armado nas canalizações, são importantes os trabalhos feitos na Alemanha pelo Laboratório Imperial de Ensaios sobre Materiais de Construção em Berlim, nos primeiros anos do século XX, o Congresso de Estradas de Ferro realizado em Washington em 1905, e o Boletim nº 7 da Sociedade dos Engenheiros Civis da França de Julho de 1905, que concluíram ser o concreto armado aquele que permite executar trabalhos mais rapidamente, com emprego de componentes que se compram em qualquer casa especializada em materiais de construção.

Produto da revolução industrial, o concreto armado é o resultado de uma mescla de uso de maquinários (betoneiras, vibradores, bombas lançadoras) com a execução artesanal das estruturas de alvenaria: preparo manual das formas e do escoramento, dobramento e amarração das armaduras, cura e desforma.

Com relação às primeiras aplicações do concreto armado no Brasil, a mais antiga referência data de 1883, quando Giuseppe Rossetti, um empreiteiro italiano, apresentou um projeto à edilidade paulistana para a realização de uma ponte de concreto armado, que não teria sido aprovado, em razão do total desconhecimento da nova técnica construtiva pelos engenheiros que foram então consultados.

Em São Paulo, os primeiros usos do concreto armado, durante a constituição do chamado "complexo cafeeiro", são contemporâneos à sua aplicação e difusão na Europa, e estão associados à necessidade de uma nova estrutura urbana, envolvendo empresas públicas e privadas, na realização de obras de saneamento, melhorias de transportes e de energia, na perspectiva de melhor equipar a sociedade paulistana para receber o século vinte que se aproximava.

Para atingir tal objetivo, havia necessidade de uma ampla gama de profissionais, engenheiros e técnicos responsáveis pelo projeto, cálculo, análise e controle dos materiais, além de estudos laboratoriais, que dessem suporte à adoção dos novos processos de transferência, de adaptação e posteriormente o domínio da produção dessa técnica, que em São Paulo possibilitou grandes transformações nos processos de trabalho na indústria da construção civil, por exigir uma organização industrial nas obras. Papel importante nessa conjuntura desempenhou o Gabinete de Resistência dos Materiais, da Escola Politécnica de São Paulo, criado em 1899 e transformado em 1926 no Laboratório de Ensaios de Materiais, destinado a complementar a parte teórica dos cursos de engenharia, e possibilitar a execução de estudos experimentais ou pesquisas técnicas, de acordo com a terminologia usada na época.

Introduzido em São Paulo pelo engenheiro Luiz Betim Paes Leme[30], o concreto armado, como nova técnica construtiva embora enfrentando algumas resistências, foi incorporado com certa facilidade e rapidez pelos nossos engenheiros, "formando-se a escola brasileira do concreto armado, que alterou a visão dos nossos profissionais com relação à construção civil, de simples observadores de construção a profissionais dos mais conceituados do mundo".[31]

O Professor Antônio de Paula Freitas, em seu curso na Escola Politécnica do Rio de Janeiro em 1904, menciona os primeiros casos em que foram realizadas construções de concreto armado no Brasil, de

---

30   Luiz Betim Paes Leme nasceu no Rio de Janeiro em 1881 e se diplomou na França pela *École des Ponts et Chaussées*.

31   Pedro Carlos da Silva Telles. *História da Engenharia no Brasil (Século XX)*. Rio de Janeiro: Editora Livros Técnicos e Científicos, 1984, p. 484.

acordo com o projeto do engenheiro Carlos Poma, que desde 1892 era detentor da patente.[32] Esse engenheiro construiu seis residências em Copacabana, onde fundações, paredes, vigamentos, soalhos, tetos, escadas e muros, eram de concreto armado, e foi encarregado também de construir em Petrópolis um pequeno reservatório com o mesmo material. Freitas menciona também o revestimento do túnel João Ayres na Serra da Mantiqueira, no quilômetro 350 da antiga estrada de ferro D. Pedro II, feito originariamente de terra argilosa, que desmoronado a 12 de janeiro de 1901, tendo sido substituído por uma galeria de madeira revestida de cimento armado. Apesar de terem sido executadas outras construções do mesmo gênero, eram em menor escala, e sem nenhuma especificação técnica.

Nos primeiros anos do século XX, foram realizados ensaios de resistência de diversos materiais de construção, inclusive de cimentos, cujo resultado foi a publicação em São Paulo, pelo Grêmio Politécnico em 1905 do "Manual de Resistência dos Materiais", que contou com a colaboração do engenheiro Hyppolyto Gustavo Pujol Jr. que, recém--formado, iniciou estudos metalográficos e análise de materiais, tendo em vista o emprego das barras de aço no concreto armado. Os métodos de análise da metalografia complementaram e aprofundaram a pesquisa sobre o concreto armado, considerado emblemático na paisagem urbana paulistana de então. Sem esses estudos, a aplicação dessa nova técnica seria mais difícil, uma vez que entre seus componentes, é o metal que suporta os esforços de tração.

A influência do novo material se fez sentir na arquitetura, com novas e arrojadas formas de construção, como foi o caso do primeiro edifício de concreto armado do Brasil, de 1909, construído na esquina da Rua Direita com a de São Bento, e cujo projeto se deve ao arquiteto italiano Francesco Notaraberto. O prédio tinha inicialmente dois pavimentos, aos quais foram acrescentados um terceiro e um torreão no ângulo.

---

32 Telles, *op. cit*, p. 473.

No entanto, ilustres engenheiros como Ramos de Azevedo, de início tiveram muita prevenção e dúvidas quanto à aplicação da nova técnica, mas acabaram se rendendo às evidências de sua praticidade, durabilidade e facilidade de aplicação, utilizando-a, posteriormente, em centenas de importantes obras espalhadas pela cidade.

Na economia paulistana, sua presença também se fez sentir, com o surgimento de serviços e atividades complementares dessa nova tecnologia, surgindo, por via de consequência, as primeiras firmas construtoras, escritórios de arquitetura e engenharia, paralelamente a um expressivo comércio de materiais de construção.

A parte baixa da cidade era constituída pelos bairros operários do Bom Retiro, Brás, Mooca, Canindé, Belém, Belenzinho e Penha, que passaram a receber as águas do Cabuçu, tornando o abastecimento menos elitizado. Essa região, segregada espacialmente, até então recebia água em quantidade e qualidade não compatíveis com suas necessidades, transformando suas pobres habitações em moradias sem saúde. A construção do Reservatório do Cabuçu, em São Paulo (Figura 2.4), foi a primeira grande obra de concreto armado do Brasil:

> Nessa obra, terminada em 1908, houve um pioneirismo notável, que foi o emprego em larga escala do concreto armado, pela primeira vez no Brasil em obras desse tipo. Eram de concreto não só as caixas, reservatórios etc., como as cortinas de proteção das barragens e os próprios tubos pressurizados dos sifões.[33]

---

33 Telles, *op. cit.*, p.316.

O progresso e seus desafios 55

Figura 2.4. *Inauguração da barragem do Cabuçu (18 de junho de 1908)*. Fonte: Relatório da Secretaria da Agricultura de 1909

Embora o conhecimento sobre o novo material fosse ainda recente, a construção foi considerada uma das mais importantes da engenharia do começo do século XX, um sucesso da tecnologia paulista, apesar de terem ocorrido alguns contratempos, como infelizmente sucede às vezes nos pioneirismos:

> Para garantir a estanqueidade das juntas entre os tubos, foi colocado um revestimento interno de chapas galvanizadas, que eram soldadas entre si; as soldas apresentaram defeitos, e os vazamentos eram grandes, de forma que o sistema só pôde entrar em serviço depois de refeitas todas as juntas com argamassa de cimento.[34]

---

34 Pedro Carlos da Silva Telles, *op. cit.*, p.316

56 Gildo Magalhães (org.)

Atualmente localizada no Município de Guarulhos, a barragem foi construída em um estreitamento brusco do vale do rio Cabuçu, com capacidade para armazenar 5.000.000 de metros cúbicos de água, dos quais 1.960.000 eram destinados a uniformizar a descarga da linha adutora. A área inundada media 15 km e a maior sessão transversal, 850 metros. A barragem mede 15 metros de altura e obedece ao perfil prático do engenheiro norte americano Wegmann[35], autor dos estudos sobre o abastecimento de água da cidade de Nova York, então chefe responsável pelas obras da construção de represas daquela cidade, cujas barragens foram feitas em forma elíptica para resistirem à pressão das águas em tempos de cheia.[36]

Diferentemente do Engordador e do Guaraú, a barragem do Cabuçu foi uma construção pioneira em alvenaria, com paredes perpendiculares de concreto armado em forma elíptica onde se empregou, de maneira inovadora para a época, a técnica da colocação de armadura no concreto, o que constituiu um grande avanço tecnológico, por se tratar de um material que estava revolucionando a arte de construir, na transição do século XIX, para o XX, segundo relatórios da Secretaria da Agricultura[37], que afirmava tratar-se de material de grande durabilidade e solidez, corroborados pelos jornais da época quando da inauguração do reservatório, em junho de 1908.

Sua relevância no panorama da engenharia de construção de barragens ainda se faz presente, mais de cem anos depois, embora tenha sido desativada em 1974, quando entrou em operação o Sistema Cantareira atual. Em 1999, foram iniciados estudos para reativação do

---

35 Edward Wegmann. *The Design and construction of dams*. New York: John Wiley & Sons, 1908.

36 Edward Wegmann. *The water-supply of the City of New York from 1658 to 1895*. New York: John Wiley & Sons, 1896.

37 *Relatórios dos Negócios da Agricultura, Comércio e Obras Públicas do Estado de São Paulo, de 1903 a 1906.*

uso da barragem, desta vez para contribuir no abastecimento de parte do Município de Guarulhos, área de intenso aumento populacional nos últimos anos. E hoje em plena atividade abastece aproximadamente 120.000 habitantes desse município da Região Metropolitana da Grande São Paulo. Atualmente a barragem faz parte do núcleo de visitação do Parque Estadual da Cantareira da Secretaria do Meio Ambiente do Estado de São Paulo. Apesar de todas as intervenções sofridas pela barragem, o corrimão no coroamento e seu perfil elíptico foram preservados, mantendo-se a forma original desde a época de sua inauguração.

Era também de concreto armado a adutora que levava as águas da represa para as caixas d'água de distribuição e somava quase dezessete quilômetros de extensão, com um metro de diâmetro e uma carga hidrostática de 27 m (Figura 2.5).

Figura 2.5 *Detalhe da construção da adutora do Cabuçu* (1904). Fonte: Relatório da Secretaria da Agricultura de 1905

No relatório de 1905, do engenheiro chefe da Comissão de Obras Novas enviado ao Secretário de Estado da Agricultura, assim foi descrita a obra:

A adução das águas do Cabuçu é talvez a mais importante do Brasil. O volume aduzido é de 500 litros por segundo, de sorte que o abastecimento atual vai ser duplicado. A zona baixa, que é a mais vasta e que corresponde mais ou menos à metade da cidade, absorverá toda essa água, enquanto que as águas atuais, que abasteciam a parte baixa, passarão a abastecer as zonas altas, aumentando também o volume que elas recebem atualmente.[38]

Figura 2.6. *Construção do aqueduto do Cabuçu (1905)*. Fonte: Relatório da Secretaria da Agricultura 1906

A adutora, com uma extensão de quase 17.000 m, e uma pressão que variava entre 5 a 40 metros de coluna d'água, foi construída em linha mista, composta por 28 aquedutos de cimento armado em forma de dupla elipse e 28 sifões, cujos tubos tinham um metro de diâmetro e uma carga hidrostática de 27 m (Figura 2.6).

---

38 *Relatório da Secretaria dos Negócios da Agricultura, Comércio e Obras Públicas do Estado de São Paulo, de 1905, apresentado ao Presidente do Estado, pelo Secretário da Agricultura*. São Paulo: Typographia Brasil de Rothschild & Co. 1906, p. 225/226.

Em cinco meses foram construídos doze quilômetros de aquedutos e três de sifões de cimento armado, o que correspondia a uma média de cem metros de linha adutora por dia de trabalho. Tal rapidez de execução, segundo os relatos da época, nunca fora atingida em nenhuma outra obra, e o que a tornou verdadeiramente notável, como técnica de engenharia, em razão de estarem os terrenos onde foram construídos os aquedutos situados, na maior parte, em encostas escarpadas de difícil acesso, e todos os sifões, com grandes extensões, foram colocados em terrenos pantanosos, cuja drenagem e fixação exigiu, quase sempre, o rebaixamento dos córregos.

Todo sistema de abastecimento, desde a represa até a rede de distribuição, foi um sucesso da técnica e da engenhosidade dos pioneiros do concreto armado. Ao ser inaugurada, solenemente, a 1º de Setembro de 1907, por Carlos Botelho, Secretário da Agricultura, a linha adutora do Cabuçu, pela qual fluíam 400 litros de água por segundo, representou um reforço que melhorou a taxa de distribuição *per capita*, julgando-se a população, por alguns anos, bem abastecida.

Desativada em 1974, seus vestígios ainda podem ser vistos em algumas partes da Zona Norte da cidade de São Paulo e no Município de Guarulhos (Figura 2.7). Hoje esse patrimônio industrial se encontra abandonado, sem que a maioria dos moradores dessa região saiba do que se trata.

Figura 2.7 *Detalhe de um dos 28 sifões do sistema de adução, transformado em moradia*. Rua Manoel Gaya, bairro do Jaçanã, zona norte de São Paulo. Foto dos autores (2014)

Conclusão

O problema do abastecimento de água em São Paulo, nos primeiros anos do século XX, além de elitizado, estava sujeito a soluções provisórias e parceladas, através de fórmulas bastante conhecidas. Se, por um lado, era uma realidade que o crescimento da cidade e o aumento significativo de sua população aconteciam de maneira intensa, excedendo a todas as previsões possíveis, por outro, não justificava a parcimônia das soluções, que de tempos em tempos, eram prescritas ou adotadas, para resolver um problema que periodicamente afetava os paulistanos, notadamente nos períodos de estiagem prolongada.

As águas da barragem do Cabuçu, então considerada o grande desafio da engenharia paulistana, chegaram finalmente em 1911, em quantidade e qualidade "democráticas", aos bairros da zona baixa, que com exceção do bairro da Luz, eram considerados proletários, Bom Retiro, Pari, Brás, Belenzinho e Mooca, proporcionando aos seus habitantes o acesso à água potável, que deveria ser garantido de maneira equitativa, como um direito básico de todos os paulistanos, independentemente da posição geográfica que ocupavam, em relação às zonas altimétricas em que a cidade então estava dividida, uma vez que, para as altas e altíssimas (bairros nobres), estavam reservadas as águas da serra da Cantareira, célebres por sua tão decantada pureza.

Portanto, a relevância do sistema Cabuçu, dentro dos serviços de utilidade pública, como é o abastecimento de água, fica patenteada, não só pelas conquistas da técnica da engenharia de sua construção e distribuição, como em razão da área que incorporou, abrangendo um grande contingente populacional, cujas condições de vida não poderiam prescindir de sua contribuição, para suas mais primordiais necessidades de existência.

Foi também nas águas do Cabuçu onde Paula Souza aplicou pela primeira vez, no Brasil, em 1925, um método revolucionário de desinfecção da água com a solução do hipoclorito de sódio, substância que vinha revolucionando o tratamento de água em todo o mundo.[39]

O antigo sistema Cantareira foi totalmente desativado, quando entrou em operação o atual em 1974. Imaginava-se que estariam resolvidos os problemas do abastecimento de água à população paulistana. Uma das estratégias para o suprimento de água é a inclusão de novas fontes, porém, sem abandonar as já existentes, descumprida no caso das águas que abasteciam a represa do Guaraú, quando da demolição da barragem.[40]

O Engordador, por sua vez, mantém suas comportas abertas e suas águas tampouco são aproveitadas. A única que ainda está em plena atividade é a Represa do Cabuçu, isto porque o órgão responsável pelo

---

39 O hipoclorito de sódio é também chamado de água de Javel, denominação antiga proveniente do nome de um bairro dos subúrbios de Paris, onde o químico Berthollet desenvolveu seus estudos sobre esse produto.

40 Outro exemplo de descaso das autoridades governamentais foi o do primeiro reservatório de água, conhecido como o de Acumulação, datado de 1882, que hoje foi transformado em um pesqueiro no Clube da SABESP (situado na Vila Rosa, no entorno do Parque Estadual da Cantareira).

abastecimento da cidade de São Paulo transferiu, em 1999, seu gerenciamento para o Município de Guarulhos.

Além das discussões com relação aos desperdícios da água nos usos domésticos, na irrigação, e nos usos industriais, um problema adicional é a falta de estratégia no gerenciamento da sustentabilidade dos recursos hídricos. Esta água que tanta admiração pela sua beleza causa aos visitantes do Parque Estadual da Cantareira, escorre pelas encostas da Serra, num total desperdício para a multidão de seres humanos privados de água potável e que sofrem com sua escassez.

Atualmente, não cumprimos com uma das mais importantes missões relativas à gestão das águas, seu adequado gerenciamento, seu uso e seu suprimento, e que tantas discussões geraram no final do século XIX e no alvorecer do XX, redundando na construção de três lagos artificiais, com a introdução de novas tecnologias, até então desconhecidas, como foi o concreto armado na construção da Barragem e da adutora do Cabuçu.

Capitais em combate: a eletrificação em São Paulo no início da República

Alexandre Ricardi

Introdução

Ao final do século XIX a cidade de São Paulo experimentou crescimento expressivo tanto populacional, quanto comercial, fruto da expansão da economia do café, refletindo-se também no crescimento espacial da cidade, que começava a avançar sobre os subúrbios de então. Esse crescimento gerou diversas oportunidades de negócios, muito além das transações comerciais do café, incluindo o chamado setor de serviços urbanos. A expansão comercial, industrial, financeira, populacional e geográfica estava ligada à economia cafeeira, era decorrente dela, mas não era somente devido a ela que pode ser atribuída sua existência.[1] Muitos homens de negócios de São Paulo que já estavam envolvidos nas operações comerciais relacionadas ao café e em melhoramentos urbanos aplicaram seus capitais nesses novos negócios, incluindo a recente indústria da geração e distribuição de eletricidade.

Essa indústria representava o aperfeiçoamento de experimentos e pesquisas de já alguns séculos de existência, realizadas principalmente na Europa e nos EUA, e que pretendiam compreender a eletricidade colocando-a a serviço da sociedade, produzindo equipamentos e desenvolvendo formas de geração, além de aprimorar sua distribuição. Essas in-

---

1   Flávio Azevedo Marques de Saes. *A grande empresa de serviços públicos na economia cafeeira*. São Paulo: Hucitec, 1986, p. 14.

dagações começaram a tomar vulto no limiar do século XVII com a obra de William Gilbert, *"De Magnete, magneticisque corporibus et de magno magnete tellure"* de 1600, em que procurou desmistificar a ideia de que os fenômenos de atração elétrica e magnética eram resultantes das ações de forças mágico-animistas. No século XVIII tornaram-se comuns os aparelhos que podiam acumular eletricidade, como a "garrafa de Leyden", e que eram utilizados pelos homens de ciência em suas demonstrações.

Já no século XIX, Michael Faraday e Joseph Henry chegaram, simultaneamente em 1831, à corrente induzida através do eletromagnetismo, importante para viabilizar o aprimoramento dos dínamos em 1867, com os esforços de Zénobe Gramme, assim como de Werner von Siemens, resultando na produção dos primeiros dínamos industriais em 1873. Toda uma gama de aparelhos e materiais foi sendo sofisticada nas utilizações que se faziam deles nos experimentos, ligados a nomes como Benjamin Franklin, Antonio Pacinotti, Thomas Edison, Nicola Tesla, George Westinghouse entre outros.

As investigações no campo da eletricidade passaram a representar cada vez maior oportunidade de investimento e tão promissor que ao findar o século XIX já comportava conglomerados gigantescos com alcance mundial. Entre outros, podemos citar como exemplo, a norte-americana General Electric, uma sociedade resultante da fusão em 1892 da Thomson-Houston Company e da companhia fundada em 1878 nos Estados Unidos por Thomas Edison, a Edison Electric Light Company. Pode ser lembrada também a alemã Telegraphen-Bauanstalt von Siemens & Halske, fundada em Berlim em 1847 por Werner von Siemens e Johann Georg Halske para fabricação de aparelhos telegráficos e a implantação de suas linhas. A Siemens, como ficou mais conhecida, criou sua primeira subsidiária já em 1855 em São Petersburgo e na Exposição de Berlim em 1879 apresentou a primeira ferrovia elétrica com alimentação externa, se tornando grande concorrente da General Electric.

No Brasil no século XIX, não temos iniciativas na produção de aparelhos e tecnologia para eletricidade, ficando o país fadado a ser mer-

O progresso e seus desafios

cado consumidor nesta área. No entanto, na geração e distribuição de energia elétrica poderíamos citar inúmeras iniciativas que vingaram, tendo como resultado usinas térmicas e hidráulicas para oferecimento do serviço. Flávio Saes cita que em 1906 havia 34 empresas de iluminação no interior do Estado de São Paulo, sendo que 32 foram instaladas entre 1890 e 1906. Saes adverte que se tratava de companhias cujo objetivo era a iluminação urbana, muito embora negociassem energia elétrica a particulares também. Duas, a Companhia Gás e Óleos de Taubaté e a Companhia Campineira de Iluminação e Força, eram mais antigas e voltadas à iluminação a gás, já existindo desde 1887.

Algumas empresas do interior estavam ligadas a empresários locais, como em Jundiaí, onde na Empresa Luz e Força de Jundiaí a família Queirós Teles era a maior acionista; na Companhia Luz e Força de Guaratinguetá, a família Rodrigues Alves; na cidade de Itu, Otaviano Pereira Mendes (da Fábrica de Tecidos Mont Serrat) como presidente da Companhia Ituana Força e Luz.[2]

No município de São Paulo, a Companhia Água e Luz do Estado de São Paulo contava em seus quadros acionários com personagens proeminentes da área política e econômica da cidade e do estado, muitos até figuras de projeção nacional, demonstrando o interesse suscitado por investimentos deste tipo. Com uma usina térmica, oferecia iluminação pública e particular, sem exclusividade, concorrendo com a *São Paulo Gas Company*, empresa de capital inglês que fornecia iluminação a gás e que detinha a concessão para iluminação pública da área central.

Além da cidade de São Paulo, a Companhia Água e Luz também manteve contratos para fornecimento de energia elétrica com as Câmaras de Casa Branca,[3] no interior de São Paulo, e Curitiba, estas sim

---

2   F. Saes, *op. cit.*, p. 144.

3   A cidade de Casa Branca revelava-se ao final do século XIX com grande potencial político e econômico em São Paulo. Posicionada na parte noroeste do Estado, vasta região de produção cafeeira, atraiu as ferrovias para onde as famí-

com exclusividade pelo serviço. Procuraremos então demonstrar como a Companhia Água e Luz se manteve por uma década neste mercado da cidade de São Paulo antes dele se tornar monopolizado pela canadense Light and Power. E ainda que algumas obras tenham celebrado a companhia estrangeira como a empresa que modernizou o Brasil (como as de Duncan McDowall e Edgar E. de Souza), postulamos que não foi por falta de iniciativas que essa modernização não foi conduzida por empresas nacionais como a Companhia Água e Luz.

O surgimento da empresa

A partir de meados do século XIX, o governo imperial iniciou uma série de mudanças na legislação, ampliadas pelo governo republicano após 1889. Essas mudanças, principalmente o Código Comercial de 1850 (Lei 556, de 25 de Junho de 1850), admitiram "regular as práticas gerais das operações bancárias, que permitiram a expansão do crédito comercial" [4], dinamizando a economia, atraindo mais investimentos estrangeiros e incentivando a formação de companhias nacionais, a que se somavam a garantia de juros e a adoção do padrão-ouro. A lei de 1850 regulava também a sociedade por ações, condicionando seu funcionamento à aprovação do governo, processo demorado e burocrático que passava pelo Conselho de Estado, auxiliar do Poder Moderador exercido durante o Império.

A partir dessas mudanças, pode ser observado um aumento substancial do número de homens de projeção política envolvidos como acionistas em diversas companhias. Dedicadas aos mais variados setores da

---

lias Silva Prado, Queirós Telles, Leite Penteado, Monteiro de Barros e Álvares Penteado possuíam extensas propriedades. Seu setor de serviços municipais revelou-se atraente aos investidores assim como o da capital ou outras grandes cidades como Campinas e Santos.

4   Anne Hanley. "Bancos na transição republicana em São Paulo: o financiamento hipotecário (1888-1901)." *Estudos Econômicos*, vol. 40, n. 1, jan–mar 2010, p. 105.

O progresso e seus desafios

economia, essas companhias podiam ser de estradas de ferro, de navegação a vapor, casas comissárias que negociavam café, casas bancárias, e também, empresas concessionárias de serviços públicos, como a geração, transmissão e distribuição de energia elétrica.

A 17 de janeiro de 1890, Rui Barbosa como Ministro da Fazenda, o primeiro da jovem República, publicou o decreto nº 164 que dizia em seu artigo primeiro: "As companhias ou sociedades anonymas, seja civil ou commercial o seu objecto, podem estabelecer-se sem autorização do Governo" (Lei 556, de 25 de Junho de 1850). Reforçou assim a Lei Imperial 3.150, de 4 de novembro de 1882,[5] demonstrando que o governo republicano manteria algumas das disposições adotadas no Império sobre sociedades anônimas, dando continuidade às mudanças que estimulavam a economia.

De todas essas mudanças legais talvez a mais importante para a Companhia Água e Luz tenha sido esta já citada, que definiu a constituição das sociedades anônimas, criadas no contexto do Encilhamento. A exigência da aprovação do governo para a sociedade anônima funcionar deixou de existir, agilizando assim o processo e contribuindo, juntamente com a política de emissão acionista, a agitar ainda mais esse período sempre lembrado pela especulação financeira.

Tal condição incentivou o mercado, confirmando o sucesso das sociedades por ações, a exemplo do que já ocorria no país com a construção de estradas de ferro e a expansão da malha ferroviária. A lista de acionistas dessas companhias, sempre fartas em nomes desses homens de projeção política, pode ser considerada uma de suas características de formação mais típicas, sendo marca também na história da Companhia Água e Luz.

Para compreendermos melhor o surgimento da Companhia Água e Luz, voltaremos um pouco antes das mudanças de Rui Barbosa citadas

---

5   Essa lei que regulava o estabelecimento de companhias e sociedades anônimas foi a reforma da lei 556, citada atrás.

há pouco. Em 1886 a firma Marques, Moutte & Companhia organizou a Empresa Paulista de Eletricidade, cuja operação foi iniciada em 1888 com quatro geradores Ganz, de Budapeste montados em usina situada à Rua Araújo, próxima a Praça da República.[6] Henrique Raffard descreveu em 1892 mais detalhadamente esses geradores em funcionamento na usina, responsável pela iluminação da rua Boa Vista:

> Aí encontrei 2 locomóveis trabalhando e 1 máquina vertical em repouso; 4 dínamos de corrente contínua, sendo 1 Wetson, que não estava em serviço, 2 da casa Ganz & C., de Budapeste (que a empresa paulista representa no Brasil) 7.

O engenheiro carioca visitou a cidade de São Paulo nesse ano relatando o serviço que a empresa oferecia. Tal companhia fora fundada por Abílio Soares Marques, o iniciador e incentivador da iluminação à eletricidade tendo iluminado sua residência à Rua Barão de Itapetininga em 1881.[8] Abílio Soares foi um dos acionistas da Companhia Água e Luz e seu primeiro gerente.

---

6   Edgar Egydio de Souza. *História da Light – Primeiros 50 anos*. 2 ª ed. revista e ampliada. São Paulo: Departamento do Patrimônio Histórico / Eletropaulo, 1989, p. 26.

7   Henri Raffard. *Alguns dias na Pauliceia*. Introd. Leonardo Arroyo. Biblioteca Academia Paulista de Letras. São Paulo: Cantom Com. Ind. Gráfica Ltda, 1977, p. 21-23. Júlio Henrique Raffard, nascido a 26 de dezembro de 1851, era filho do cônsul suíço Eugênio Raffard. Organizou em Londres em 1882 a *The São Paulo Central Sugar Factory of Brazil Limited*, quando visitou a Bahia, Pernambuco e São Paulo para escolher a cidade que sediaria a companhia deixando relato da São Paulo de então. Tendo obtido autorização do governo paulista, fundou o Engenho Central de São João do Capivari em 1883, criando a Vila Raffard para os operários do engenho, núcleo de disputas com a cidade de Capivari.

8   Ricardo Maranhão e Simone Biehler Mateos (orgs.). *100 anos de história e energia*. São Paulo: Andreato Comunicação e Cultura, 2012, p. 27.

A usina da Rua Araújo (Figura 3.1) era equipada com dois geradores de 50 kVA e dois de 200 kVA da Ganz & Cia, totalizando 500 kVA, em usina térmica alimentada a carvão. E apesar de causarem ruído enorme, tão "ensurdecedor" que impedia a valorização dos terrenos próximos, a própria usina e o serviço foram relatados por outros passantes pela cidade: "No fim de 1888, a multidão no centro da cidade podia contemplar as primeiras luzes elétricas de rua, instaladas por uma firma húngara."[9]

O fornecimento limitava-se ao período do entardecer à meia-noite e sua concessão cobria a área correspondente ao triângulo comercial da capital, as ruas São Bento, Quinze de Novembro e Direita. Essa era à época a principal região da cidade, concentrando as atividades comerciais, filão cobiçado pelos que não podiam se manter ali, o centro da cidade de então e ainda local de moradia preferido dos paulistanos.[10]

---

9   Richard M Morse. *Formação histórica de São Paulo (de comunidade à metrópole)*. São Paulo: Difel, 1970, p. 245.

10   João Luiz Máximo da Silva. *O impacto do gás e da eletricidade na casa paulistana (1870-1930)*. Dissertação de Mestrado em História Social. Faculdade de Filosofia, Letras e Ciências Humanas, Universidade de São Paulo, São Paulo: 2002, p. 15. Vide também Odette Carvalho de Lima Seabra, *Os meandros dos rios nos meandros do poder. Tietê e Pinheiros, valorização dos rios e das várzeas na cidade de São Paulo*. Tese de Doutorado em Geografia. Faculdade de Filosofia, Letras e Ciências Humanas, Universidade de São Paulo. São Paulo: 1987.

Figura 3.1 *Pequena usina a vapor da Companhia Água e Luz do Estado de São Paulo, Rua Araújo, 24 de junho de 1901.* Fonte: *História & Energia,* nº 1, 1986, p. 51

As concessões que a Empresa Paulista de Eletricidade detinha na cidade, assim como sua usina e equipamentos e seus contratos para fornecimento de energia elétrica foram repassados a outra sociedade. Com o nome de Companhia Luz Eléctrica de São Paulo, essa nova associação teve seus estatutos assinados a 2 de setembro de 1889.[11] Em seu artigo 1º, definia que era constituída para estabelecer e explorar iluminação pública e particular por meio da eletricidade. Em seu artigo 2º, indicava a aplicação de eletricidade às indústrias também. O capital social da empresa ficava estabelecido em oitenta contos de réis, sendo que ficaria dividido em 1.600 ações de 50 mil réis cada uma. Dessas, 945 ações foram distribuídas à Empresa Paulista de Electricidade, sempre em nome de Marques, Moutte & Companhia, como títulos integrados no total de quarenta e sete contos, duzentos e cinquenta mil réis.

---

11 Arquivo Público do Estado de São Paulo, Fundo Luz e Água, caixa 10.288, Estatutos, 1889, p. 12.

Em assembleia a 21 de setembro de 1889, convocada à Rua da Imperatriz, nº 59, atual Rua XV de Novembro, no escritório do advogado Carlos Teixeira de Carvalho, os acionistas aclamaram como dirigentes da companhia: Victor Nothmann na presidência, Antônio Pereira de Queiroz e Pedro Paulo Bittencourt como diretores e Abílio A. Soares Marques como gerente. Para os três integrantes da Comissão Fiscal, foram escolhidos Estanislau José de Oliveira, o 2º Barão de Araraquara, cafeicultor e coronel da Guarda Nacional, Manoel Joaquim de Albuquerque Lins, vereador da câmara de São Paulo de 1899 a 1901, senador e presidente de São Paulo de 1908 a 1912 e o Major Domingos Sertório, também vereador de São Paulo.

Essa primeira constituição da companhia se deu alguns meses antes dos primeiros atos que inauguraram o período do Encilhamento, o decreto de 17 de janeiro de 1890 liberando as sociedades anônimas de autorização do governo, e o decreto de setembro criando os três bancos de emissão do novo sistema financeiro nacional, o Banco dos Estados Unidos do Brasil, o Banco Nacional e o Banco do Brasil.[12] Assim, é nossa opinião que a fundação da Companhia Luz Eléctrica de São Paulo não foi simples fruto da especulação que em poucos meses tomou conta da bolsa de valores do Rio de Janeiro e do país.

Em sua formação podemos identificar alguns proeminentes cidadãos e o número de ações que subscreveram. Victor Nothmann e Estanislau José de Oliveira eram os maiores acionistas nessa primeira constituição subscrevendo 50 ações cada um, com um custo de duzentos e cinquenta mil réis. Devemos nos lembrar de que por lei, somente 10% do valor de cada ação, que nesse caso era de cinquenta mil réis cada, precisava ser realmente subscrito, ou seja, apenas cinco mil réis por ação. Além desses, na assembleia de 21 de setembro de 1889 entre os maiores

---

12 Steven Topik. *A presença do Estado na economia política do Brasil de 1889 a 1930.* Rio de Janeiro: Record, 1987, p. 42.

72 Gildo Magalhães (org.)

acionistas, que junto com os demais subscritores perfaziam um total de 1.600 ações (4 contos), temos:

Empresa Paulista de Electricidade	945 ações	995 mil réis
Dr. Antonio de Queiroz Telles	25 ações	125 mil réis
Manoel Joaquim de Albuquerque Lins	25 ações	125 mil réis
Cincinato de Almeida Lima	25 ações	125 mil réis
Domingos Sertório	20 ações	100 mil réis
Carlos Teixeira de Carvalho	20 ações	100 mil réis
João Bueno	20 ações	100 mil réis
Antônio Pereira de Queiroz	20 ações	100 mil réis

Fonte: Arquivo Público do Estado de São Paulo, Luz e Água, caixa 10288, doc. n. 2

A 27 de julho de 1890, os acionistas em nova Assembleia Geral no salão do Banco de São Paulo, estabeleceram que a companhia passaria a denominar-se Companhia Água e Luz do Estado de São Paulo, mantendo a sede à rua do Rosário, nº 2.[13] Estenderam os serviços da companhia, acrescentando os parágrafos 3º e 4º ao artigo 1º, determinando o abastecimento de água potável a povoações deste ou outros Estados e a execução de obras de saneamento de cidades e vilas[14] como objetivos da empresa.

Elevaram o capital social da companhia, que era de oitenta contos de réis, para dois mil contos de réis, divididos em 40.000 ações de cinquenta mil réis cada uma. Os acionistas do capital social inicial da Companhia receberiam oito mil ações novas, com 25% realizados. E a diretoria estava autorizada a elevar o capital social da empresa a vinte mil contos de réis se necessário, indicando maior capacidade de investimento. A ata dessa primeira reunião de 27 de julho de 1890 nos revela os motivos do aumento expressivo do capital social da companhia, constituída

---

13 Fundação Energia e Saneamento, Fundo Água e Luz, Apólice de Seguros nº 1147, de 25/09/1891.

14 Arquivo Público do Estado de São Paulo, Fundo Luz e Água, cx. 10290, Estatutos, 1890, p. 4.

por apenas quinze acionistas e totalizando 475 ações. Segundo informa a diretoria à Assembleia, o aumento de capital serviria para *"ampliação e realisação de novos contractos e operações da Companhia."*[15] Ação fundamental neste momento, pois outro importante contrato de fornecimento de energia elétrica firmado foi assinado a 9 de setembro de 1890 com a Câmara Municipal de Curitiba. As 32 mil novas ações seriam oferecidas em subscrição pública e todas as demais sugestões de alteração foram aprovadas pela Assembleia.

Como o mandato dos fiscais seria de um ano, definido já no primeiro estatuto de 1889 e sem proposta de alteração na Assembleia de 1890, procedeu-se à eleição. Os cargos de fiscais foram ocupados então por Júlio de Mesquita, Francisco Rangel Pestana e Carlos Teixeira de Carvalho. Manteve-se como gerente da companhia Abílio A. Soares Marques, exercendo o cargo enquanto conviesse a ele e à Companhia.

Votaram e assinaram neste ato os novos estatutos os acionistas presentes, com a lista geral trazendo um número maior de subscritores, provavelmente desdobramento das ações da Empresa Paulista de Eletricidade. Entre os acionistas que se tornariam mais eminentes na vida pública, destacam-se nomes como Júlio de Mesquita, Cardoso de Almeida, Rodovalho Junior, Elias Pacheco Jordão e Cerqueira César, entre outros, conforme abaixo:

João Brícola	1800 ações
Lins de Vasconcelos	1700 ações
Martin Burchard	1000 ações
Martinho Prado Júnior	1000 ações
Victor Nothmann	1000 ações
Abílio Marques	989 ações
Barão de Melo e Oliveira	940 ações
Herman Burchard	800 ações

---

15 Arquivo Público do Estado de São Paulo, Fundo Luz e Água, cx. 10290, Ata da 1ª reunião da Assembleia Geral Extraordinária, f. 2.

Antonio Pereira de Queiroz	500 ações
Elias Fausto Pacheco Jordão	300 ações
Julio de Mesquita	231 ações
David Watson Mitchell	200 ações
Luiz Berrini	200 ações
Manoel Cardozo de Almeida	200 ações
Cerqueira César	150 ações
Antonio Proost Rodovalho Jr	100 ações

Fonte: Arquivo Público do Estado de São Paulo, Fundo Luz e Água, caixa 10.290

Isto evidencia uma determinada relação entre os fazendeiros do café e os burgueses citadinos, apesar das supostas posições adversas.[16] E também certa relação entre esses investidores, além dos muitos outros não citados aqui por deterem menos ações, e a própria situação econômica do período republicano com suas oportunidades.

A partir de 1892, iniciou-se disputa jurídica entre a Companhia Água e Luz e a Câmara Municipal de Casa Branca em torno do serviço de iluminação elétrica. Concessionária do serviço no município, a Companhia Água e Luz se queixava que não recebia por seus serviços da Câmara Municipal, tentando aplicar, sem sucesso, as cláusulas do contrato que lhe davam garantia de recebimento com juros pelos pagamentos atrasados. A Câmara, que por sua vez se queixava que a companhia decidiu denunciar o contrato sem antes procurar por um acordo com a

---

16 Bresser-Pereira afirma que os empresários industriais não teriam se originado de famílias brasileiras ligadas ao café, mas sim de famílias de imigrantes de classe média, rebatendo a tese de Caio Prado Jr. Reconhece, porém, que sem o excedente proporcionado pelo café "a industrialização de São Paulo jamais teria ocorrido na forma que ocorreu..." e que isso não teria sido obstáculo para que os cafeicultores se opusessem à industrialização. Luiz Carlos Bresser-Pereira, "Empresários, suas origens e as interpretações do Brasil", in *História de Empresas e Desenvolvimento Econômico* (São Paulo: Hucitec / ABPHE / Edusp / Imprensa Oficial, 2002, p. 143-164).

municipalidade, se defendia na justiça, acusando a companhia de falhar na prestação dos serviços.[17]

Durante a contenda que se arrastou por muitos anos, coube à Companhia manter o serviço até a decisão final da justiça, o que ocorreu em 1900. Não faltaram interessados, porém, em assumir a concessão na cidade. A empresa que apresentou a proposta de arrendamento em 1899, Força e Luz de Ribeirão Preto, era parte de um conjunto maior de companhias espalhadas pelo interior de São Paulo, tornando-se concessionárias de diversos serviços públicos e levando a modernidade da eletricidade para o interior. Eram não somente "organizadas por cafeicultores desejosos de adornar suas cidades do interior com eventos modernos", mas também negócios geridos com direcionamento empresarial, naquele momento mais voltado para a expansão do que para a capitalização.[18] A Empresa Força e Luz de Ribeirão Preto e a Empresa Força e Luz de Jaú chegaram em 1915 com fornecimento de serviços de energia elétrica a 11 municípios do interior paulista.[19]

Os prejuízos da Companhia Água e Luz, somados com a inadimplência, custos com o processo judicial e os altos custos para a compra de combustível, carvão inglês[20], trouxeram uma situação de instabilidade para seu bom funcionamento. Isso fez com que a diretoria nomeasse

---

17 Outra contenda jurídica com a Câmara Municipal de Curitiba surgiu em 1896 sendo apenas citada neste artigo. Em nossa dissertação de mestrado apresentamos o caso mais detalhadamente.

18 Warren Dean. *A industrialização de São Paulo 1880-1945*. Trad. Octavio Mendes Cajado. 2ª ed. São Paulo: Difel / Difusão Editorial, s.d., p. 14.

19 José Luiz Lima. *Estado e energia no Brasil, o setor elétrico no Brasil: das origens à criação da Eletrobrás (1890-1962)*. São Paulo: IPE/USP, 1984, p. 19-20.

20 A usina de Capanema em Curitiba que entrou em funcionamento ao final de 1889 e teve sua administração assumida pela Companhia Água e Luz do Estado de São Paulo em 1890, era também uma usina termelétrica. O carvão era considerado o "pão da indústria" para a produção de eletricidade cf. David Landes, *Prometeu desacorrentado: transformação tecnológica e desenvolvimento industrial*

76 Gildo Magalhães (org.)

uma comissão liquidante na Assembleia Geral de 6 de setembro de 1892, conforme as palavras do presidente Nothmann, "devido à insuficiência do capital e às grandes dificuldades de obter empréstimos na praça..." (Diário Oficial do Estado de São Paulo, 6 de Outubro de 1892, p. 4356). Como membros foram eleitos o advogado Carlos Teixeira de Carvalho, Manfredo Meyer e Ernesto Steidel.

A companhia foi colocada à "... venda por 280 contos de réis, com todo o seu patrimônio de São Paulo, Casa Branca e Curitiba",[21] continuando em funcionamento até surgirem interessados. Essa comissão liquidante permaneceria mais alguns anos a frente da administração, procurando melhorar o estado financeiro da Companhia Água e Luz.

Apesar dessa situação, na cidade de São Paulo a Companhia Água e Luz procurou investir em equipamentos, modernizando a usina térmica, aumentando sua capacidade geradora para atender um número maior de clientes. Em 1893 anunciou na edição de *O Estado de S. Paulo* de 18 de abril a instalação de mais uma máquina, demonstrando capacidade de incremento do seu parque tecnológico, voltando a fazer novos investimentos.

Em 16 de julho de 1894 a comissão liquidante apresentou o parecer da situação em assembleia (Diário Oficial do Estado de São Paulo, 5 de Agosto de 1894, p. 11). Desempenhando ainda a função de membro dessa comissão, é cedida a palavra a Ernesto Steidel que:

> ...expoz o estado da liquidação e disse que, com os seus companheiros de liquidação, senhores Manfredo Meyer e Carlos Teixeira de Carvalho, tinha conseguido reduzir o passivo da Companhia à dívida por que é ella obrigada ao sr. Victor Nothmann, manter o serviço de illuminação da capital, os contractos em Curityba e

---

na Europa Ocidental, desde 1750 até a nossa época. Trad. Vera Ribeiro. Rio de Janeiro: Nova Fronteira, 1994, p. 103-4.

21 *História & Energia: a chegada da Light.* Nº 1. São Paulo, Patrimônio Histórico/ Eletropaulo, 1986, p. 51.

> Casa Branca, deixando por isso de executar a medida de positiva e imediata liquidação da Companhia...

Noticiou ainda Steidel que todos os membros da comissão liquidante estavam convencidos que com paciência e esforço seria possível manter a companhia em bom funcionamento. Entretanto, deveriam desde já passar adiante a concessão em Curitiba onde "... é difícil a administração com interesse para a Companhia" (*Diário Oficial do Estado de São Paulo*, id. ib.). Propôs também que a assembleia suspendesse a deliberação liquidante da companhia, participando que desde a votação que aprovou a liquidação, não foi suspenso um só serviço a cargo da Água e Luz, aumentando até o fornecimento de luz na capital e em Casa Branca, defendendo Ernesto Steidel que esse aumento acabou deixando um saldo a favor.

A relação da Companhia Água e Luz com seus clientes variou de conflito jurídico direto, como no caso com a Câmara Municipal de Casa Branca, para negociação amigável permanente até onde foi possível, como foi o caso com a Câmara Municipal de Curitiba e alguns clientes de São Paulo. Para termos uma ideia, no ano de 1897 a Câmara Municipal de Curitiba aparece como maior devedora da Companhia Água e Luz, com dívida no valor de vinte e um contos, quinhentos e vinte e nove mil, seiscentos e oitenta réis. Dívida que seria maior até do que o valor pago pelos consumidores de São Paulo para esse mesmo ano, cujo consumo foi no valor de vinte contos, oitocentos e quarenta e nove mil, seiscentos e sessenta réis.

Entre os devedores estavam também a Câmara Municipal de Casa Branca, com dívida no valor de um conto, cento e sessenta e sete mil e quinhentos réis; a Companhia Balneária Santo Amaro, quatrocentos e cinco mil e cem réis; a Companhia Viação Paulista de Santos, setenta e cinco mil e seiscentos réis; o diário *O Correio de Curityba*, quinhentos e trinta e cinco mil e quinhentos réis; a Escola de Bellas Artes, um conto, cento e noventa e seis mil réis e outra dívida em nome do Governo de Curitiba no valor de setecentos e noventa e dois mil réis. Hermann

Burchard, negociante em São Paulo, acionista da companhia, possuidor de 800 ações, devia à Companhia Água e Luz setenta contos, já tendo pago no ano de 1897, oitenta e nove contos, oitocentos e trinta e quatro mil, quatrocentos e trinta réis.

Na Assembleia Geral de 8 de fevereiro de 1898, a diretoria prestou contas do exercício de 1897 aos acionistas, com a apresentação do balanço anual indicando ações de planejamento do setor produtivo da companhia. Informou o lucro de duzentos e cinquenta contos de réis, mas advertiu que os lucros não seriam distribuídos como dividendos, uma vez que perturbaria a "boa marcha dos nossos negócios",[22] mas sim aplicado como renda na própria empresa. Pela necessidade de aumentar sua capacidade produtiva e permitindo maiores lucros a serem distribuídos no futuro em forma de dividendos, uma das aplicações para esse lucro foi um novo conjunto de máquinas com força de 360 cavalos que, quando instalado, ensejou à diretoria a instalação de outro jogo igual. A economia teria sido de cento e vinte contos, pois a diretoria, na ocasião da instalação desse primeiro jogo de máquinas, já teria se adiantado e preparado a instalação para o segundo jogo, aguardando somente autorização para a compra no exterior. Foi anunciada então a necessidade de aumentar o capital social para realizar mais esse investimento, apresentando a diretoria um novo projeto de reforma dos estatutos, proposta acatada pelo Conselho Fiscal.

Na cidade de São Paulo, a *São Paulo Gas Company* já detinha a concessão da iluminação pública justamente na área comercial mais atraente da cidade, a Companhia Água e Luz oferecia o serviço para particulares, não conseguindo entrar com sucesso na iluminação pública. Detinha, entretanto, a concessão nos dois primeiros setores da cidade, considerados o filão do serviço de iluminação, ambicionado por todas as empresas que ofereciam serviços semelhantes, pois incluía o Triângulo Comercial, sendo

---

22 Arquivo Público do Estado de São Paulo, fundo Água e Luz, caixa 10.303, Diário Oficial do Estado de São Paulo, 11 de Fevereiro de 1898.

O progresso e seus desafios

que a lei 407 de 21 de Julho de 1899 estabelecia uma divisão concêntrica dos setores. O monopólio deste setor representou para a Companhia Água e Luz diversos conflitos em torno de suas concessões, resultando em grandes dificuldades para aumentar sua capacidade geradora.

Entre os conflitos que teve que administrar estavam os de caráter oficial, que pretendiam enfraquecer os monopólios. A Constituição de 1891 outorgou aos municípios e Estados a tarefa de legislar sobre cursos e quedas d'água para aproveitamento na geração de eletricidade. Dava assim um caráter eminentemente local da implantação e do desenvolvimento do parque elétrico, por se tratar de serviço relativamente novo. Já existia, porém, no Brasil em sua versão de geração termoelétrica assim como hidrelétrica em algumas iniciativas pelo país.[23] A publicação em 1898 da lei 366 e de sua substituta, a lei 407 a 21 de julho de 1899, abriria a possibilidade de concorrentes oferecerem o serviço de iluminação pública e particular em São Paulo, fazendo surgir novos conflitos.

A chegada da maior concorrente, a Light and Power

A 15 de junho de 1897 a Câmara Municipal de São Paulo concedeu por quarenta anos, pela lei nº 304, ao capitão Francisco Antônio Gualco e ao comendador Antônio Augusto de Souza o direito de explorar o serviço de transporte público por eletricidade na cidade. Para essa nova indústria, assinaram o contrato em 8 de julho do mesmo ano, se comprometendo a iniciar a construção de uma linha para a Penha, na época local carente de transporte público. Teriam dois anos para a con-

---

23 Em 1879, Pereira Passos inaugurou seis lâmpadas na Estação da Corte da Ferrovia D Pedro II (atual Central do Brasil); em 1883, outra instalação termelétrica iluminou a cidade de Campos (RJ) usando carvão inglês; em 1884, Rio Claro (SP) tornou-se a segunda cidade a possuir iluminação pública; em 1889, Juiz de Fora (MG) passou a ter iluminação a partir da primeira usina hidrelétrica da América do Sul, a Marmelos, construída por Bernardo Mascarenhas, industrial do ramo têxtil.

clusão das obras, porém sem sucesso em levantar os capitais necessários, os concessionários precisaram solicitar aditamentos ao contrato original.

A concessão Gualco e Souza, como ficou conhecida, seria de importância crucial para a continuidade da Companhia Água e Luz do Estado de S. Paulo, pois a partir da transferência dessa concessão para a canadense *The São Paulo Railway, Light and Power Co. Ltd* em outubro de 1899, após ser dada autorização federal para a empresa funcionar no Brasil, uma poderosa concorrente se estabeleceu contra a congênere nacional. A lei 366, citada há pouco, estabelecia que ao intendente de Polícia e Higiene da cidade de São Paulo deveriam ser encaminhadas as solicitações referentes aos serviços de assentamentos de postes, de cabos e fios para transmissão de energia elétrica. Assim, os concessionários Gualco e Souza, sem perder tempo e provavelmente aconselhados por Frederick Pearson, ligado à *Light and Power*, enviaram ofício onde solicitaram

> necessária licença para a construção de uma linha aérea para distribuição de força elétrica por todas as ruas e praças da capital e seus subúrbios, para a exploração de luz elétrica, força motriz e para todos os mais misteres industriais.[24]

Esse despacho foi aprovado a 20 de dezembro de 1898, ampliando o escopo dessa concessão e ameaçando o serviço da Companhia Água e Luz. Com a transferência da concessão para a *Light and Power* e com as leis municipais que procuravam combater o monopólio no fornecimento de serviços públicos, junto com a Companhia Água e Luz viram-se ameaçadas a *San Paulo Gas Company*, já concorrente da Água e Luz oferecendo iluminação pública a gás, e a Companhia Viação Paulista, de transporte público a tração animal.

A Companhia Água e Luz procurou então formas de modernização da empresa e oferecimento de serviços mais eficientes, que atraíssem maior

---

24 Edgar de Souza, *op. cit.*, p. 32-5, já especula sobre a interferência da canadense antes mesmo de obter a transferência da concessão Gualco e Souza.

O progresso e seus desafios

número de clientes consumidores de energia elétrica. Em uma dessas ações anunciada pelo gerente Leonardo Pagano, a empresa passaria a fornecer luz elétrica até a meia noite para os clientes que manifestassem o desejo de estender o serviço. Os pedidos seriam recebidos e atendidos assim que fosse finalizada a instalação de máquina mais potente na usina da companhia. O anúncio advertia ainda que "Apesar da grande procura da luz electrica, que é muitíssimo mais barata de que o gaz, não haverá nenhuma elevação de preço" (*Correio Paulistano*, 2 de Maio de 1899, tentando comprovar a superioridade sobre o gás da *San Paulo Gas Company* e a vantagem de oferecer o serviço sem aumento no preço.

A 21 de abril de 1900, foi apresentado o balanço das transações da Companhia Água e Luz do ano de 1899, que seria analisado pela Assembleia de Acionistas. Se nos fiarmos neste balanço, a saúde financeira da Água e Luz parecia estável, sem grandes déficits, apesar dos conflitos vividos na Câmara Municipal de São Paulo em torno das concessões de serviços públicos, disputados agora com a companhia canadense Light and Power, fato inclusive indicado no trecho que reproduzimos abaixo. O balanço dividia os assuntos tratados por itens, começando pelo estado da usina em São Paulo:

> Continua a funcionar com a precisa regularidade e perfeição. Todos os machinismos e acessórios acham-se em perfeito estado de conservação, bem como o respectivo edifício e a nossa condução de linha aérea, que progressivamente vai-se estendendo. Temos o prazer de informar-vos que acha-se montada e funcionando com toda perfeição mais uma machina da força de 400 cavallos pelo que temos a legitima esperança de ver em breve tempo a renda da Companhia consideravelmente augmentada, porquanto, os pedidos para fornecimento de luz são contínuos – circunstancia esta que prova a grande aceitação, que por parte do público tem a nossa illuminação.

Foi assignado um contracto com a Municipalidade para a exploração da illuminação electrica no 1º e 2º sectores da capital, e distribuição de força. A administração municipal que a principio havia affirmado officialmente que a Compª Água e Luz seria a única a fazer o serviço nesses setores, por motivos que desconhecemos, mudou de ideias e concedeu-os também a uma outra Compª congênere, estando nós todavia desde já habilitados para o caso de concorrência.[25]

O relatório indicava a instalação de máquinas mais potentes na usina da Rua Araújo, ou seja, a Companhia Água e Luz procurou aumentar sua capacidade produtiva; aliado a isso, procurou também investir na geração hidroelétrica, como veremos adiante.

A essa altura, 1900, a Companhia Água e Luz já não detinha mais a concessão com a Câmara de Curitiba, por isso a usina daquela cidade não apareceu informada no relatório. Já a usina de Casa Branca ainda consta nos relatórios, com ressalva importante: "A questão que a Companhia mantinha no foro desta Capital com a Municipalidade de Casa Branca foi decidida a nosso favor em primeira instância, sendo de esperar a confirmação da sentença."

Na assembleia seguinte, de 31 de maio de 1900, a diretoria declara que estava entregando a administração. Essa diretoria demissionária informou que dois empréstimos por debêntures cujo valor era de mil contos de réis, foram reduzidos a oitocentos e vinte e seis contos e quinhentos mil réis, mantendo ainda um passivo de trezentos e dez contos, duzentos e sessenta mil e setenta réis por "letras, contas de livro e contas correntes." Informou ainda que ficavam nos armazéns mercadorias no valor de cento e noventa e seis contos de réis, além de vinte e sete contos em materiais de reserva; cinquenta e três contos em lâmpadas de arco e contadores de consumo no valor de cinco contos e novecentos mil réis.

---

25 Fundação Energia e Saneamento, Fundo Água e Luz, caixas 1 a 4.

Deixava um terreno no valor de doze contos de réis, não especificando onde estava localizado, 286 toneladas de carvão e cinquenta contos de réis de dívidas a receber. O valor a receber do consumo de luz do mês de maio era de trinta e quatro contos de réis. Ao término do período de sua atuação, foi formada nova diretoria com membros que representariam a *Light and Power* que já vinha adquirindo ações da Companhia Água e Luz justamente com o fito de tornar-se acionista majoritária.[26]

A diretoria demissionária informou ainda a aquisição de duas cachoeiras no rio Tietê: Pau d'Alho a cerca de trinta quilômetros a jusante de Parnaíba; e Rasgão, próxima ao município de São Roque, o que demonstra o esforço com a modernização para a matriz hidroelétrica:

> A diretoria fez o maior empenho para transformar a nossa força por força hidráulica, comprou uma parte da cachoeira do Rasgão e segurou por uma escritura de compromisso de compra a cachoeira de Pau d'Alho. Recebeu orçamento de várias casas da Europa, porém as dificuldades de levantar capital preciso foram enormes, apenas conseguimos dois mil contos, quando precisávamos de treze mil.

Posteriormente, as respectivas escrituras passariam ao patrimônio da *Light and Power* e entrariam nos planos de expansão da canadense ao aproveitar o potencial das quedas d'água com o esgotamento da capacidade da usina de Parnaíba.[27]

---

26 Souza, *op. cit.*, p. 40

27 Em 1910 o engenheiro da *Light and Power*, Frederick Pearson, avaliou os planos de construção e o local da cachoeira de Pau d'Alho, concluindo que as obras seriam longas e difíceis em virtude da natureza do terreno. Não corresponderia à urgência que o consumo em São Paulo requeria, indicando então a construção de usina no salto de Itupararanga, no rio Sorocaba, "por ser mais fácil e mais rápida do que a instalação em Pau d'Alho" (Souza, *op. cit.*, p. 86). Para levar a termo essa empreitada, a Light and Power organizou em Toronto a *São Paulo Electric Company Limited*, obtendo as concessões para fornecimento de luz e força nos

As dificuldades de levantar capital, como vimos no trecho citado, que já afligiam a Companhia Água e Luz tornou a concorrência com a *Light and Power* insustentável, apesar da diretoria declarar que além da renda gerada pelo consumo do mês de trinta e quatro contos de réis, ela poderia ser elevada para quarenta e oito contos quando fosse empregada toda a energia de que dispunham.

Para melhor compreendermos como a legislação contribuiu para decidir a sorte da Companhia Água e Luz como empresa comercial viável, retomaremos as leis municipais nº 366 e a 407. A 366 de 12 de Agosto de 1898 definia que a intendência municipal seria o órgão responsável por autorizar o assentamento de postes e de rede aérea e/ou subterrânea de cabos e fios de eletricidade e definia também que o mercado consumidor da cidade de São Paulo seria de livre concorrência, estendendo a permissão a toda e qualquer empresa que se propusesse a explorar esse serviço. Já a lei 407 de 3 de Julho de 1899 regulava o serviço de distribuição de força e luz, definindo que ao prefeito municipal, não mais ao intendente, caberia autorizar as solicitações de instalação de rede e redividindo a cidade em quatro setores.

A Companhia Água e Luz estaria resguardada, pois os setores da cidade reservados a ela, o 1º e 2º, eram os mais populosos, onde se concentravam o comércio, bancos, restaurantes, hotéis e a maioria dos órgãos públicos. Os demais setores compreendiam o que era o subúrbio da cidade na época, que ao contrário da cidade moderna com suas várias vias de comunicação a ligar o centro às regiões suburbanas, era isolado e

---

municípios de Sorocaba ao comprar a Empresa de Eletricidade de Sorocaba e a firma Amosso e Bonini em São Roque. Já a cachoeira do Rasgão só viria a ser aproveitada para aumentar a capacidade de geração em São Paulo pela *Light and Power* em 1924. Sua reduzida potência não animou a companhia a realizar investimentos em seu aproveitamento, mas a crise de energia vivida no Estado nos anos 20 instou a *Light and Power* a esse esforço. Convocou para isso o engenheiro americano Asa Billings, responsável também pela construção da usina de Paraíba no Rio de Janeiro e pela usina de Cubatão em São Paulo.

pouco habitado. Em seu artigo 3º a lei 407 trazia: os pedidos para instalações poderão ser feitos para um ou mais setores, sem exclusão dos setores onde já houver instalações.[28] Dessa maneira, abria a possibilidade de concorrência dentro de um mesmo setor, desde que, conforme o artigo 12 da dita lei, ficassem resguardados os 'lugares ocupados' pelas linhas e canalizações já existentes.[29]

Em decorrência dessa lei, começou uma série de incidentes pelas ruas da cidade de São Paulo entre as duas companhias. A *Light and Power* vinha de um período de intenso conflito com a Companhia Viação Paulista em torno das linhas de bonde que a canadense assentava, conflito que virou caso de polícia e foi parar nos tribunais. Não esperava então enfrentar outro período de conflitos com outra companhia de serviços públicos em São Paulo. Em um primeiro momento o prefeito Antonio da Silva Prado manteve reservados os 1º e 2º setores para a Companhia Água e Luz contra os protestos da *Light and Power*, declarando que tinha:

> practicado acto de justiça e de equidade, uma vez adaptado o plano de dividir a cidade em sectores para o serviço de distribuição de força e luz eléctricas, dando preferência à Companhia Água e Luz para a instalação que deve ser feita no sector do centro da cidade, o qual em parte e há tempos já gosa das vantagens da luz eléctrica fornecida por essa companhia constituída com capitaes nacionaes e que parece preparada para desenvolver a sua instalação. (Correio Paulistano, junho de 1899)

Diante da contestação da *Light and Power*, o prefeito reforçou sua decisão, declarando que os concessionários deveriam submeter-se à lei e explorar os outros setores. No entanto, Frederick Pearson, acompanhado do engenheiro e empresário Octávio Pacheco e Silva e do advogado

---

28 *História & Energia: a chegada da Light* etc. p. 39.

29 A expressão "lugares ocupados" daria margem a uma pendenga jurídica entre a *Light and Power* e seus concorrentes anos mais tarde.

Pinto Ferraz solicitaram audiência com o prefeito Antonio Prado, que após essa visita reverteu sua decisão, autorizando mais de uma companhia a explorar o serviço de distribuição de força e luz no mesmo setor da cidade. [30] A Companhia Água e Luz que já enfrentava dificuldades foi então obrigada a render-se entrando em entendimentos com a *Light and Power* para a venda de seu patrimônio, incluindo suas concessões.

A opção da *Light and Power* foi adquirir ações nominais e não nominais, assim como as dívidas por debêntures que a Companhia Água e Luz tivesse. Alexander Mackenzie fora comprando ações da Companhia Água e Luz e reportou à diretoria em Toronto que chegara a obter 86 % das ações da Água e Luz e 60 % das dívidas por debêntures.[31] Após a compra da maioria das ações da empresa, o quadro acionário tornou-se sensivelmente diferente, repetindo-se a estratégia da *Light and Power* de cooptar membros da elite, cedendo-lhes ações e cargos de direção: [32]

Light and Power	7888 ações
Carlos de Campos	350 ações
Fernando de Albuquerque	350 ações
Pinto Ferraz	250 ações
Daniel Mulqueen	250 ações
Octávio Pacheco e Silva	250 ações

As ações que estavam sob o controle de Armando Álvares Penteado e de José de Almeida Prado, além de 652 ações em nome de terceiros ficaram sem possibilidade de compra, pois a *Light and Power* oferecia ¼ do valor de cada ação. No entanto, a companhia canadense já assegurara o controle acionário, garantindo as concessões de distribuição de eletricidade para os 1º e 2º setores da cidade de São Paulo.

---

30 *História & Energia...*, *op. cit.* 1986, p. 52.

31 Duncan McDowall. *The Light: brazilian traction, Light and Power Company Limited, 1899-1945*. Toronto: University of Toronto Press, 1988, p. 96.

32 Alexandre Macchione Saes. *Conflitos do capital: Light versus CBEE na formação do capitalismo brasileiro (1898-1927)*. Bauru, São Paulo: EDUSC, 2010, p. 70.

A quantia despendida na operação é divergente: dois mil contos de réis segundo Alexandre Saes (2009, p. 193); a soma imprecisa de "3 mil e tantos contos" declarada pelo vereador Sampaio Vianna quando afirmou que a *Light and Power* adquiriu a Companhia Água e Luz no parecer 37 à Comissão de Justiça da Câmara Municipal de São Paulo[33] ou 250 mil dólares canadenses conforme Duncan McDowall.

Ainda segundo este último autor, a operação teria sido possível graças à cobertura financeira do *Canadian Bank of Commerce* de Toronto, que teria adiantado à *Light and Power* 50 mil libras, sustentando ainda que a aquisição da Companhia Água e Luz teria dotado a *Light and Power* de usina termelétrica que possibilitou a inauguração de seu serviço de bondes.[34] No entanto, ele não cita em momento algum de seu estudo a construção em 1899 da usina da Rua São Caetano, o que nos parece contradizer o que Edgar de Souza menciona, que foi justamente esta a usina que forneceu a energia elétrica que a *Light* precisava com urgência até a construção da usina hidrelétrica de Parnaíba.

A chamada 'diretoria lightiana' foi eleita na Assembleia Geral Extraordinária realizada no mesmo dia 31 de maio de 1900, após a apresentação do relatório da diretoria demissionária. Sob a presença de 21 acionistas, que representavam 8.024 ações, o presidente abriu a sessão lendo o relatório da diretoria que deixava a administração, sendo escolhidos como presidente dessa assembleia o Dr. Antonio Januário Pinto Ferraz, que convidou para ser seu secretário o Sr. Fernando de Albuquerque. Expostas pelo presidente a finalidade daquela reunião e o relatório da diretoria resignatária, ouviu protestos da parte de acionistas, liderados pelo Dr. Willian L. Strain, contra a retirada dessa última diretoria e sua prestação de contas. Carlos de Campos apresentou então uma indicação de que o protesto não deveria ser registrado na ata e que ao protestante, Sr. Strain, diria que o "logar certo para apurar seus direitos é

---

33   Atas da Câmara Municipal de São Paulo, Sessão de 24 de abril de 1909, p. 96.

34   Cf. McDowall, *op. cit.*, p. 90.

88   Gildo Magalhães (org.)

o juiz competente". (Diário Oficial do Estado de São Paulo, 23 de Junho de 1900, p. 1470)

Procederam então à eleição dos novos diretores e membros do conselho fiscal, sendo escolhidos: para diretoria, Fernando de Albuquerque com 18 votos, Octávio Pacheco e Silva, com 17 votos e Carlos de Campos, com 16 votos. Para fiscais, Daniel Mulqueen com 18 votos e Luiz A. Barroso com 17 votos. Findava-se assim a história da Companhia Água e Luz como empresa de capital nacional, sendo controlada pela *Light and Power* através da 'diretoria lighteana' que a manteve até 1909 quando se resolveu por dissolvê-la.

Considerações Finais

Ao final do século XIX a geração de energia elétrica a partir da matriz hidráulica não era necessariamente desconhecida, mas seu sucesso como empreendimento comercial tinha pouco tempo de existência. A *Light and Power* iniciou seus trabalhos de fornecimento com usina a vapor situada na esquina das ruas São Caetano e Monsenhor Andrade, no bairro da Luz, mas logo começou as obras para a implantação da usina hidrelétrica de Parnaíba, a atual Edgar Egydio de Souza. Inovação tecnológica que não era desconhecida no Brasil e que não foi habilmente aproveitada pela Companhia Água e Luz.

A alternativa de fornecer energia através de uma usina térmica, utilizando como combustível o carvão, a manteve sempre diante de custos altos e retorno incerto no negócio. Analisando a trajetória da companhia, acreditamos que a geração termelétrica implicaria em uma limitação ao desenvolvimento do setor elétrico paulistano, pelo menos enquanto os combustíveis utilizados fossem os apontados, porém não resultando necessariamente em comprometimento do crescimento coordenado deste setor.

Como notamos anteriormente, a Constituição de 1891, vigente até 1934, outorgou aos municípios e Estados a prerrogativa de legislar

O progresso e seus desafios

sobre o assunto, não havendo referência à exploração de recursos hídricos.[35] Assim, disputando nas esferas municipal e estadual, a Companhia Água e Luz não suportou a concorrência da *Light and Power*, que chegou ao mercado brasileiro com a proposta de fornecer energia baseada na hidroeletricidade, com aporte maior de capital e acesso direto ao Executivo e Legislativo de estados e municípios.[36]

A própria Companhia Água e Luz cogitou a adoção do fornecimento baseado na energia hidráulica. O bem sucedido transporte de energia em alta voltagem, em corrente alternada, a grandes distâncias foi conseguido durante a Exposição de Frankfurt-am-Main em 1891 que a ligou à central hidroelétrica de Lauffen por uma linha de transmissão de 170 km.[37] Isto possibilitou a produção a partir da armazenagem de grande volume de águas em usinas construídas em concreto armado e a geração de uma quantidade maior de energia e seu transporte eficiente a longas distâncias para as urbes que cresciam. Passaram a ser "atividades consideravelmente intensivas no uso de capital, exigindo elevados investimentos"[38] e um dos principais problemas que a Companhia Água

---

35 "Em 1909 foi elaborado por Alfredo Valadão, a pedido do presidente Nilo Peçanha, o projeto de um Código de Águas. Mas ele ficou paralisado no Congresso Nacional até a década de 1920, em grande parte devido à influência política da Light, que temia que a regulamentação restringisse e impusesse limites a sua atuação". Cf. Janes Jorge, *Tietê, o rio que a cidade perdeu: o Tietê em São Paulo, 1890-1940* (São Paulo: Alameda, 2006, p. 83).

36 "João Mangabeira dizia que no Brasil todos os caminhos do sucesso político passavam pelos escritórios da Light. E é realmente impressionante e extensa a lista de altas personalidades da administração pública que ocuparam cargos na empresa, chamada pela população de o 'polvo canadense'". Cf. A. Veiga Fialho, *A Compra da Light: o que todo brasileiro deve saber* (Rio de Janeiro: Civilização Brasileira, 1979, p. 35).

37 EDP – Electricidade de Portugal S.A. *Lisboa e a Electricidade*. Lisboa: AP Gráfica, 1992, p. 22.

38 Roberto Iannone. *Evolução do setor elétrico paulista*. Tese de doutorado em História Econômica. Departamento de História. Faculdade de Filosofia, Letras e

e Luz enfrentou foi justamente a incapacidade de levantar os fundos para a implantação do plano.

Além disso, havia duas principais divergências em relação à história da Companhia Água e Luz do Estado de S. Paulo, sendo a primeira quanto ao período em que passou a ser controlada pela *Light and Power* e que pudemos resolver comprovadamente com a Ata da Assembleia Geral de 1900, assim como com a bibliografia utilizada. A segunda divergência, também resolvida, é se em algum momento de sua existência a Companhia Água e Luz pertenceu ao grupo empresarial fluminense Guinle & Cia.[39]

Apesar de a compra da Companhia Água e Luz pela *Light and Power* ter ocorrido em abril de 1900, a empresa continuou a existir como pessoa jurídica e como fornecedora de eletricidade até sua extinção definitiva em 1909, consequentemente as relações com seus clientes também permaneceram. Como não poderia concorrer com os preços praticados pela *Light and Power*, que estavam abaixo do custo de produção de sua própria usina, sob o risco de perder seus consumidores a 'diretoria lighteana' da Companhia Água e Luz decidiu fechar a usina da Rua Araújo, o que foi feito a 24 de agosto de 1901 (*Diário Oficial do Estado de São Paulo*, 08 de dezembro de 1901, p. 2941) e comprar energia da concorrente estrangeira.

Em verdade, o fechamento da usina teria o efeito de valorizar os terrenos da parte nova do centro da cidade que vinha se expandindo. A medida favoreceria uma empresa como a *Light and Power* que praticamente desde o início de suas operações em São Paulo, esteve envolvida

---

Ciências Humanas, Universidade de São Paulo, São Paulo, 2006, p. 22.

39 Alexandre Ricardi. *A Companhia Água e Luz do Estado de São Paulo e suas relações de conflito na formação do parque elétrico paulistano, 1890- 1910.* 2013. Dissertação de mestrado em História Social. Departamento de História. Faculdade de Filosofia, Letras e Ciências Humanas, Universidade de São Paulo, São Paulo, 2013.

com a venda e desapropriação de terrenos, principalmente os terrenos às margens dos rios.[40]

Suprindo então os seus consumidores com corrente elétrica repassada pela *Light and Power*, a diretoria reconhecia que seu faturamento se reduzia, apesar dos preços terem sido igualados aos da canadense. Comprovando a assertiva, compararam a receita bruta de agosto de 1900 de quarenta contos, trezentos e sessenta e quatro mil e duzentos réis com a de outubro que baixou sensivelmente para dezessete contos, cento e quarenta e três mil e setecentos réis. As despesas para o mesmo mês de outubro foram de dez contos, novecentos e vinte e sete mil, cento e oito réis, acrescidas do valor pago à *Light and Power* pela corrente fornecida de seis contos, novecentos e noventa e sete mil e quinhentos réis

As dívidas da companhia que se elevavam a trezentos e dez contos, duzentos e sessenta mil e setenta réis, foram reduzidas a cento e cinquenta e oito contos, setecentos e quarenta mil, cento e trinta e um réis. Entretanto, havia também as dívidas por debêntures que montavam ao valor de setecentos e setenta e três contos e setecentos mil réis! Diante da situação de quase insolvência que se apresentava, apesar do consumo na cidade de São Paulo ser de trezentos e quarenta e quatro contos, oitocentos e cinquenta e cinco mil e seiscentos réis, a diretoria recomendou a liquidação amigável e imediata da companhia, publicando também o parecer do Conselho Fiscal sobre o balanço e as contas que seriam submetidas à apreciação da próxima assembleia.

Analisando a trajetória da Companhia Água e Luz, os conflitos com seus concorrentes e clientes, assim como as dificuldades criadas por uma legislação que estava sendo elaborada, reiteramos que as dificuldades apresentadas nos levam a acreditar que o movimento, que aconteceu posteriormente, de monopolização do setor sob o controle de poucas companhias estrangeiras, em São Paulo a *Light and Power* e a *Amforp*, não era inevitável. Como exemplo temos a existência de algumas outras companhias de

---

40 Seabra, *op. cit.* p. 124

caráter local nos municípios do interior de São Paulo, que resistiram ao "abraço" das estrangeiras, hábeis em arquitetar seu privilégio de fornecimento de forma bem articulada com os poderes políticos e desinteressadas por regiões cujo consumo de eletricidade não era expressivo.

Privatistas e nacionalistas na história do setor elétrico: do Código de Águas à Eletrobrás

Marcelo Silva

Introdução

O presente trabalho reflete sobre o intenso embate que tomou conta de diversos segmentos da sociedade brasileira, no intuito de entender os motivos que haviam impelido o país a mergulhar na crise do setor elétrico, no início dos anos 1950. Aquela contenda focalizava-se, sobretudo, na questão da legislação reguladora do setor de energia elétrica. Em outras palavras, debatia-se com posições concordantes e discordantes o seguinte: em que medida o Código de Águas e seus respectivos marcos regulatórios eram o responsável pela situação verificada no país? Aquele embate estava focalizado, sobretudo, nos seguintes subtemas: a importância do Código de Águas, o princípio do *custo histórico* da energia elétrica, a origem do Código e os questionamentos feitos a ele, a questão da tarifa-ouro e, finalmente, a atuação dos órgãos administrativos do setor.

Buscar-se-á demonstrar ainda que a discussão em torno do tema aventado se dava dentro e fora da esfera governamental. Patenteiam-se ainda as matrizes ideológicas expressas[1] e qual a função social que as

---

1   Entende-se por ideologia, segundo Mészáros, "uma forma específica de consciência social, materialmente ancorada e sustentada. Como tal é insuperável nas *sociedades de classe*. Sua persistência obstinada se deve ao fato de ela se constituir objetivamente (e reconstituir-se constantemente) como *consciência prática inevitável das sociedades de classe*, relacionada com a articulação de conjuntos de valores e estratégias rivais que visam ao controle do metabolismo social sob

decisões políticas daí extraídas cumpriram ao manter o desenvolvimento subordinado do país.

Examina-se em primeiro lugar, a trajetória da elaboração e decretação do Código de Águas. Na sequência analisa-se a disputa acerca da legislação reguladora do setor elétrico durante o segundo governo de Getúlio Vargas (1951-54). Por fim, investiga-se a controvérsia sobre o Código de Águas no período compreendido entre a morte do presidente Vargas e o golpe de Estado de 1964.

O Código de Águas: sua gênese e sua instituição

Em 1903, foi aprovado no Congresso Nacional o texto pioneiro na regulamentação do uso de energia elétrica no Brasil. A Constituição de 1891 tratava de temas como concessão de serviços públicos de forma muito vaga, e no que se referia ao aproveitamento de recursos hídricos nem havia referência. Segundo o engenheiro Catullo Branco, desde o princípio do período republicano a questão da energia elétrica foi tratada por uma regulação dispersa e carente de regulamentação.[2] Ao longo de toda a República Velha a legislação existente sobre os serviços de utilidade pública, como energia elétrica, era extremamente liberal. As decisões davam-se na esfera municipal, de forma dispersa, em detrimento do poder público federal. Isso tornava os mecanismos de controle do Estado sobre tais serviços muitos frágeis.

Além de majorar suas tarifas com liberdade, as empresas estrangeiras substituíam os contratos assinados anteriormente com os municípios e no seu lugar apresentavam novos, o que lhes garantia a elevação de suas tarifas através da *cláusula-ouro*. Por esta, o aumento se dava levando em consideração 50% de moeda nacional e 50% oscilando de acordo com

---

todos os seus principais aspectos". István Mészáros, *O poder da ideologia* (São Paulo: Ensaio, 1996), p. 13-27.

2   Catullo Branco, *Energia elétrica e capital estrangeiro no Brasil* (São Paulo: Alfa-Ômega, 1975), p. 66.

a cotação do dólar. Isto, no mínimo, denotava a omissão do poder público para com um tema tão importante para a população.

É importante considerar que as atividades imperialistas se enfraqueceram, com a entrada de capitais estrangeiros diminuindo no Brasil durante os anos 1930. Ao mesmo tempo, a ideologia do nacionalismo econômico local ganhava terreno, manifestando-se principalmente através da defesa de bloqueios alfandegários e do controle nacional sobre os recursos naturais. No início de seu primeiro governo, Vargas, num discurso realizado na cidade de Belo Horizonte, indicou sua preocupação com o aproveitamento de nossas riquezas minerais, dentre elas as quedas d'água quando afirmou "[…] julgo oportuno insistir, ainda, em um ponto: a necessidade de ser nacionalizada a exploração das riquezas naturais do País […]".[3]

Uma tendência ao intervencionismo estatal, sob inspiração do nacionalismo econômico, estava claramente expressa no pensamento de Vargas, no que se referia ao aproveitamento das riquezas naturais do país, sobretudo o de quedas d'água, como se pode observar no discurso acima citado. As prerrogativas constitucionais promulgadas pela Carta de 1934 e a decretação do Código de Águas, naquele mesmo ano, confirmaram tal disposição.[4]

Dentro deste espírito, a Constituição de 1934 atribuía ao Estado relevante papel interventor em atividades de importância para o país. Em seu capítulo intitulado "Da ordem econômica e social", a Constituição estabelecia que "[…] a União poderá monopolizar determinada indústria ou atividade econômica, asseguradas as indenizações devidas[…]".[5]

---

3   Getúlio Vargas. *A nova política do Brasil* (Rio de Janeiro: José Olympio, 1938, p. 101).

4   Sobre a questão do nacionalismo na Era Vargas ver: Luiz Carlos Bresser-Pereira, "Getúlio Vargas: o estadista, a nação e a democracia". In: Pedro Paulo Z. Bastos & Pedro Cezar Dutra Fonseca. *A era Vargas: desenvolvimento, economia e sociedade* (São Paulo: Editora Unesp, 2012).

5   Constituição da República dos Estados Unidos do Brasil – Promulgada a 16 de julho de 1934, Art. 116.

Neste sentido, o setor de energia elétrica, indubitavelmente, recebia atenção especial. Os artigos 118 e 119 destinavam-se à questão de infra-estrutura. Neles ficava determinado que o aproveitamento industrial de "[...] minas e das jazidas minerais, bem como das águas e da energia hidráulica, ainda que de propriedade privada, depende de autorização ou concessão federal, na forma da lei[...]". Aqueles artigos constitucionais indicam que as autoridades federais pretendiam tratar o problema da energia elétrica com atenção especial. O liberalismo e, com efeito, a omissão legal diante das questões de regulamentação do setor elétrico estavam cedendo espaço ao intervencionismo estatal.

O ministro da Agricultura, Juarez Távora, criou o Serviço de Águas, cuja atribuição era zelar pelos assuntos relativos à exploração de energia hidrelétrica, irrigação, concessões e legislação de águas. A famigerada cláusula-ouro foi extinta em novembro de 1933 pelo Decreto n.º 23.501. A partir daquele momento se tornavam nulas quaisquer cobranças em ouro ou moeda estrangeira. De fato, nas condições criadas pela grave crise de 1929-32, não podiam os governos prosseguir com as garantias de tarifa-ouro de antes da crise, em virtude da visível depressão do comércio exterior.

Diante disso, o decreto nº 24.643, de 10 de julho de 1934 (Código de Águas) assinado pelo presidente Vargas estabelecia, resumidamente: a separação da propriedade das quedas d'água das terras onde estas se encontravam e incorporação ao patrimônio da União de tais quedas d'água e outras fontes de energia de forma inalienável e imprescritível; atribuição à União da outorga e concessão de aproveitamento (por no mínimo 30, no máximo 50 anos) da energia hidráulica para uso privativo em serviço público, bem como a reversão das instalações ao final do prazo de concessão; instituição do princípio do *custo histórico* ou *serviço pelo custo* para o estabelecimento de tarifas e avaliação do capital das empresas; [6]

---

6 "Princípio adotado em contabilidade segundo o qual todos os elementos de uma demonstração financeira devem ser baseados no custo de aquisição (ou origi-

e nacionalização dos serviços, que passaram a ser conferidos exclusivamente a brasileiros ou a empresas organizadas no Brasil.

O Estado Novo, com o golpe de 1937, acentuou a tendência centralista já observada no período anterior. A Constituição outorgada em 10 de novembro de 1937, no seu capítulo acerca da ordem econômica, abria espaço claro para a intervenção estatal em setores nos quais a iniciativa privada apresentasse debilidade.

O Conselho Nacional de Águas e Energia Elétrica (CNAEE) surgiu em 1939, para substituir a Divisão de Águas do Ministério da Agricultura e, definitivamente, subordinar à Presidência da República a política de energia elétrica do país, existindo até a criação, em 1960, do Ministério das Minas e Energia, quando foi extinto.

A regulamentação do Código de Águas passou por penosa trajetória, da mesma forma que sua aplicação. A legislação reguladora do setor elétrico passou, inclusive, por uma arguição de inconstitucionalidade, sob o argumento de que fora publicada em data anterior à promulgação da Constituição de 16/7/1934 e, consequentemente, deveria ser submetido à Câmara dos Deputados para a sua aprovação. É fundamental assinalar que, de fato, durante praticamente todo o período que se estendeu de 1934, com sua decretação, até o início da Segunda Guerra Mundial (1939), o Código de Águas efetivamente nunca foi colocado em prática, fosse pela interpelação judicial, que questionava sua validade nos tribunais, fosse pelo atraso na regulamentação de diversos pontos de seu texto, o que só viria a ocorrer em 1941.

---

nal), supondo que a unidade monetária utilizada nessa demonstração não sofra desvalorização no período considerado, ou, quando isso ocorrer, compensando com a respectiva atualização monetária daqueles custos." (Paulo Sandroni, *Novíssimo dicionário de economia*. São Paulo: Best-Seller, 1999, p. 152). O princípio do *custo histórico* fez parte da legislação reguladora do setor elétrico até os anos 1990. Sobre ele o presente trabalho se deterá com maior profundidade posteriormente.

98 Gildo Magalhães (org.)

A eclosão da Segunda Guerra Mundial explicitou a fragilidade do abastecimento de energia elétrica, até então, majoritariamente realizado pelas concessionárias privadas. Estas não atendiam integralmente ao crescimento da demanda decorrente da expansão da industrialização e da urbanização do país. Tal desabastecimento gerou um debate público em que opiniões se polarizaram entre dois grupos – privatistas e nacionalistas. Tal disputa – sobretudo acerca da questão da legislação do setor elétrico – reveladora dos posicionamentos de segmentos da sociedade sobre a questão e o grau de influência que cada um teve ao longo de décadas, examina-se a seguir.

Combates acerca do Código de Águas no segundo governo Vargas

A crise do setor de energia elétrica que já se fazia sentir desde o fim dos anos 1930 do século passado tomou contornos maiores no início do segundo governo Vargas (1951-1954) e se prolongou ao longo dos anos 1950 e 1960, levando ao desabastecimento e, com efeito, ao racionamento de energia elétrica. Neste contexto, o embate acerca do setor de energia elétrica, e no interior dele, de maneira especial sobre a sua legislação reguladora, também se intensificou entre personalidades defensoras de matrizes ideológicas diversas, reunidas *grosso modo*, em dois grupos, os *nacionalistas* (também chamados de "*tupiniquins*") e os *privatistas* (ou "*entreguistas*"), que resgataram a discussão travada entre os anos 1930 e 1940.

Os *nacionalistas* condenavam o sistema de concessões privadas e propunham uma forte intervenção do Estado no setor, pois entendiam serem as concessionárias privadas responsáveis pela falta de expansão das fontes de geração de energia elétrica e atendimento das necessidades da população. Argumentavam que a construção de uma usina hidroelétrica era exemplo de investimento maciço de capital com longa fase de maturação e baixa lucratividade, pois os custos desses insumos não podiam encarecer a produção dos setores para os quais estavam voltados. O Estado seria o único agente em condição, naquele momento, de fazer tais inversões, em face do desinteresse e da escassez de capital privado nacional e estrangeiro. Eram eles denominados por seus adversários de *tupiniquins*, uma referência a uma visão pretensamente estreita, provinciana e xenófoba.[7]

A participação de capitais e tecnologia estrangeiras se tornou o elemento central da polêmica entre os grupos já mencionados. Os nacionalistas defendiam uma forte participação do Estado em termos de infraestrutura e no setor produtivo onde o capital privado não possuísse recursos para tais investimentos. Além disso, identificava os grupos estrangeiros e seus aliados no Brasil como os grandes inimigos da industrialização. Os privatistas, por sua vez, apregoavam que somente a participação do capital estrangeiro poderia impulsionar o processo industrial e, com isso, superar o estágio de subdesenvolvimento em que o país se encontrava.

Por isso, no interior do debate, destacava-se a questão da *origem histórica do Código de Águas*, ou seja, sua legitimidade. Vejamos mais detalhadamente esta questão.

O contexto de crise geral do capitalismo deflagrada em 1929 obrigou os membros do governo que se instalou em 1930 a tomar medidas decisivas para regulação do setor elétrico, por exemplo, o fim dos paga-

---

7   A raiz do conflito entre *privatistas e tupiniquins* era anterior à Segunda Guerra Mundial. Durante os anos 1940, surgiram duas claras posições que marcariam o debate na sociedade brasileira nas duas décadas seguintes. Tais posições eram defendidas por grupos identificados como *neoliberais* e *desenvolvimentistas*. Os *neoliberais*, liderados por Eugênio Gudin, defendiam o desenvolvimento do Brasil baseado na agricultura, nas leis de mercado e na participação do capital estrangeiro. Os *desenvolvimentistas*, liderados por Roberto Simonsen, defendiam a indústria como protagonista no desenvolvimento do país e a intervenção do Estado na economia via planejamento e investimento direto onde o capital privado fosse ineficiente.

100 Gildo Magalhães (org.)

mentos em ouro em 1933 e, no ano seguinte, a decretação do Código de Águas para garantir o controle estatal deste ramo.

Num artigo intitulado "O Código de Águas e a energia elétrica", de agosto de 1953, o engenheiro Cincinato Salles Abreu fez duras críticas à legislação responsável pela regulamentação do setor elétrico brasileiro, que segundo ele teria surgido durante um *regime discricionário, havendo sido imposta esta, facilitada pela falta de regulamentação*.[8] Este foi um dos grandes argumentos das personalidades ligadas ao pensamento *privatista*: o Código de Águas era resultante de decisões tomadas por um regime de exceção, o que, por sua vez, comprometia sua legitimidade.

O engenheiro Catullo Branco, num depoimento concedido ao economista Hélio B. Costa, em 1986, poucos meses antes de sua morte, relatou que o Código de Águas passou anos no Legislativo durante a República Velha sem passar pelo exame e muito menos pela aprovação dos deputados.[9] Esse depoimento demonstra que o poder legislativo na República Velha agiu com "descaso" em relação à aprovação do Código de Águas, o que teria ocorrido por motivos corporativistas. No entanto, podemos aventar também que a letargia do Legislativo em relação ao exame e aprovação do Código estava relacionada à influência das concessionárias estrangeiras de energia elétrica sobre o poder público, existente desde o início da sua atuação no Brasil.

Otávio M. Ferraz, em seu testemunho, alude também ao fato de o Código de Águas ter sido decretado durante o governo provisório de Vargas (1930-34) e se refere àquele período como *"ditadura"*.[10] O depoi-

---

8 C. S. Abreu. "Atrair capitais para a eletrificação", *Revista Engenharia*, vol. XIV, nº 160, 1956, p. 411

9 Hélio B. Costa. "Um depoimento histórico de Catullo Branco". In: Adriano M. Branco, *Política energética e crise de desenvolvimento* (São Paulo, Paz e Terra, 2002, p. 55-6).

10 Renato Feliciano Dias (coord.). *Otávio Marcondes Ferraz: um pioneiro da engenharia nacional*. Rio de Janeiro: Centro da Memória da Eletricidade no Brasil/ Eletrobrás, 1993, p. 79.

mento de Otávio Marcondes Ferraz, assim como o de Cincinato Salles Abreu, procura desqualificar a legislação do setor elétrico através de dois argumentos: em primeiro lugar, a legislação do setor elétrico teria sido elaborada e imposta por um governo ditatorial, em segundo lugar, o Código de Águas supostamente fora decretado após a promulgação da Constituição de 1934.

Catullo Branco (Figura 4.1) lembra os questionamentos feitos pelas concessionárias estrangeiras àquela legislação e conta que o principal argumento das concessionárias para questionar o Código nos tribunais estava baseado no fato de ter sido assinado pelo presidente Vargas numa data posterior ao prazo estabelecido. Contra a opinião de Otávio Marcondes Ferraz, afirma que o argumento apresentado pelos *privatistas* – de que o Código foi assinado dias após o prazo estabelecido – era falso.[11]

Figura 4.1 *O engenheiro Catullo Branco.*
Fonte: Acervo Fundação Energia e Saneamento.

---

11   Costa, *op. cit.*, p. 57-8.

Em artigo para a *Revista Anhembi*, em dezembro de 1952, Plínio Branco, engenheiro-chefe da Divisão de Tarifas da Prefeitura de São Paulo, destacava que o Código de Águas, desde 1934, representava um elemento de proteção do poder concedente contra os abusos das concessionárias estrangeiras de energia elétrica. Admitia ainda que a legislação formulada originalmente pelo jurista Alfredo Valladão podia conter excessos nas suas disposições penais, entretanto, assinalava que o temor das empresas com relação ao Código de Águas se localizava na doutrina que o orientava. Em suma, para ele, o Código de Águas era o maior trunfo na luta contra a exploração abusiva da energia elétrica produzida no país, sobretudo porque contemplava a investigação e a fiscalização "ampla e profunda" das atividades das concessionárias privadas.

Por outro lado, para o jurista Eurico Sodré, a crise que o país vivia no setor elétrico era categoricamente de insuficiência de potência instalada. Dizia ele que água "temos muita, graças a Deus, por este Brasil afora". O otimismo do engenheiro o levava a dizer que era "domínio de magia, o que se pode fazer no Brasil, em havendo dinheiro e vontade de trabalhar, no setor econômico da energia elétrica!"[12]

O nosso problema, portanto, era a falta de usinas geradoras de energia elétrica. Não nos faltando fontes hidráulicas, bastava seguirmos "trabalhando, construindo usinas, aproveitando nossos recursos hidráulicos". Todavia, Sodré identificava uma influência "nefasta" da "legislação de águas", leia-se o Código de Águas, sobre a capacidade de instalação de potencial hidrelétrico no país. Aqui se deve ler, também, instalação de potencial hidrelétrico por parte das concessionárias estrangeiras dos grupos *Light and Power* e *Amforp*. A "legislação de águas" contemplava princípios que causavam "danos" às empresas do setor, que podiam ser resumidos assim: paralisia econômica das empresas; jacobinismo ingênuo; ameaças de confisco; tolice econômica do custo histórico; naciona-

---

12   Eurico de Azevedo Sodré. *O racionamento da energia elétrica*. São Paulo: Ed. Revista dos Tribunais, 1953, p. 16-7.

lização e impedimento da ampliação das empresas estrangeiras. Como se pode observar, o engenheiro Sodré entendia que o Código de Águas era responsável pelas dificuldades econômicas das empresas e, com efeito, pelos seus apuros em ampliar a produção de energia no país.

Por outro lado, no seu depoimento ao CPDOC/FGV e ao Cemel, Barbosa Lima Sobrinho destaca o Código de Águas como importante para não só controlar os investimentos que se faziam no setor elétrico, mas também, fundamentalmente, para conter a remuneração destes dentro de "regras comerciais normais":

> O Brasil poderá se orgulhar de ter um Código de Águas elaborado com tanta inteligência como foi o Código de Águas do Brasil. Em grande parte, eles se orientaram também pelo direito americano, porque as public utilities dos Estados Unidos tinham uma disciplina severa, e eles procuraram se valer dessa disciplina severa, que procurava controlar não só os investimentos, como também a remuneração dos investimentos; porque não é justo também que um investimento determinado tivesse uma compensação muito maior do que aquela que era devida dentro das regras comerciais normais. É o tal custo do serviço, custo histórico. Todas essas questões entraram em debate nessa ocasião.[13]

O engenheiro John Cotrim[14], no seu depoimento ao Cemel, também atribui importância ao Código de Águas:

---

13 Barbosa Lima Sobrinho. *Entrevistas realizadas pelo convênio entre o CPDOC/ FGV-RJ*, 1987, p.2.

14 Engenheiro formado pela antiga Politécnica do Rio de Janeiro, John Cotrim trabalhou durante anos para o grupo norte-americano *Amforp*. No final da década de 1940, a convite de Lucas Lopes, participou do grupo que produziu o plano de eletrificação de Minas Gerais. Iniciou sua carreira em empresas públicas em 1951, ao assumir a diretoria técnica das Centrais Elétricas de Minas Gerais (Cemig).

104 Gildo Magalhães (org.)

Quando a iniciativa privada é dominante no setor de energia elétrica, alguém tem que vigiar a ação das companhias. O controle estatal tem que existir forçosamente porque o poder concedente é o Estado. No Brasil, originalmente, o poder concedente eram os municípios até que o Código de Águas centralizou tudo nas mãos do governo federal. Até aí está perfeitamente correto, era como devia ser. Para início de conversa, as companhias utilizavam bens públicos que eram as quedas d'água. Alguém tinha que dar concessão, permissão para utilizar, e mais, estabelecer as normas dessa utilização e as normas tarifárias. Uma companhia não podia cobrar o preço que quisesse. E as normas previstas no Código de Água eram perfeitamente adequadas e aceitáveis, exceto no que tange ao princípio do custo histórico. Se não fosse esse detalhe tudo teria funcionado muito bem.[15]

Resumidamente: dentro do debate que se deu, no início dos anos 1950, acerca da responsabilidade ou não do Código de Águas na crise do setor de energia elétrica, podemos apontar que tanto personalidades ligadas ao pensamento nacionalista quanto algumas adeptas do ideário privatista entendiam ser relevante e legítima a legislação que regulava o setor. Para *nacionalistas* e *privatistas* a legislação cumpria uma função fundamental, ou seja, coibir abusos e desmandos de diferentes naturezas por parte dos concessionários privados de energia elétrica.

Existia, todavia, uma grande divergência entre os grupos aqui mencionados, que se localizava, sobretudo, na questão do princípio do *custo histórico* contemplado pelo Código de Águas, principal alvo do "bombardeio" das concessionárias estrangeiras. O preceito do custo histórico significava a remuneração do capital das empresas, bem

---

15 Ligia M. M. Cabral et alli. *Panorama do setor de energia elétrica no Brasil*. Rio de Janeiro: Centro da Memória da Eletricidade no Brasil/Eletrobrás, 2000, p. 105-6.

O progresso e seus desafios 105

como das tarifas, com base nos gastos realizados originalmente, deduzida a depreciação.

Já é sabido que as concessionárias privadas de energia elétrica reagiram com tenaz oposição ao controle do Estado sobre suas atividades. O presidente Vargas, notório representante do pensamento *nacionalista*, num discurso realizado durante a campanha eleitoral de 1950, manifestou-se a esse respeito:

> O problema da energia elétrica é um dos mais estreitamente ligados ao bem-estar coletivo e ao progresso das nações. Por isso sempre lhe dediquei o máximo das minhas atenções e se mais não fiz em benefício de sua completa solução, deve-se atribuir a forças resistentes que, embora agindo uma ou outra vez menos veladamente, tiveram quase sempre atuação oculta, manifestando-se, em geral, através de processos passivos de retardamento, de confusões lançadas sobre a opinião pública, do estabelecimento de conflitos entre órgãos ou elementos que deveriam cooperar, da aparente desmoralização de princípios básicos etc.[16]

No mesmo discurso citado acima, ainda durante a campanha eleitoral para o segundo governo, Vargas exaltou a importância do Código de Águas e de seus principais elementos:

> Como primeiro e talvez mais destacado desses marcos, temos o Código de Águas, que por quase 23 anos perambulara em comissões parlamentares de sucessivas Assembleias Legislativas, e foi transformado em lei, nos últimos dias de meu governo provisório, em 1934, para o que muito se deve ao então Ministro da Agricultura, General Juarez Távora, que até hoje, não raro, vem a campo para pugnar, com desassombro, pelos princípios que desde então defendemos. Muito se tem discutido em torno desse Código

---

16 Cf. Documento do CPDOC/FGV-RJ arquivado sob o registro GV ce 1950.08/09.00/34 (textual).

e desses princípios; sabemos que o Código não é perfeito, mas suas diretrizes são a consubstanciação do que se tem consagrado, em benefício da coletividade, nas modernas legislações democráticas.

Já eleito presidente e tendo transcorrido três anos de seu mandato, em 1954, Vargas reafirmou a sua posição de absoluta crença no Código de Águas e nos seus princípios essenciais num manuscrito descoberto nos arquivos do CPDOC/FGV até agora inédito:

> Para a emancipação econômica do Brasil é necessário que na teoria e na prática se adotem princípios harmônicos, na defesa de suas fontes de energia. Todos elementos que possam ser utilizados para essa finalidade são fontes de energia, como a água, o carvão, o petróleo e seus derivados, as matérias-primas para a energia atômica. As fontes de energia pertencem à nação. Sua utilização deve ser feita pelo Estado em benefício do povo e em defesa da soberania nacional. Não podem ser objeto de trustes ou monopólios, o preço da energia e de seus elementos geradores deve ser regulado e fixado pelo Estado, na base do custo, incluindo-se a remuneração do capital num preço não superior a 8%.[17]

Como já foi mencionado, num discurso realizado em Belo Horizonte Vargas deixou claro que era necessário que o Estado estivesse no controle quando se tratava da indústria que aproveitava as quedas d'água que iluminavam o país e alimentavam as fábricas. Sua opinião a respeito da regulação do setor de energia elétrica no início dos anos 1950 não parece diferir da manifestada por ele no início dos anos 1930.

Em primeiro lugar, nos dois excertos do discurso realizado em 1950 durante a campanha eleitoral, Vargas ressaltou a importância da legislação reguladora do setor elétrico. No primeiro, salientando que o seu primeiro governo realizou grande esforço para a solução dos pro-

---

17 Cf. Documento do CPDOC/FGV-RJ arquivado sob o registro GV Rem2 1951/1954.00.00/2. Os grifos são nossos.

blemas daquele e, se não o fez da forma satisfatória, isto ocorreu porque houve oposição de *"forças resistentes"* aos *"princípios básicos"* traçados pelo governo – podemos inferir que tais *"princípios básicos"* eram os contidos no Código. No segundo, destacando que o Código de Águas era um marco na história do setor elétrico e que, apesar de seus equívocos, constituía-se numa legislação que procurava garantir benefícios à coletividade contra os abusos das concessionárias privadas.

Em segundo lugar, no manuscrito acima citado, além de ratificar a convicção na necessidade de intervenção do Estado na atividade do setor elétrico, o presidente manifesta posição claramente favorável ao Código de Águas, bem como ao preceito do custo histórico nele contemplado. Mais do que isso: Vargas diz textualmente que a remuneração ao capital investido não deveria ultrapassar 8% ao ano, quando o Código de Águas garantia 10%, o que significava uma posição mais rigorosa ainda do chefe de Estado em relação aos lucros das concessionárias estrangeiras de energia elétrica.

Com relação ao preceito do custo histórico, representantes do pensamento *privatista* também se manifestaram, a exemplo de Eurico Sodré, que considerava que tal princípio continha um grave equívoco, pois não levava em conta o poder aquisitivo da moeda. Assim, não se tratava de custo histórico, ou seja, "[…]daquela época, considerado hoje, isto é, atualizado, historiado ou historiografado, atendendo-se às variações do poder aquisitivo da moeda nacional. O princípio contemplado no Código de Águas seria ainda o do custo original, ou seja, o custo na época da aplicação". Conclusivamente, entendia que o objetivo dos legisladores do Código de Águas era extinguir as empresas existentes, a fim de estatizá-las:

> Só os autores, co-autores e cúmplices da nossa legislação elétrica sustentam aquela sinonímia avelhacada a fim de através de uma confusão legislativa estatizar a preço de reza todas as empresas

Gildo Magalhães (org.)

anteriores ao Código, transformando-as em repartições públicas e inefáveis empregotecas. [18]

Quando se analisa a crítica das concessionárias estrangeiras e de elementos a ela relacionados (defensores do pensamento *privatista*) ao princípio do custo histórico, estamos diante de um fato curioso, pois tal censura não encontrava correspondência na realidade, devido ao fato de que a maior parte das empresas do setor elétrico não estava de fato submetida à legislação decretada em 1934 e regulamentada em 1941.

As críticas de cunho privatistas ao Código de Águas e seus princípios vieram também da Comissão Mista Brasil-Estados Unidos para o Desenvolvimento Econômico (CMBEU). Constituída no campo do Ministério da Fazenda, e composta por técnicos brasileiros e estadunidenses, a CMBEU foi decorrência dos entendimentos entre Brasil e Estados Unidos iniciados em 1950, ao longo do governo Dutra, objetivando o financiamento de um plano de reaparelhamento das áreas de infraestrutura da economia brasileira. A Comissão foi instituída oficialmente em 19 de julho de 1951 e concluiu suas atividades em 31 de julho de 1953.

O relatório da Comissão Mista Brasil-Estados Unidos também responsabilizava o princípio do custo histórico pelas dificuldades encontradas na expansão da capacidade instalada de geração de energia a cargo das concessionárias estrangeiras.[19] Por fim, a CMBEU deixava patente que o limite de 10% de lucros sobre o capital investido não era considerado interessante tanto para que os concessionários mantivessem seus investimentos quanto para que novos fossem atraídos para o setor. Embora o relatório da CMBEU entendesse que a remuneração do capital, limitada pela legislação a 10%, era desinteressante, é necessário assinalar que em outros países tal remuneração não chegava nem a 8%.

---

18 Sodré, *op. cit.*, p. 37-8.

19 Comissão Mista Brasil-Estados Unidos para Desenvolvimento Econômico – *Relatório Geral*, Rio de Janeiro – Brasil, 1954, Tomo I (Fundação Energia e Saneamento SP), p. 262.

Para Otávio Marcondes Ferraz o princípio do custo histórico instituído no Código de Águas não era a causa das dificuldades alegadas pelas concessionárias estrangeiras. Tais problemas existiam devido à interpretação dada pelos legisladores do Código em relação àquele preceito. Segundo Ferraz, o custo histórico em hipótese nenhuma deveria ter deixado de contemplar a atualização monetária, a qual ele chamava de *"atualização do valor"*.[20]

Observe-se, entretanto, que, segundo Cincinato Salles Abreu, a *Light and Power* mantinha a sua contabilidade em dólares. Sendo assim, tal concessionária estrangeira não corria o risco de ver o seu capital desvalorizar-se:

> O grupo Light mantém sua escrita em dólares, de modo que as importações conservam seus valores e os dispêndios em moeda nacional foram, na ocasião, convertidos em moeda estável. Desse modo, todas sua inversões estão atualizadas, inclusive o fundo de depreciação acumulado, exclusivamente, com produto de tarifas em moeda nacional.[21]

Catullo Branco lembra que as concessionárias estrangeiras não aceitavam os princípios do Código de Águas e, para dificultar a aplicação da legislação, negavam-se a apresentar as suas declarações de bens e sua contabilidade ao poder público. Ressalta ainda que o Código de Águas e, com efeito, seus princípios de fato nunca fora integralmente aplicados, pois para isso era necessário que a escrituração da empresa estivesse sob controle do poder público, o que nunca ocorreu.

---

20   Dias, *op. cit.*, p. 81. O engenheiro Otávio Marcondes Ferraz foi o primeiro diretor técnico da Chesf. Foi ministro da Viação no governo Carlos Luz, tendo participado da tentativa de golpe que visava a impedir a posse do presidente eleito em 1955, Juscelino Kubitschek. Defensor aberto de posições privatistas voltou à vida pública como presidente da Eletrobrás durante o governo Castelo Branco (1964-67).

21   Abreu, *op. cit.*, p. 411.

110   Gildo Magalhães (org.)

Um dos pontos fundamentais do depoimento do engenheiro Catullo Branco se localiza no esclarecimento do que significava o princípio do custo histórico. Este era, na visão de muitos especialistas do setor elétrico à época – quase todos vinculados às concessionárias estrangeiras, direta ou indiretamente –, o principal responsável pelas supostas dificuldades financeiras vividas pelas concessionárias e, com efeito, pelos percalços destas na ampliação da produção de energia no país. Segundo Catullo Branco:

> Na fixação das tarifas surgem então dois caminhos – aliás, estabeleceu-se uma discussão que poderíamos chamar de custo histórico x custo de reprodução. O estabelecimento do capital gasto através do custo histórico significa que a empresa apresentaria todos os seus recibos de compra do material, e o valor escriturado menos a depreciação serviria de base para a fixação da tarifas. Então, as empresas, sobretudo a Light, contestavam esse princípio do custo histórico e queriam estabelecer o princípio do custo de reprodução. Se eu chegasse na Light e dissesse: olhe aqui, essa turbina, esse reator já vem funcionando há 20 anos e por isso nós vamos retirá-lo da sua escrita porque já foi completamente depreciado, a Light então me respondia: olha aqui, 'meu velho', você vai à praça e compra um gerador desses e me venha dizer qual é o preço, porque esse preço é o que nós queremos que seja escriturado como capital da companhia. Quer dizer que essa é a grande contradição de princípios. As empresas nunca aceitaram o custo histórico, nem hoje elas aceitam, hoje muito menos.[22]

Deste depoimento conclui-se que as concessionárias privadas de energia elétrica não aceitavam o princípio do custo histórico porque este não permitia que, na demonstração financeira destas empresas, fossem incluídas máquinas e equipamentos parcial ou integralmente deprecia-

---

22   Costa, *op. cit.*, p. 62.

dos. Às concessionárias interessava que o capital originalmente investido se mantivesse atualizado. As queixas das concessionárias privadas de energia elétrica (*Light* e *Amforp*) contra o princípio do custo histórico foram aventadas em *caráter preventivo*, ou seja, *como estratégia argumentativa*. Isto porque tal regulamentação, de fato, estava sendo pouco aplicada à maioria das empresas do setor elétrico. Sendo assim, entende-se que as concessionárias estrangeiras de energia elétrica, através de seus representantes diretos e/ou indiretos, atacavam com veemência o preceito do custo histórico para evitar que, diante das pressões dos representantes do pensamento *nacionalista*, o governo efetivamente colocasse em prática as normas do Código de Águas.

Outro tema muito importante no debate acerca da legislação reguladora do setor de energia elétrica localizou-se na questão da tarifa-ouro. Como já foi mencionado, até o primeiro governo Getúlio Vargas os reajustes das tarifas de energia elétrica ocorriam de acordo com a chamada *tarifa-ouro*, pela qual o aumento tarifário se dava na proporção de metade da variação da moeda nacional e metade era fixada em dólar. Ademais, como já referimos, segundo C. Salles Abreu, a própria contabilidade da empresa era mantida em dólares, evitando que seu capital se desvalorizasse.

Sobre o fim da tarifa-ouro, Marcondes Ferraz entendia que o fato constitui-se num elemento de prejuízo para os investidores estrangeiros.[23] O grande objetivo das concessionárias estrangeiras de energia elétrica era garantir a correção monetária sobre os investimentos realizados no Brasil. O fim da tarifa-ouro significou diminuição dos seus lucros e, com efeito, como já foi aludido, dos investimentos destas no setor elétrico. Em outros termos, para Marcondes Ferraz, o fim da tarifa-ouro, bem como a decretação do Código de Águas, foram os responsáveis pela diminuição dos investimentos das concessionárias estrangeiras no setor elétrico e pelo agravamento da crise de energia elétrica no início do segundo governo Getúlio Vargas.

---

23 Dias, *op. cit.*, p. 81.

No que se refere ao Código de Águas, a sua regulamentação só ocorreu em 1941, sete anos depois de instituído e por diversos decretos posteriores; mas tal Código nunca foi integralmente aplicado de fato. Barbosa Lima Sobrinho lembra, a título de exemplo, que nunca houve aplicação do princípio do custo histórico sobre a Light:

> Depois se levantou contra o Código de Águas uma campanha tenaz, severíssima, uma campanha de interessados, uma campanha da Light, mas com argumentos falsos /.../ nunca houve em relação à Light aplicação de custo histórico. E ela se queixava do custo histórico que não levava em conta não só os investimentos, como a própria inflação que alterava o valor desses investimentos, sobretudo através da taxa do câmbio, não é? E isso era falso, o que de fato alterou a aplicação foi a Lei Osvaldo Aranha sobre o valor dos investimentos estrangeiros, porque ela não permitia mais pagamento em ouro e havia, antes do contrato da Light, um dispositivo pelo qual as tarifas eram baseadas numa relação cambial que favoreceu sempre a Light. De modo que foi isso que alterou e tirou uma parte dos lucros, mas não tirou todos, porque durante todo o tempo a Light tinha grupos de pressão que faziam com que suas tarifas fossem sempre alteradas de acordo com a depreciação que se verificava na própria moeda. Este é o outro ponto que eles também procuravam sonegar, mas não era verdade - as tarifas foram sempre alteradas.[24]

Resumidamente: as concessionárias estrangeiras de energia elétrica não tiveram prejuízos no Brasil. Por diversas vezes as tarifas foram acrescidas. Além disso, desde o fim da Segunda Guerra Mundial a moeda americana foi valorizada frente à nacional.

Segundo o depoimento de Otávio Marcondes Ferraz, devido ao "relaxamento" do órgão executor e fiscalizador do setor de energia elétri-

---

24 Lima Sobrinho, *op. cit*, p. 2.

ca durante os anos 1940 do século passado, ou seja, a Divisão de Águas, foi possível evitar que a crise de energia elétrica tomasse proporções mais graves. Para ele, portanto, a carência de energia elétrica verificada desde final dos anos 1930 e que tomou contornos ainda mais graves após a Segunda Guerra Mundial estava vinculada a uma certa "hostilidade" do poder público para com as empresas que atuavam no setor.[25]

O governo Vargas, através do CNAEE, diante da possibilidade de falta de energia elétrica, tomou uma série de medidas que significavam um recuo de ordem conservadora na legislação estabelecida pelo Código de Águas e pela Carta Constitucional de 1937. Por outras palavras, contra os interesses nacionais o governo amenizou a regulamentação do setor elétrico consubstanciada nas normas do Código de Águas, bem como na Constituição, e permitiu que as concessionárias aproveitassem novas quedas d'água, objetivando atender aos interesses destas. A partir de 1940, o governo abrandou a cobrança de impostos sobre as concessionárias de energia elétrica, e em "5 março de 1940, pelo Decreto-Lei n.° 2.079, o governo removeu os obstáculos legais à expansão dos sistemas de geração, transmissão e distribuição de energia elétrica, permitindo a ampliação de instalações, independentemente da revisão dos contratos. Desde então, os pedidos para ampliação de instalações foram amplamente concedidos, mas não satisfaziam inteiramente aos objetivos das concessionárias estrangeiras, uma vez que a Constituição de 1937 proibia explicitamente a concessão de novos aproveitamentos a grupos não nacionais".[26]

Tais medidas foram entendidas como liberalização, embora o governo tenha regulamentado, finalmente, a questão do princípio do custo histórico pelo Decreto-Lei n° 31.328, de 19 de março de 1941, que estabeleceu a remuneração em 10% sobre o capital inicial menos a depreciação. Em outras palavras, tais decretos traziam uma tentativa de con-

---

25 Dias, *op. cit.*, p. 82.

26 Cabral, *op. cit.*, p. 91.

114 Gildo Magalhães (org.)

ciliação das medidas governamentais anteriores, de caráter centralista e nacionalista, com os interesses das concessionárias estrangeiras.

Naquele contexto, ou seja, no início da década de 1940, desembarcou no Brasil a Missão chefiada por Morris Cooke, com o objetivo de ajudar o país a planejar e a se mobilizar para a guerra – vivíamos um período de aproximação com os Estados Unidos, a quem apoiamos no conflito. Tal missão diagnosticou que um dos pontos de estrangulamento na economia era o setor de energia elétrica e sua pequena expansão ao longo dos anos 1930 tinha como principal responsabilidade o rigoroso controle sobre as tarifas contemplado pelo Código de Águas. Após esse diagnóstico realizado pela Missão Cooke, em decreto de 19 de agosto de 1943,

> [...] o governo federal resolveu sancionar os contratos anteriores das empresas, substituindo todos os outros poderes concedentes em tais compromissos. Ao mesmo tempo, autorizou, até a assinatura dos novos contratos com a União, o reajustamento das tarifas a título precário, porém pelo critério de 'semelhança e razoabilidade' e não de serviço pelo custo.[27]

Otávio Marcondes Ferraz destaca que no conflito entre o CNAEE e a Divisão de Águas nenhum dos dois órgãos apresentava condições técnicas e administrativas para tornar as medidas essenciais para o funcionamento do setor elétrico. Segundo Cincinato Salles Abreu, o CNAEE não estava em condição de prestar colaboração eficiente ao Congresso, faltando-lhe naquele momento até prestígio. Tal opinião se explica pelo fato de haver, ainda segundo Abreu, uma discussão no Congresso com o objetivo de adaptar o Código de Águas aos dispositivos da Constituição de 1946.

Em suma, observa-se que, na visão dos representantes do pensamento privatista, a crise do setor de energia elétrica decorria da postura antagônica para com as empresas estrangeiras adotada no segundo governo Vargas, o que se materializava na legislação reguladora, ou seja,

---

27 Id., ib.

o Código de Águas e seus princípios. A esse fator somava-se a incapacidade e a inexperiência técnica e administrativa dos órgãos responsáveis pela organização e fiscalização do setor elétrico. Para os nacionalistas, o Código de Águas já havia sido obstaculizado desde sua origem, no anteprojeto de Alfredo Valladão, no início do século XX; passou anos sem ser apreciado pelo Congresso Nacional durante a República Velha e, quando finalmente foi decretado, no início da década de 1930, foi questionado não só nos seus méritos, como também na sua legalidade jurídica. Assim sendo, de fato, nunca havia sido colocado em prática até meados dos anos 1950. Para estes, o Código de Águas e seus princípios eram legítimos, pois através deles eram garantidas às empresas do setor elétrico razoável remuneração do capital investido e de suas tarifas, e, portanto, não se justificavam alterações na legislação visando à atualização monetária. Ademais, as concessionárias estrangeiras de energia elétrica não tiveram prejuízos no Brasil. Por diversas vezes as tarifas foram majoradas, bem como, a moeda americana foi valorizada frente à nacional.

O fim do segundo governo Vargas, de forma trágica em agosto de 1954, não estancou o veemente embate que se travava no país sobre a crise do setor elétrico e sua suposta relação com a instituição do Código de Águas nos anos 1930. Assim, é sobre o prosseguimento da discussão sobre o tema mencionado que discorremos a seguir.

O Código de Águas no debate pós-Vargas

No governo Juscelino Kubitschek (1956-1961), o setor de energia ocupou espaço central entre os objetivos traçados pelo plano de governo conhecido como Plano de Metas. O setor elétrico, especialmente, recebeu 23,7% do total dos investimentos previstos no referido plano. A esmagadora maioria dos investimentos previstos (78%) para a ampliação da capacidade instalada do setor elétrico viria de origem pública, ou seja, empresas públicas tanto do âmbito federal como do estadual. Segundo ainda o Plano de Metas, o restante dos recursos (22%) viria de investi-

116   Gildo Magalhães (org.)

mentos das concessionárias estrangeiras de energia elétrica. Para tanto, o governo ainda propunha a alteração da legislação reguladora do setor elétrico de forma que as tarifas praticadas pelas empresas estrangeiras pudessem ser majoradas com maior facilidade.[28]

A posição do governo Kubitschek no campo da solução para as demandas apresentadas pelo setor elétrico brasileiro em nada se distanciou das posturas já então enraizadas do Estado brasileiro, ante ao capitalismo internacional. Essa posição expressou o caráter dependente e subordinado do capitalismo brasileiro na medida em que se propunha a arcar com a maior parte dos elevados custos de ampliação da capacidade de produção do setor elétrico de um lado, enquanto que quase desobrigava as concessionárias estrangeiras de investir no atendimento das demandas do país. Ademais, ainda propunha maiores facilidades para que as concessionárias estrangeiras obtivessem a majoração de tarifas em patamares de seu interesse.

Destarte, os embates acerca da crise de abastecimento de energia elétrica tornaram-se ainda mais acalorados, sobretudo, a partir do momento em que o Poder Executivo elaborou e enviou ao Congresso Nacional o Projeto de Lei nº 1.898/56, propondo alterações no Código de Águas. O projeto defendia que as tarifas fossem reajustadas automaticamente, pela aplicação de índices relacionados à inflação. Defendia, também, a proposta de alteração da legislação do setor elétrico objetivando a derrubada do princípio do *custo histórico* para a avaliação do investimento remunerável das concessionárias.

A tendência do governo Kubitschek se manifestou na mensagem que acompanhou o projeto, que afirmava que as concessionárias de energia elétrica eram, por um lado, desencorajadas a fazer novos investimentos devido à legislação que regia o setor elétrico, e por outro, que as empresas públicas existentes até aquele momento não conseguiriam suportar as de-

---

28   Cabral, *op. cit.*, p. 140-1.

O progresso e seus desafios 117

mandas do país. Assim, dando, conforme diz o ditado popular, "uma no cravo e outra na ferradura", o governo de JK enunciava sua postura.

Antes mesmo do surgimento do Projeto de Lei nº 1.898, o tema do Código de Águas foi o cerne de discussões na Semana de Debates de Energia Elétrica em abril de 1956, em São Paulo. O discurso de abertura da Semana foi proferido pelo presidente do Instituto de Engenharia, Plínio de Queiroz. Neste discurso se observa com nitidez a linha que seria adotada pelos participantes do encontro. Em primeiro lugar, o presidente do Instituto de ele responsabiliza o poder público por ter criado leis – leia-se Código de Águas – que afugentavam a iniciativa privada dos investimentos na indústria de energia elétrica:

> Alegam os legisladores e governantes que são forçados a suprir as falhas da iniciativa privada, em caráter supletivo, quando, na realidade, foram as próprias leis e regulamentos por eles promulgados, que afugentaram o capital privado, e diante disso procuraram criar empresas, onde possuam maioria de capital, terminando por transformá-las em verdadeiras repartições, com excesso de pessoal e sujeitas às maléficas consequências das máquina burocrática e aos percalços devidos à intromissão política na administração dessas empresas, dando, em resultado fracassos inevitáveis.[29]

Como se observa, o discurso acima, além de culpar o Código de Águas pelo decréscimo dos investimentos das concessionárias estrangeiras de energia elétrica e, portanto, pelos problemas decorrentes da escassez e/ou falta de energia, critica a atuação do Estado, pois para ele, uma empresa estatal (leia-se CNAEE) não poderia cumprir com rigor e qualidade as suas funções:

> Além do cerceamento à iniciativa privada, inaceitável em um regime democrático, a legislação vigente e as normas que regem o

---

29 Cf. *Revista Engenharia*, vol. XIV, nº 163, 1956, p. 454.

assunto constituem fator de insegurança e promovem o desinteresse dos capitais, tanto nacionais, como estrangeiros. [30]

Na palestra proferida em 9 de Abril de 1956, integrando a citada Semana, o General Carlos Berenhauser Junior, então dirigente da Companhia Hidroelétrica do São Francisco (Chesf), concordou com as duras críticas dos setores *privatistas,* como as acusações de rigidez na majoração das tarifas e na limitação da remuneração do capital das concessionárias privadas. Destarte, para a solução das dificuldades de investimento das concessionárias privadas propunha que:

> A iniciativa privada deverá ser estimulada e ter suas legítimas aspirações amparadas pelo Governo (revisão do Código de Águas, aumento do limite de remuneração sobre o investimento etc), para serem removidas as causas que vêm impedindo a expansão normal dos serviços de eletricidade a seu cargo.[31]

Continuando, a «[...] ação governamental deverá limitar-se preferentemente ao campo da geração e grande transmissão de eletricidade." Ou seja, o Estado brasileiro deveria agir gerando e transmitindo a energia que a iniciativa privada distribuiria ao consumidor final. O argumento era de que, com tal medida, essa distribuição chegaria aos consumidores com custos muito inferiores. Até mesmo a ordem da argumentação se torna semelhante, pois primeiro trata das consequências danosas da Segunda Guerra Mundial para o abastecimento e em seguida aponta os malefícios causados pelo Código de Águas aos investidores privados no setor elétrico.

Essa posição também era defendida por representantes da burguesia muito próximos do poder público, como se pode deduzir das

---

30   *Idem,* p. 455.

31   *Idem,* p. 47.

O progresso e seus desafios 119

posições expressas pelo ex-prefeito de São Paulo, Machado de Campos, também engenheiro civil e integrante da *Semana*:

> Indiscutivelmente a iniciativa privada está tolhida por essas leis, embora considere como indispensável o Código [de Águas] que temos. O que precisamos é melhorá-lo. Precisamos é torná-lo de acordo com a atual situação do País, porquanto, do contrário a iniciativa particular se vê tolhida de desenvolver-se convenientemente. Entretanto quase tudo que foi feito no Brasil em matéria de energia elétrica cabe à iniciativa privada: compete ao governo, principalmente ao novo governo, cujos desejos são reconhecidos por todos pela manifestação do presidente da República, restabelecer novas normas para que a iniciativa privada possa desenvolver-se no Brasil.[32]

Também para ele os princípios do Código de Águas criavam empecilhos para que a livre iniciativa atuasse na produção de energia elétrica. Bastava assim, que tais empecilhos fossem retirados – como a limitação das possibilidades de lucros, restritas até aquele presente momento pelo Código a 10% do capital –, para que a livre iniciativa pudesse dar conta do desafio de suprir uma demanda por energia elétrica cada vez maior.

Somavam-se a esse discurso vozes advindas também do Poder Judiciário, representado na *Semana de Debates* pelo jurista e professor de Direito da Universidade de São Paulo, Luiz Antonio Gama e Silva. Sua palestra intitulada *Causas fundamentais da crise – Problema da Legislação – Estudo do Código de Águas e suas consequências sobre a aplicação de capitais particulares e desestímulo à iniciativa privada – Modificações necessárias*, assim como as anteriores, constituiu-se num claro manifesto contra o Código de Águas. Gama e Silva, de longa tradição conservado-

---

32 *Idem*, p. 58.

120   Gildo Magalhães (org.)

ra[33] que lutara na Revolução Constitucionalista de 1932 contra Vargas, incorporou aos argumentos da *burguesia atrófica*[34] o respaldo da jurisprudência. Entendia assim, como outros, que o Código de Águas não só continha princípios detestáveis – como a limitação dos lucros a 10% do capital investido –, mas que principalmente era, na sua origem, resultado de uma legislação ilegítima. Esse argumento se sustentava na tese de que o Código de Águas havia sido decretado alguns dias antes da promulgação da Carta Constitucional de 1934. Para juristas como Gama e Silva, o presidente Vargas não possuía naquela data, as prerrogativas legais para decretar o Código. Assim, a legislação reguladora do setor elétrico, dali decorrente, era ilegítima, pois não havia passado pelo crivo do exame de uma assembleia constituinte.

> Não temos dúvida em afirmá-lo, é ele, indiscutivelmente, o grande responsável pela crise de energia, que domina em todo o país. E ao falarmos, de agora em diante, em "Código de Águas", queremos nos referir, não somente ao decreto ditatorial de 1934, mas a toda legislação complementar, que o seguiu, modificando-o, ou não, suspendendo a execução de algumas de suas normas, de modo que, estando ele para completar 22 anos de existência ilegí-

---

33   Luís Antônio da Gama e Silva viria a ser um personagem destacado na conspiração que levou ao Golpe de Estado de 1964 que derrubou o presidente João Goulart. No governo Costa e Silva, então ministro da Justiça, foi um dos responsáveis pela edição do Ato Institucional n° 5.

34   De acordo com J. Chasin em *A miséria brasileira 1964-1994: do golpe militar à crise social* (Santo André: Edições Ad Hominem, 2000, p. 37-58) *atrófico* é o capital que no Brasil se configurou induzido externamente, caracterizado por sua debilidade, incapaz de perspectivar sua autonomia, incompleto e "incompletável", assentado na superexploração da força de trabalho, impossibilitando a incorporação das classes subalternas e a criação de um mercado consumidor de massas. A este tipo de capital corresponde uma burguesia débil e tímida, autocrática e subordinada ao imperialismo, enquanto internamente oprime econômica e politicamente a classe trabalhadora.

O progresso e seus desafios

tima e atribulada, não atingiu ele, mercê de Deus, a plenitude de seus maus efeitos, nem realizou, como seria de desejar, a totalidade de seus benefícios.[35]

Observamos que o jurista paulista não só defende a tese *privatista*, mas afirma que o capital privado local não dispunha de recursos a fazer face às necessidades de expansão da capacidade instalada de energia elétrica. Portanto, o capital estrangeiro deveria ser atraído para fazer aqueles investimentos. Por esse motivo, Gama e Silva faz duríssima crítica ao Código de Águas que para ele afastava tais capitais da exploração da indústria de energia elétrica no Brasil.

Em contrapartida aos representantes do pensamento privatista, o engenheiro Américo Barbosa de Oliveira associou o Projeto de Lei nº 1.898/56 às posições do economista Roberto Campos, então diretor do BNDE e notório defensor do privatismo, pois este não atinava para o problema real de ordem política que se punha naquele momento, ou seja, a inviabilidade das parcerias nacionais com os segmentos internacionais que já monopolizavam o setor elétrico. [36] Relatando as manifestações de economistas, chamados por ele de *economistas oficiais*, a respeito das tarifas de energia elétrica, afirmava que tais manifestações se iniciaram pela Fundação Getúlio Vargas, passando pelo Conselho Nacional de Economia e em seguida pela Semana de Debates sobre Energia Elétrica promovida pelo Instituto de Engenharia de São Paulo. Após se ocupar em expor as principais ideias de Campos, Barbosa de Oliveira passou em seu artigo a fazer o que chamou de "reparos" às teses do orador brasileiro em La Paz. Em *primeiro lugar*, as empresas que já existiam antes do Código

---

35 Cf. *Revista Engenharia*, vol. XIV, nº 163, 1956, p. 86.

36 Américo Barbosa de Oliveira, "O Código de Águas – Sua importância e atualidade como instrumento de política econômica". In: *Revista Engenharia*, outubro de 1957, p. 177. O discurso de Roberto Campos a que se referia o autor havia sido pronunciado na Bolívia e tratava da integração internacional de uma política para a área e defendia tarifas altas e o controle do setor elétrico por empresas privadas.

de Águas – tão responsabilizado pela crise do setor elétrico – nunca tiveram suas tarifas reguladas por aquele código. Em *segundo lugar*, dois grupos de empresas estrangeiras (*Light* e *Amforp*) controlavam o setor elétrico e produziam 78% da energia consumida no país. Em *terceiro lugar*, os investimentos das concessionárias estrangeiras cresceram a partir de autofinanciamento, bem como por créditos realizados pelo governo ou avalizados por ele. E em *quarto* e último lugar, as concessionárias estrangeiras dispunham de uma série de outras fontes de lucro, além daqueles regulados pelo Código de Águas. No que se refere a um possível desinteresse das empresas em atuar no setor elétrico, afirma Barbosa de Oliveira que tais opiniões partiam, de fato, de relações públicas das empresas e não correspondiam à realidade:

> Não existe, na realidade, desinteresse das empresas pelo negócio /.../ o que existe – e, aliás, isso é universal e irreversível – é uma atitude hostil do público investidor para com esse tipo de negócio – monopólio privado sob controle público; daí a dificuldade das empresas em obter subscritores de capital. No mundo todo sucede esse fato, que é um dos motivos da inevitável participação crescente dos governos no campo da eletricidade.[37]

Durante grande parte de seu artigo Barbosa de Oliveira analisa minuciosamente as justificativas, bem como comenta as soluções apresentadas pelo projeto acima citado. Por fim, apresenta suas conclusões para um caminho racional a ser trilhado pelo setor elétrico no Brasil. Para ele, ao contrário do que defendiam os *privatistas* – dentro do espírito do Projeto 1.898-56 – o Código de Águas deveria ser mantido e as empresas nacionais do setor elétrico deveriam ser auxiliadas financeiramente, a juros baixos, assim como se deveria aumentar a participação do Estado no setor elétrico, mediante diversos mecanismos.

---

37 Id., p. 177.

O progresso e seus desafios 123

Alguns representantes do pensamento privatista nos altos escalões do governo Kubitschek e fora dele manifestavam abertamente seu desamor em relação à proposta de organização do setor elétrico em termos estatais – via instalação da Eletrobrás –, que recuperava a proposta feita durante o segundo governo Vargas. Porém diante da emergência de se produzir energia elétrica para suprir as necessidades de crescimento dentro do novo padrão de acumulação de capital defendido, não conseguiram apresentar alternativas concretas no âmbito da iniciativa privada. Isto porque, de um lado, as concessionárias estrangeiras de energia elétrica não se interessavam em fazer novos investimentos remunerados nos parâmetros definidos pelo Código de Águas – lucratividade de 10% do capital sobre o capital investido. De outro, a iniciativa privada nacional – verdadeira expressão do "capital atrófico" – não manifestava a menor disposição em fazer inversões no setor de energia elétrica, até porque, em sua fragilidade, não dispunha de capital financeiro para tanto.

Durante o governo João Goulart (1961-1964), os setores *privatistas,* por intermédio de seus diversos veículos de divulgação, continuaram a manifestar seu descontentamento com a política de intervenção do Estado nas atividades do setor elétrico, agora com a efetiva criação da Eletrobrás (1961). Argumentaram como acontecera ao longo dos anos 1950, que os investimentos de capital privado nos serviços de energia elétrica eram obstaculizados pela legislação brasileira para o setor, pela consequente rigidez tarifária e pela baixa remuneração do capital investido.

Os *nacionalistas*, por seu turno, comemoravam a instalação da Eletrobrás, depois de uma longa trajetória de dez anos, iniciada em 1951, quando do envio ao Congresso do projeto original de criação da empresa. Alardeavam que sua instalação significava a continuidade do projeto varguista de defesa da intervenção estatal em setores estratégicos da economia, assumindo a tarefa que concessionárias estrangeiras não estavam interessadas em realizar, como era o caso do setor elétrico. Depararam-se, no entanto, com a realidade de que a Eletrobrás instalada em 1962 era

124 Gildo Magalhães (org.)

dotada de atribuições mais restritas do que se previa no projeto original datado de 1954.[38]

Em 31 de março de 1964 caiu, vítima de um golpe de estado, o governo João Goulart. A partir de então, instalou-se no Brasil uma ditadura que durou 21 anos. Dentre os vários exemplos de cerceamento do debate público durante esse período, a Frente Parlamentar Nacionalista foi abolida. Os *privatistas* estavam no poder. Apenas estes tinham possibilidade de se expressar sobre os destinos do setor elétrico. Manifestavam-se saudando o golpe de Estado como um grande momento de salvação nacional.[39]

Nessas circunstâncias, caracterizadas por ampla repressão, acabou o debate ardoroso travado na sociedade entre os chamados *privatistas* e *nacionalistas* acerca das questões que envolviam os problemas do setor elétrico brasileiro. Não há mais registros desses debates nos arquivos que utilizamos para essa pesquisa. Os veículos que expressavam tais debates, no que se refere aos grupos nacionalistas, estavam cerceados, a exemplo do Congresso Nacional e da imprensa em geral.

Assim, o movimento vencedor em março de 1964 legitimou-se como "restabelecedor" da economia. Em outros termos, capitanearia a renovação do parque tecnológico no país, medida necessária ao próprio desenvolvimento do capitalismo. Além disso, para as classes dominantes brasileiras, a autocracia, instalada em março de 1964, era a grande arma

---

38   Os setores *nacionalistas* se indignavam diante da tentativa de compra da Amforp – entendida por eles como uma capitulação do governo João Goulart aos interesses do governo dos EUA, constituindo um "verdadeiro crime de lesa-pátria".

39   "[...] o regime democrático graças à intervenção oportuna, senão já tardia, das Forças Armadas, passou o pais a ser imediatamente submetido ao processo de recuperação que lhe facultará retornar à normalidade [...]", cf. *Revista Brasileira de Energia Elétrica*, nº 5, março-abril de 1964, p.2. E "[...] a 31 de março o calendário marca um ano da Revolução. O episódio vai ser saudado no país inteiro como uma nova época aberta na vida da nação[...]". In: *Revista de Engenharia*, Ano 23, nº 261, março 1965, p. 5.

em sua verdadeira cruzada contra o comunismo internacional e seus agentes infiltrados no Brasil.

Constituía-se, dessa forma um projeto de "Brasil Potência" que correspondia à ideologia da Escola Superior de Guerra (ESG), consubstanciada no binômio "Desenvolvimento e Segurança". O modelo que sustentou o projeto de "Brasil Potência" ficou conhecido como "milagre econômico", ou seja, um período caracterizado por extraordinário crescimento econômico entre 1968 e 1973.[40]

Para atender a demanda por energia elétrica em expansão, o governo da ditadura militar adotou uma política que se pode definir como pragmática. As palavras de seu primeiro ministro das Minas e Energia são muito esclarecedoras neste sentido. Respondendo a questão, "Qual o sistema mais conveniente ao Brasil para a exploração dos serviços de energia elétrica?", o então ministro Mauro Thibau respondeu que a melhor solução era,

> [...] sem dúvida, a soma de todos os esforços públicos e privados, federais, estaduais e municipais, para o levantamento de recursos e créditos, sem os quais é impossível mobilizar as elevadas somas necessárias à solução da problemática nacional da energia elétrica."[41]

Na prática, o modelo que se configurava desde meados dos anos 1950 se aprofundou durante a ditadura militar: estatização do setor de energia elétrica para a geração e transmissão, reservando para o setor privado a distribuição. Em outras palavras, a ação direta do Estado transformou significativamente as características do setor de energia elétrica.

---

40 Não cabe nos limites deste texto o exame do "milagre econômico". Para um exame do tema, remete-se o leitor ao clássico de Paul Singer, *A Crise do "Milagre"*, Rio de Janeiro: Paz e Terra, 1976.

41 Memória da Eletricidade, *A Eletrobrás e a história do setor de energia elétrica no Brasil: ciclo de palestras*. Rio de Janeiro: Centro da Memória da Eletricidade no Brasil, 1995, p. 135.

126 Gildo Magalhães (org.)

Até então, o capital privado exercia largo domínio, com os monopólios estrangeiros em todos os campos daquela indústria. Assim, gradativamente, a ação do Estado no período "castelista" resultou na continuação do acréscimo da capacidade instalada por vias estatizantes. Desfez-se o monopólio da produção e alargou-se o da distribuição para as concessionárias estrangeiras, configurando-se assim a *continuidade renovadora* característica do conservadorismo de uma formação *hipertardia*.[42]

---

42 Cf. Chasin (*op. cit*, p. 37-58), "capitalismo hipertardio" é a denominação cunhada para determinar as especificidades do caso brasileiro de objetivação do capitalismo. O latifúndio emergiu a partir da empresa colonial e a industrialização, sendo característica da sociedade moderna, expandiu-se tardiamente e conservou o país na categoria de subordinado à economia internacional. Ocorreu assim, a composição do velho e do novo, no contexto em que as mutações políticas foram feitas "pelo alto", com realce a partir dos anos 1930, com seu apogeu nos anos 1950, quando a produção industrial superou a agrícola em termos de participação na economia nacional, além de concessões e ausência de participação do povo.

Da utopia à realidade: o Plano Smith-Montenegro, o ITA e a construção aeronáutica brasileira

Nilda Oliveira

Tecnologia é o conjunto ordenado de todos os conhecimentos – científicos, empíricos ou intuitivos – empregados na produção e comercialização de bens e serviços[1]

Introdução

A criação do Instituto Tecnológico de Aeronáutica (ITA), em 1950, e do Centro Técnico de Aeronáutica (CTA), em 1953, estava prevista no Plano Smith-Montenegro[2], elaborado em 1946 pelo professor Richard Smith, chefe do Departamento de Aeronáutica do *Massachusets Institute of Technology* (MIT), a pedido do então Coronel Casimiro Montenegro Filho, Diretor da Subdiretoria de Técnica Aeronáutica. O ITA e o CTA são instituições de ensino que vieram a consolidar a indústria aeronáutica brasileira.

---

1 Waldimir Pirró e Longo. "Dependência: Tecnologia e transferência de tecnologia" in *Cadernos de Tecnologia e Ciência*. Ano 1, Nº 2 ago / set. 1978. Rio de Janeiro e Petrópolis: Editora Tama e Editora Vozes, p. 1-2.

2 Mais recentemente, sobretudo após a comemoração do centenário de nascimento do Marechal Montenegro, em 2004, o Plano Smith passou a ser denominado como Plano Smith-Montenegro, num reconhecimento ao seu papel na criação do ITA e do CTA.

O ITA tem como missão "ministrar o ensino e a educação necessários à formação de profissionais de nível superior, nas especializações de interesse do campo Aeroespacial, em geral, e do Comando da Aeronáutica, em particular" e o atual DCTA (Departamento de Ciência e Tecnologia Aeroespacial), a de "ampliar o conhecimento e desenvolver soluções científico-tecnológicas para fortalecer o poder aeroespacial, contribuindo para a soberania nacional e para o progresso da sociedade brasileira, por meio de ensino, pesquisa, desenvolvimento, inovação e serviços técnicos especializados, no campo aeroespacial".[3]

A partir da existência dessas duas instituições é possível entender a criação da Empresa Brasileira de Aeronáutica – Embraer como parte do processo de construção de um complexo industrial-militar no Brasil, resultado da adoção da Doutrina da Segurança Nacional, pelos militares brasileiros após 1964. Os militares tinham como estratégia promover o imediato e necessário reequipamento das Forças Armadas, e preparação da indústria para uma possível mobilização nacional para a guerra. Dessa forma, a construção de diversos componentes desse complexo industrial-militar na região do Vale do Paraíba, também foi estratégica, no sentido de ocupar o espaço entre as duas principais capitais do país à época.

Criada em 1969 como uma empresa de economia mista, com grande aporte de capital estatal, e privatizada em 1994, a Embraer é considerada um grande sucesso em nível nacional e internacional, ocupando hoje o terceiro lugar entre os produtores de avião, atrás da Boeing (norte-americana) e da Airbus (europeia), que são produtoras de aviões de grande porte. Ela está um pouco à frente de sua principal concorrente, a canadense Bombardier, produtora de aeronaves menores, tal como a empresa brasileira. Em nível nacional a empresa vem ocupando posição de destaque, entre as cinco primeiras empresas exportadoras do país.

A origem da empresa é sempre vinculada à criação e consolidação do ITA e do Centro Técnico de Aeronáutica, a partir do planeja-

---

3   http://www.ita.br/info e http://www.cta.br/missao.php (acesso em 29/07/2015).

O progresso e seus desafios

129

mento e a "visão de longo alcance" dos militares, planejadores e criadores do ITA. Ou seja, se não fosse pela criação, crescimento e excelência do Instituto Tecnológico de Aeronáutica, possivelmente a Embraer não teria o sucesso que obteve.

Entre o criar, o copiar e o comprar pronto: posições diferentes, mas não excludentes

A história analisada neste capítulo é a do aprendizado e desenvolvimento de tecnologia no Brasil. Neste caso específico, trata-se do desenvolvimento da tecnologia empregada na indústria da construção aeronáutica. Para um país "adquirir" tecnologia pode enveredar por alguns caminhos, dos quais destaco três, apresentados a seguir.

O *criar* foi apresentado como a opção de desenvolver tecnologias próprias, autóctones, geradas em instituições ou empresas do próprio país e utilizadas em projetos e programas próprios, que garantam, ou possam garantir soberania econômica, política, estratégica. Para o desenvolvimento desse tipo de tecnologia / projetos / produtos e/ ou processos, é fundamental formar pessoal e grupos que deem sustentação aos processos.

A fundação de uma escola como o Instituto Tecnológico de Aeronáutica é muitíssimo importante para a proposição do "*criar*". Mas a simples, que não é tão simples, criação de uma instituição de ensino não será suficiente para garantir o sucesso deste ou daquele setor mais adiante. É preciso ter e sustentar a chamada "vontade política". Vontade política essa que já existia desde o primeiro governo Getúlio Vargas, quando se desejava a construção de uma grande fábrica de aviões e, também, uma fábrica nacional de motores.

Logo se vê que para ter as condições propícias ao "*criar*", faz-se necessário uma conjunção de fatores também relacionados aos interesses dos países mais ricos. Um exemplo disso aparece claramente no discurso do Prof. Smith, intitulado *Brasil, Futura Potência Aérea*, realizado no Ministério da Educação, Rio de Janeiro, em 1945. Ali ele afirmava "serem as aviações comerciais americana e brasileira fundamentalmente complementares, *não competidoras*". (Grifo nosso)

O *copiar* envolve uma forma de produzir que o Brasil já tinha experimentado na indústria da construção aeronáutica, com o exemplo das fábricas de aviões criadas pelo governo, na primeira metade do século XX, que produziam "sob licença", mas é uma forma de produzir que o Brasil já experimentava também em outras indústrias que demandam alguma "tecnologia", como na construção naval.

O *"copiar"*, muitas vezes, está associado às "caixas pretas", sendo que, nesse caso o país não é o dono da "caixa preta". Esse tipo de produção pode ser interessante para países que não almejam qualquer tipo de desenvolvimento tecnológico e que servem como base de produção por possuírem mão de obra barata, ou incentivos fiscais, ou matéria-prima abundante, ou todas as condições juntas. Neste caso o país onde a produção está sendo executada tem muito mais a "perder" que a "ganhar", salvo se se tratar de uma opção consciente para criação de empregos.

Mas o *"copiar"* também já foi utilizado de outras formas. Se pegarmos o exemplo de alguns países do Oriente, que se deram o direito de "recriar" o produto, a chamada "engenharia reversa", neste caso o *copiar* assume uma outra roupagem. Há que se destacar, porém, que, para que um país tenha capacidade de recriar um produto que ele adquiriu com a licença para tal, esse país precisa ter profissionais capazes de fazê-lo.

Finalmente o *comprar pronto*, é sempre a opção mais rápida, mais imediata, aquela a ser tomada por qualquer país, instituição, empresa ou grupo que não pode esperar por nenhuma das anteriores. É também a opção que deixará o país, instituição, empresa ou grupo mais empobrecido, pois estará adquirindo um "produto", seja ele um bem ou um processo de que, uma vez cumprida sua função, seu tempo de uso, não restará nada.

O *comprar pronto* foi a opção mais utilizada no Brasil Colonial, que possuía as conhecidas limitações impostas pela metrópole; no Brasil Imperial, apesar do espírito "ilustrado" do Imperador Pedro II; no Brasil da chamada República Velha, ou "república do café com leite", quando os

O progresso e seus desafios

cafeicultores e os seringalistas da Amazônia preferiam comprar os produtos europeus; e mesmo após a década de 1930, essa opção foi amplamente defendida pelos adeptos do liberalismo econômico e pelos grupos contrários ao processo de substituição de importações.

Evidentemente existem canais de comunicação entre essas três opções. Elas podem não ser tão estanques, mas essa possibilidade se estabelece a partir do domínio do *criar*. Quem tem a capacidade de *criar* também pode *copiar* e *comprar pronto*, e o fará com muito mais propriedade. Quem não possui essa capacidade pode, inclusive, nem saber *comprar pronto*.

Entre as opções de *criar, copiar* e *comprar pronto* não há necessariamente uma única, pois pode haver uma incursão pelas três possibilidades.

A construção aeronáutica no Brasil tem uma história com altos e baixos, e está relacionada com o próprio produto deste setor. O avião não é um produto que possa ser vendido em grande escala para a população em geral, pois seu custo é elevado e seu tempo de produção é longo. Mesmo assim, no decorrer da década de 1930 ocorreram diversos movimentos para difundir e estimular a criação e desenvolvimento, tanto da aviação, como da construção aeronáutica no país. Em 1931 foi criado o Departamento de Aviação Civil – DAC, que originalmente estava ligado ao Ministério da Viação e Obras Públicas e em 1938 foi publicado o Código Brasileiro do Ar. Desde o começo do governo de Getúlio Vargas, o Estado brasileiro já visava estimular a construção aeronáutica no país.

Na primeira fase, que inicia em meados da década de 1930 e vai até o final da década de 1940, a produção em série de aeronaves esteve nas mãos de empresas privadas, sendo as principais: a Companhia Nacional de Navegação Aérea, de Henrique Lage, no Rio de Janeiro e a Companhia Aeronáutica Paulista, do Grupo Pignatari, de São Paulo, que produziu o avião mais popular do Brasil, o *Paulistinha*. [4] Além destas, houve algumas

---

4   "O Paulistinha era um avião de dois lugares, asa alta, estrutura de madeira de tubos de aço cromo-molibdênio, e foi empregado largamente no treinamento

132 Gildo Magalhães (org.)

tentativas de construção por parte do Estado com a Fábrica do Galeão, a Fábrica de Lagoa Santa e a Fábrica Nacional de Motores.[5]

Essas empresas obtiveram sucesso durante algum tempo, mas a falta de uma política industrial para o setor acabou por levá-las à falência, além da oferta de aviões a baixo preço no mercado internacional após a Segunda Guerra Mundial.

Nas décadas de 1930, 1940 e 1950 foram realizados três Congressos Brasileiros de Aeronáutica.

O Primeiro foi em 1934, em São Paulo, quando o Eng. Antônio Guedes Muniz, militar do Exército Brasileiro, apresentou a proposta "*A Construção de Aviões e Motores no Brasil*", com três possibilidades de desenvolvimento da indústria de construção aeronáutica no Brasil, sendo elas: uma fábrica estatal, como havia então na Argentina, descartada, por considerar o Estado inepto como industrial; a instalação no Brasil de uma fábrica estrangeira, por meio de concorrência pública - contra essa proposta ele argumentava que a mesma não teria mercado e que seria uma "indústria fictícia", pois se limitaria a ser montadora de componen-

---

de pilotos civis pelos aeroclubes. Contava com um motor norte-americano Franklin, de 65 cavalos, e hélices de madeira fabricadas pelo IPT. Era uma aeronave plenamente adaptada às condições brasileiras: robusta, simples, barata, de manejo e manutenção fáceis. Por essas razões, o Paulistinha tornou-se um sucesso de vendas. Foram produzidos 777 aviões. Foram exportadas aeronaves para a Argentina, Paraguai, Chile, Uruguai e Portugal". João Alexandre Viegas, *Vencendo o azul: história da indústria e tecnologia aeronáuticas no Brasil* (São Paulo e Brasília: Duas Cidades/ CNPq, 1989. p. 144). Mais tarde, o projeto da aeronave foi transferido para a indústria Neiva, que ainda continuou com a sua produção.

5   Roberto P. Andrade. *A construção aeronáutica no Brasil 1910 / 1976*. Brasiliense, São Paulo: 1976, p. 69-77.

O progresso e seus desafios 133

tes importados; e, finalmente, desenvolver a indústria nacional, considerada por ele a melhor alternativa.[6]

O Segundo Congresso foi realizado no Rio de Janeiro em junho de 1949, num clima em que as quatro fábricas existentes no país antes do final da Segunda Guerra Mundial (a Companhia Aeronáutica Paulista, a Companhia Nacional de Navegação Aérea, a Fábrica do Galeão e a Fábrica de Aviões de Lagoa Santa), e mais a Fábrica Nacional de Motores estavam falindo em virtude de o Brasil ter aberto seu mercado às sobras de guerra norte-americanas.[7]

Foram apresentadas três propostas no Segundo Congresso Brasileiro de Aeronáutica: a primeira pelo engenheiro Romeu Corsini, do Instituto de Pesquisas Tecnológicas de São Paulo (IPT), intitulada "Reerguimento da indústria aeronáutica nacional"; a segunda pelo Instituto Brasileiro de Aeronáutica, "Indústria e Fomento"; e a terceira de autoria do engenheiro Luís Felipe Marques e tinha como título "Problemas de administração e construção aeronáutica no Brasil". As teses tinham diferentes abordagens quanto à análise do setor, mas apontavam o mesmo caminho como solução, aquele em que caberia ao Estado fomentar a indústria aeronáutica realizando encomendas programadas às fábricas existentes, sendo que as recomendações desse Segundo Congresso não foram efetivadas.[8]

---

6 Gildo Magalhães dos Santos Filho, "A indústria aeronáutica brasileira na década de 1930", in *VI Congresso Brasileiro de História da Ciência e Tecnologia – 1997*. Rio de Janeiro; SBHC, 1997.

7 Em 1938 o engenheiro Guedes Muniz, entre outros oficiais do Exército Brasileiro, propôs e conseguiu a construção da Fábrica Nacional de Motores (F.N.M.), para montagem de motores de avião sob licença. Os motores escolhidos foram os da fábrica norte-americana Wright. A F.N.M. foi criada em 1942 em plena Segunda Guerra Mundial, quando a importação de máquinas e peças estava prejudicada. A F.N.M. sofreu com o fim do governo Vargas, tendo que se transformar para a montagem de motores para tratores e caminhões.

8 Viegas, *op. cit.*, p. 173-178.

O Terceiro Congresso Brasileiro da Aeronáutica foi realizado em março de 1955, em São Paulo, com novas e velhas teses defendidas.

O engenheiro paulista Marc W. Niess defendia a "Possibilidade da Indústria de Aviões Leves no Brasil". Para ele a razão do fracasso da indústria aeronáutica até então era a falta de um plano comercial que garantisse o funcionamento da indústria. Considerando que apenas o governo era comprador de aviões, ele defendia que o setor privado também investisse no setor, mas admitia que era difícil atrair investimentos, por causa das incertezas geradas pelo insucesso do passado. Os capitais privados não se sensibilizaram com a perspectiva de concorrer com produtos estrangeiros no mercado interno, sem nenhum tipo de proteção.[9]

O engenheiro Romeu Corsini, do IPT, destacava a nova fase de desenvolvimento econômico do país, marcada pela fronteira agrícola no oeste de Minas, sudoeste do Paraná e nos Estados de Goiás e Mato Grosso. Esse movimento de interiorizarão do desenvolvimento exigiria o emprego cada vez mais frequente do avião como meio de transporte. O Brasil já disporia de um parque industrial capaz de fornecer os insumos para a indústria aeronáutica. Faltaria apenas uma ação de planejamento. Para realizá-la, Corsini preconizava a criação de uma comissão com poderes para definir uma política industrial e tecnológica para o setor, da mesma forma como a que apresentara originalmente em 1949, no Segundo Congresso.

A decisão tomada pelos militares diante das diversas opções que lhes eram oferecidas (importar aeronaves; produzir sob licença, como já se fazia antes; mandar mão de obra para ser formada no exterior, como se fez em outros setores; ou construir uma scola para formação de mão de obra no país) foi construir uma escola, nos moldes do plano elaborado pelo Prof. Richard Smith.[10]

---

9 *Idem, ibidem*, p.182-185.

10 Richard H. Smith, "Plano geral de criação do Centro Técnico de Aeronáutica". Rio de Janeiro: 1945.

O progresso e seus desafios   135

Cabe ressaltar, entretanto, que, nem mesmo entre os militares essa decisão foi unânime. Em conferência realizada na Escola Superior de Guerra, em 1950, o Coronel Aviador Júlio Américo dos Reis criticou fortemente o plano do professor Smith e o apresentou como utópico. Ele endossava o discurso de que a economia brasileira era naturalmente fadada ao sucesso e a um futuro brilhante, ressaltando que esta economia ainda passava por dificuldades enormes cuja solução só seria possível através de administrações acertadas e após alguns quinquênios de muito trabalho. Reconhecia as dificuldades do Governo para buscar a solução dos problemas básicos da saúde, alimentação, transporte e energia.[11]

Destacava que problemas como o da energia elétrica, ligações rodoviárias e ferroviárias, carvão, petróleo, pesquisa e exploração do subsolo, transportes marítimos e o equipamento das Forças Armadas não contavam senão com limitados recursos.[12] O coronel não negava a construção da indústria aeronáutica, dizia apenas que não era o momento. Propôs a criação de um grupo de trabalho dentro da Escola Superior de Guerra para formular um plano para o desenvolvimento da indústria aeronáutica no Brasil, mais realista e dentro dos padrões da Segurança Nacional. Reconhecia que construir a indústria naquele momento seria depender fortemente de tecnologia, peças e mão de obra externas e que era mais simples importar as aeronaves.

Por outro lado, o grupo liderado pelo Coronel Casimiro Montenegro Filho defendia a necessidade de formação de uma "massa crítica", para dar sustentação à indústria a ser criada, pois, na interpretação desse grupo, a falta de pessoal formado e especializado no país contribuiu para a falência das empresas existentes antes da criação da Escola. Para esse grupo o planejamento e a visão de longo prazo eram fundamentais.

---

11 "Saúde, alimentação, transporte e energia" foram as metas do Plano SALTE, elaborado no governo do Presidente Dutra.

12 Júlio Américo Reis, "Indústria aeronáutica do Brasil". Escola Superior de Guerra, Rio de Janeiro: 1950.

136 Gildo Magalhães (org.)

Pensando em alguns conceitos

Planejamento é uma palavra recorrente quando se fala da criação do ITA, do CTA e da Embraer: "planejamento" e "visão de longo alcance" dos militares brasileiros. E o que é planejamento econômico? Ou "projetamento", como escreve Ignácio Rangel? No caso de um país como o Brasil, o subdesenvolvimento deveria ser superado com a industrialização, e como as forças de mercado eram insuficientes, foi necessário que o Estado interviesse diretamente na vida econômica, definindo a expansão desejada, orientando investimentos, subsidiando e construindo empresas.

Embora nunca tenha visto uma alusão explícita à indústria aeronáutica em nenhum dos grandes planejamentos da economia brasileira após 1930, a constante repetição de que a criação do ITA fez parte do "planejamento e da estratégia" dos militares da aeronáutica para chegar à Embraer, ou a qualquer outra empresa brasileira de aeronáutica, induziram-me a buscar uma associação desse "planejamento" com correntes do pensamento econômico do estado intervencionista. Associação esta que é cercada de contradições.

Além do conceito de projetamento, faz-se importante conceituar desenvolvimento e substituição de importações, tal como segue.

- Planejamento, ou Projetamento

> Projetar consiste, em última análise, em ordenar o emprego de certa quantidade de recursos, com vistas a obter outra quantidade de recursos. (…) A missão do projetamento econômico consiste em encontrar a denominação comum para os dois termos da razão benefício/custo sob o ponto de vista econômico.[13]

---

13 Ignacio Rangel, *Obras reunidas*. Rio de Janeiro: Editora Contraponto, 2005. Vol. 1, p. 366.

- *Desenvolvimento*

Essencialmente o desenvolvimento econômico é o processo histórico de crescimento sustentado da renda ou do valor adicionado por habitante implicando a melhoria do padrão de vida da população de um determinado estado nacional, que resulta da sistemática acumulação de capital e da incorporação de conhecimento ou progresso técnico à produção.[14]

- Substituição de Importações

Em suma, o 'processo de substituição das importações' pode ser entendido como um processo de desenvolvimento 'parcial' e 'fechado' que, respondendo às restrições do comércio exterior, procurou repetir aceleradamente, em condições históricas distintas, a experiência de industrialização dos países desenvolvidos.[15]

Conceição Tavares advoga que é necessário realçar as diferenças qualitativas substanciais entre as economias centrais e as periféricas, tanto no que diz respeito às exportações como às importações.

O modelo de economia que predominou na história do Brasil até os anos de 1930 foi o agrário-exportador. Tratava-se de uma produção "para fora". Na dinâmica da divisão internacional do trabalho, a América Latina localizava-se como fornecedora de matérias-primas e consumidora de produtos industrializados importados.

No que se refere às economias centrais as exportações não eram as únicas responsáveis pelo crescimento da economia. Além da produção para exportação, o investimento autônomo acompanhado de inovações

---

14 L. C. Bresser-Pereira. "O processo histórico do desenvolvimento econômico: ideias básicas". Texto para Discussão EESP/FGV 157, dezembro 2006, p.1.

15 Maria da Conceição Tavares, *Da substituição de importações ao capitalismo Financeiro: Ensaios sobre Economia Brasileira.* 7ª edição. Rio de Janeiro: Zahar Editores, 1978, p. 35.

138 Gildo Magalhães (org.)

tecnológicas tinha grande importância no processo econômico, sendo que a junção da produção para exportação e para abastecimento do mercado interno possibilitou a diversificação e a integração da capacidade produtiva interna.

Cabe ainda estabelecer alguns marcos delimitatórios a respeito da história econômica do Brasil contemporâneo, aqui entendido como o processo histórico iniciado na década de 1930, que passa por fases diversas, definidas por Bresser-Pereira como: 1930-1939, início da revolução industrial brasileira; 1940-1945, Segunda Guerra Mundial; 1946-1955, decênio do pós-guerra; 1956-1961, consolidação do desenvolvimento industrial. Destaca que nesse período de 1930-1961 transformou-se a estrutura econômica, política e social no Brasil, com as seguintes características fundamentais do desenvolvimento econômico: industrialização, processo de substituição de importações, limitação à nossa capacidade de importar, surgimento de uma classe de empresários industriais, alta relação marginal produto-capital, estatização, inflação, urbanização, aumento da taxa de crescimento da população, distribuição desequilibrada da renda, aumento de salários. Ele destaca ainda que no período da revolução industrial brasileira há dois grandes agentes fundamentais: os empresários industriais e o governo.[16]

No caso da indústria aeronáutica esses dois agentes também são fundamentais. Vimos que o desejo de construir uma grande indústria produtora de aviões no Brasil era antigo, fora tentado no governo do presidente Getúlio Vargas, mas o contexto do segundo pós-guerra e a falta de política de governo para a manutenção do setor levou as empresas à falência.

Em princípio, não parece muito cabível a figuração da indústria aeronáutica numa pauta de substituição de importações. Já mencionamos como são caros os custos de produção de uma aeronave e que são poucos os países a dominar essa tecnologia de produção. Ainda hoje,

---

16 L. C. Bresser-Pereira. *Desenvolvimento e crise no Brasil.* 4ª ed. São Paulo: Brasiliense, 1973, p. 33-70.

O progresso e seus desafios 139

entre os alunos do primeiro ano do Curso Fundamental do ITA, é muito comum o discurso, amplamente difundido dentro da instituição, de que o Brasil pensou em produzir avião quando ainda não produzia nem bicicleta. Ora, considerando que a economia brasileira encontrava-se entre as economias periféricas, que sua "Revolução Industrial" começou apenas na década de 30 do século XX, parece razoável que a substituição de importações passasse por produtos que tivessem um consumo mais intenso, um consumo de massa.

Ocorre que, se na primeira metade do século XX as aeronaves produzidas no Brasil pela Companhia Aeronáutica Paulista e pela Companhia Nacional de Navegação Aérea, eram destinadas, em sua maioria aos aeroclubes através de encomendas, sobretudo governamentais, e se a produção das fábricas do Estado (Fábrica do Galeão e Lagoa Santa) também tinha o objetivo de modernizar a frota das Forças Armadas, conclui-se que na verdade já existia o mercado do transporte aéreo no Brasil.

A aviação comercial, que envolve transporte de passageiros e de cargas, iniciou-se no Brasil com a operação de empresas estrangeiras, mas logo foram criadas empresas nacionais. Nos anos de 1920 esse tipo de aviação era realizado no Brasil pelas empresas: Lignes Aériennes Latécoère (1925), Condor Cruzeiro (1927), Varig (1927). As aeronaves mais marcantes deste período foram a Latécoère Lat-25, Dornier Val e Junker F-13. Nos anos 1930 entraram novas empresas, NYRBA, Pan American, Panair e foi criada a VASP em 1934. No final dos anos 1930 já existiam os voos intercontinentais e as aeronaves marcantes dos anos 30 e 40 foram: Latécoère LAT-28, Junker JU-52, Focke-Wulf FW-200 Condor, Curtiss C 46 Commander, Sikorsky S 40, Douglas DC-3.[17]

---

17 Paulo de Machado e Silva Furtado. "A evolução da aviação comercial no Brasil". Palestra proferida no ITA em 14 de setembro de 2006. São José dos Campos: ITA, 2006.

Em 1944 foi assinada a Convenção de Chicago, que só foi efetivada em 1947. Ela estabeleceu os princípios básicos para o desenvolvimento da aviação civil, criou a OACI – Organização da Aviação Civil Internacional (ou ICAO - International Civil Aviation Organization) e definiu as chamadas "liberdades do ar" (freedoms of the air). Mas não efetivou acordos quanto à troca de direitos de tráfego (as liberdades), ao controle das tarifas e ao controle das frequências, que são pontos fundamentais no transporte aéreo internacional.[18]

Nos anos de 1960 já eram comuns os voos internacionais. No Brasil foi criada a Rede de Integração Nacional (RIN) e em 1959 a Ponte Aérea Rio - São Paulo. Os aviões marcantes deste período foram: SAAB 90A Scandia, Douglas DC 7, General Dynamics Convair 340, Lockheed Super Constellation.[19]

Ora, ainda que o Brasil não produzisse bicicletas ou outros produtos da envergadura de um avião, quer quanto ao seu tamanho real, quer em seus investimentos, o mercado de compra de aeronaves já existia. Se voltarmos ao discurso do Prof. Smith sobre a futura potência aérea e considerarmos o tamanho do Brasil, certamente essa "necessidade" não só pôde "ser criada", como, de fato, ela é real. Evidentemente o Brasil, ou melhor, as empresas de transporte aéreo que atuavam no Brasil, podiam comprar suas aeronaves em outros países produtores.

Se pensarmos na teoria das vantagens comparativas, onde inevitavelmente cada país se especializaria naquela mercadoria que pode produzir com o menor custo de produção possível, possibilitado por seus recursos naturais, sua mão de obra e seu capital, exportando especialmente essa mercadoria, o Brasil não deixaria de continuar sendo um país agroexportador. Entretanto nenhum país precisa se conformar apenas com as vantagens comparativas que possui naturalmente. O Brasil não tinha nenhuma vantagem comparativa para produzir aviões, se mantivesse sua

---

18 *Idem, ibidem.*

19 *Idem, ibidem.*

economia apenas pelas "vantagens naturais", o seu melhor investimento seria na cultura da soja, por exemplo. Mas um país pode vir a construí--las, como foi o caso do Brasil com o ITA e a Embraer.

As empresas que possuíam aviões de grande porte, que faziam as longas viagens, inclusive intercontinentais, não realizavam o transporte de passageiros até as cidades do interior de São Paulo, por exemplo. Transportavam até a capital e dali entrava o mercado de aviação que utiliza aviões de menor envergadura. É para esse nicho de mercado que seria desenvolvido o avião Bandeirante, que nasceu no CTA, sob a sigla de Projeto IPD 6504.

Diante desse quadro podemos pensar em "substituição de importações", se não naquela que já estava planejada pelos "boêmios cívicos" ou os outros planejadores do "estado desenvolvimentista", então em uma substituição de importações de um produto necessário para um nicho de mercado: o do transporte aéreo regional.

O Plano Smith–Montenegro e a construção da Escola de Engenharia

O plano de criação do Instituto Tecnológico de Aeronáutica e do Centro Técnico de Aeronáutica foi desenvolvido pelo Professor Richard Herbert Smith, a pedido de um grupo de militares do Ministério da Aeronáutica liderados pelo então Coronel Aviador Engenheiro Casimiro Montenegro Filho, Diretor da Subdiretoria de Técnica Aeronáutica (Figura 5.1). O plano foi aprovado pelo Ministro da Aeronáutica Armando Trompowsky, e implementado pela Comissão de Organização do Centro Técnico de Aeronáutica (COCTA), subordinada diretamente ao Coronel Montenegro. O Prof. Smith se tornou o primeiro reitor do ITA.

Figura 5.1. *Apresentação da Maquete do CTA ao Ministro da Aeronáutica pelo Coronel Montenegro.* Fonte: Acervo do Instituto Tecnológico de Aeronáutica, s/d

Os primeiros professores do ITA, que deram origem à comunidade científica de São José dos Campos, eram quase todos norte-americanos ou estrangeiros de outra nacionalidade, mas que também tinham a cidadania norte-americana. Nessa comunidade, os brasileiros foram integrados lentamente e em posição de subordinação, contratados como assistentes, auxiliares ou técnicos, sendo que até a década de 1980 a contratação dos professores era realizada através de recomendações pessoais, seja de pessoas ou de instituições.

Durante toda a década de 1950 os reitores do ITA foram professores norte-americanos. A colaboração norte-americana, entretanto, foi além do intercâmbio institucional e da origem do corpo docente, o que reforça a ideia de que a construção do ITA, como das outras instituições de influência norte-americana, como a Escola Superior de Guerra, e a transformação do Instituto Militar de Tecnologia e Escola Técnica do Exército no Instituto Militar de Engenharia (IME), fez parte de uma estratégia dos Estados Unidos de cooptação dos militares e do governo brasileiro para sua esfera de influência.

A influência norte-americana não foi sentida apenas nas instituições militares. Ela se fez presente nos mais diversos setores da vida nacional e de outros países que vivenciaram essa influência, que já se observava desde antes da Segunda Guerra Mundial com a Fundação Rockfeller, que financiou desde a construção de hospitais até obras de saneamento público, entre outras ações.

> No fim da década de 1950, quando era reitor do ITA o prof. Steinberg, a cooperação americana passou a contar também com o apoio financeiro do governo americano, através da 'International Cooperation Administration', mais conhecido entre nós como Programa do Ponto Quatro. Essa cooperação continuou e recebeu um importante impulso quando o prof. Marco A. G. Cecchini, primeiro reitor brasileiro, assumiu a Reitoria do ITA, em 1960, em substituição ao prof. Steinberg. Foi estabelecido um convênio ITA-Universidade de Michigan, com o apoio financeiro de um milhão de dólares da 'Agency for International Development', no programa de ajuda externa do governo americano conhecido por 'Alliance for Progress'. Essa cooperação terminou em 1967[20].

É sabido que existem críticas a esses programas. O programa "Aliança para o Progresso", por exemplo, teria servido, em nível mundial, muito mais para fortalecer a influência dos Estados Unidos, em diversas partes do mundo, do que propriamente atender a necessidade dos países que estavam recebendo essa ajuda.

---

20 *Instituto Tecnológico De Aeronáutica – 50 anos, 1950-2000.* São José dos Campos: ITA, 2000, p. 27.

144   Gildo Magalhães (org.)

Pelo "Plano Smith" o Centro Técnico de Aeronáutica tornou-se o órgão científico e técnico do Ministério da Aeronáutica, recém criado em 1941, com o objetivo de exercer suas atividades visando sempre o desenvolvimento da Força Aérea Brasileira, da aviação civil e da futura indústria aeronáutica, segundo os programas e planos do Ministério.

O ITA deveria possuir autonomias financeira, administrativa e didática, poderia instituir e alterar seu próprio regimento interno ficando livre das "amarras do Serviço Público Federal e do Sistema Nacional de Educação".[21]

A autonomia didática foi e é, sem sombra de dúvida, um dos grandes diferenciais dessa comunidade científica criada no ITA, mas que também está presente em outras escolas ligadas aos antigos Ministérios, hoje Comandos Militares. Enquanto os currículos, grades curriculares e programa de disciplinas das escolas subordinadas ao Ministério da Educação têm que obedecer à Lei de Diretrizes e Bases da Educação, o que, de certa forma condiciona as alterações curriculares, as instituições de ensino vinculadas às Forças Armadas têm total autonomia. Isto no caso do ITA permitiu e permite que o currículo receba propostas de alteração, seja apreciado, votado e até alterado a cada ano letivo.

O plano previa o estabelecimento de um fundo financeiro, ou de certa porcentagem do orçamento ministerial anual, para a manutenção das atividades regulares do Centro, sem prejuízo do reembolso de despesas nos projetos extras que fosse solicitado a executar para outros órgãos do Ministério ou para outras instituições governamentais.

Para atingir os objetivos complementares, o Centro Técnico de Aeronáutica deveria estabelecer um regime de ensino de alto nível teórico e prático, segundo os mais avançados métodos educacionais dos países desenvolvidos, adotando-se o regime de dedicação plena, tanto por parte dos professores como dos alunos. Também era previsto formar uma vida comunitária no campus universitário, de grande comunicação

---

21 Smith, *op. cit.*

O progresso e seus desafios 145

entre alunos e professores, com um sistema de autogestão - pelos alunos - das atividades culturais, esportivas e sociais de seu próprio interesse. Previa ainda fixar o regime de concessão de bolsas de estudo para os alunos, de maneira a permitir a dedicação ao estudo, em tempo integral, resultando, daí, melhor desempenho de trabalho.

Os princípios estabelecidos no Plano Smith, reproduzidos anteriormente, levam a inferir que a comunidade científica constituída em São José dos Campos na década de 1950 era formada por professores que vieram com o objetivo de produzir e/ou reproduzir conhecimentos adquiridos e consolidados em seus países, numa tradição extremamente pragmática, e que vinha ao encontro de um meio social construído pelos militares com objetivo claro e determinado, que era a formação de massa crítica e mão de obra qualificada para a futura construção da indústria aeronáutica no país, o que, de certa forma, levou a outra ponta dessa comunidade, os alunos, a um isolamento em relação ao mundo externo ao CTA. Nessa comunidade científica, os resultados práticos eram e são muito mais importantes que as construções teóricas, o que é próprio das faculdades de engenharia.

O ITA tornou-se referência nacional e os "iteanos" são extremamente orgulhosos de seu modelo, que além de prever a dedicação exclusiva, com os alunos habitando no campus do CTA, com período integral dividido entra aulas teóricas e práticas de laboratório, é composto por elementos que não existiam em outras faculdades, tais como a prática da "disciplina consciente", através da qual os alunos não precisariam de fiscalização nem mesmo no momento da realização de provas, e a existência de um "Professor Conselheiro", a quem o aluno poderia recorrer sempre que estivesse com algum problema ou dificuldade.

O fato de alunos e professores residirem dentro do Campus, condição que proporcionava a dedicação exclusiva de todos às atividades acadêmicas, provocou, por outro lado, o isolamento dessa comunidade científica em relação à cidade de São José dos Campos. Apesar disso, não dá para negar a importância da criação do ITA para o crescimento e desenvolvimento da cidade. Durante algum tempo, o cinema do CTA era a única sala de exibição da cidade. Outras atividades eram compartilhadas com a cidade, tais como os bailes e os famosos "Centediários", que eram acontecimentos que marcavam o centésimo dia anterior à formatura. O Clube de Voo à Vela tornou-se outra atividade de muitos alunos e professores.

A autonomia financeira prevista no Plano Smith nunca chegou a ocorrer de fato. O ITA é um instituto vinculado ao Centro Técnico Aeroespacial, por sua vez vinculado ao Departamento de Pesquisa do Ministério (hoje Comando) da Aeronáutica e, embora não seja uma instituição militar, é direta e totalmente dependente da Aeronáutica. Já foram apresentadas propostas de sua transformação em fundação, mas a quebra do vínculo nunca foi aprovada, sendo que o ITA e o CTA sofrem as consequências da falta de investimento em Ciência & Tecnologia, embora isso não seja um "privilégio" seu.

Os recursos iniciais correntes foram estimados em Cr$ 148.000.000,00 (cento e quarenta e oito milhões de cruzeiros), previstos para os cinco primeiros anos de construção do Centro, a partir de 1946, estando aí computadas as despesas com a construção do campo de pouso, certas despesas que caberiam ao Governo do Estado de São Paulo e outras de natureza adiável.

Enquanto as obras eram realizadas em São José dos Campos a COCTA funcionou na cidade do Rio de Janeiro, e os alunos da primeira turma tiveram suas aulas na Escola Técnica do Exército. Nesta fase também começou a contratação do corpo docente.

O Instituto de Pesquisas e Desenvolvimento (IPD)

Além da reprodução de conhecimentos e métodos desenvolvidos em países com uma prática científica anterior à do Brasil, existia um grande interesse em que esta comunidade viesse a desenvolver também pesquisas inéditas. O Instituto de Pesquisas e Desenvolvimento (IPD) foi criado pelo Decreto nº 34.701, de 26 de novembro de 1953, com o objetivo de estudar os problemas técnicos, econômicos e operacionais relacionados com a aeronáutica, cooperar com a indústria e buscar soluções adequadas às atividades da aviação nacional. Foi oficialmente estruturado em 1957 em quatro Departamentos: Aeronaves (PAR), Eletrônica (PEA), Materiais (PMR) e Motores (PMT, depois PMO).

Foi no IPD que o Ministério da Aeronáutica começou a desenvolver pesquisas na área de engenharia aeronáutica. No desenvolvimento dessas pesquisas o Ministério convidou alguns pesquisadores estrangeiros com grande experiência, como foi o caso do professor e inventor alemão Heinrich Focke, que veio para o Brasil ainda na década de 1950 trazendo parte de sua equipe.

Um dos objetivos da vinda de Focke era permitir a criação de um projeto que viesse revolucionar e queimar etapas no setor aeronáutico brasileiro. Esse grupo de técnicos, altamente qualificado, que vinha projetando aeronaves de asas rotativas, na Alemanha, desde 1939, tendo produzido, antes e durante a II Grande Guerra, inúmeros helicópteros de ótimo desempenho, sentiu-se atraído para o nosso país na perspectiva de aqui desenvolver o Convertiplano, concepção de há muito nos planos do Prof. Focke.

Acompanhado pelo Diretor da COCTA, Coronel Aviador (Engenheiro) Casimiro Montenegro Filho e pelo Major Aviador (Engenheiro) Aldo Weber Vieira da Rosa, o Prof. Focke realizou uma visita a São José dos Campos em 1952, para conhecer os planos e verificar, "in loco", as instalações da COCTA. Focke, entusiasmado pela criação de um centro de ensino e de pesquisa, o único na América do Sul, retornou à Alemanha para organizar sua equipe e voltou ainda naquele ano, desta vez para dar início aos trabalhos do Convertiplano (Heliconair-HC-1), uma aeronave de decolagem vertical, monomotor com quatro rotores, cujos eixos basculavam, convertendo-se em avião convencional, desenvolvendo 500 km/h em voo nivelado (Figura 5.2). Para muitos era um projeto utópico para a época, o que serviu, por via das dúvidas, de paradigma e de motivação para a criação do Instituto de Pesquisas e Desenvolvimento da COCTA.[22]

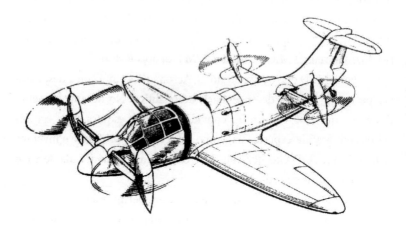

Figura 5.2. *O Convertiplano*. Fonte: Arquivo Pessoal do Eng. José Carlos de Sousa Reis

Segundo Roberto Pereira de Andrade, "a transferência de Focke ao CTA produziu o efeito esperado: movimentou gente, atraiu verbas e recursos, criou novas instalações, laboratórios, hangares, etc". Com ele vieram mais 16 especialistas de várias áreas, todos alemães e no CTA a equipe foi crescendo a cada dia, com o engajamento de técnicos e projetistas brasileiros ou mesmo estrangeiros radicados no Brasil. Os técnicos brasileiros contratados para trabalhar nas oficinas já chegavam geralmente com alguma experiência em manutenção e reparo de aviões desde que, em sua grande maioria, eram oriundos das oficinas de manutenção de empresas aéreas brasileiras.

Mas o projeto Convertiplano foi simplesmente interrompido. Circulou na época que a FAB teria cortado definitivamente a verba para

---

22 *O Centro Técnico Aeroespacial*. São José dos Campos: Coordenadoria de Assuntos Especiais, 1995, p. 174-176.

O progresso e seus desafios

o Projeto. Os técnicos estrangeiros contratados voltaram quase todos aos seus países de origem, poucos ficaram por aqui.

Por volta de 1954, iniciou-se o projeto Beija-flor, helicóptero de rotor rígido para duas pessoas. A intenção era desenvolver um helicóptero muito simples e industrializá-lo, mesmo antes da conclusão do Convertiplano. O projeto não era convencional, contendo soluções novas, fruto da criatividade do Prof. Focke. O "BF", como ficou conhecido entre os técnicos e cujo protótipo fez seu voo inicial em fevereiro de 1960, apresentava, em comparação aos seus congêneres da época, as vantagens de segurança, facilidade de manejo e simplicidade de construção. Com este voo, algo de importante era marcado no histórico da aeronáutica brasileira, pois se tratava do primeiro helicóptero projetado e construído no Brasil, por uma equipe mista de técnicos estrangeiros e brasileiros, pertencentes ao Departamento de Aeronaves (PAR), do recém-criado IPD.[23]

Nenhumas das duas aeronaves foram produzidas completamente, mas a realização de ambos os projetos foi fundamental para a formação de equipe e capacitação da mão de obra que veio a trabalhar em outros projetos do CTA. Esse tipo de avaliação não é unanimidade na Instituição, entre os que se preocupam mais com os resultados do que com o desenvolvimento dos projetos, a experiência Focke é considerada como perda de tempo e dinheiro.

Ao longo dos anos foram desenvolvidos diversos projetos no ITA e no CTA. Tais projetos não tinham, necessariamente, uma vinculação direta com a indústria aeronáutica ou aeroespacial, mas tiveram grande repercussão nacional, como foi o caso do desenvolvimento da urna eletrônica[24] e do motor a álcool para automóvel (Figura 5.3), entre outros produtos, o que levou à consolidação de seu nome.

---

23 *Idem*, p. 186.

24 Em 1995, o Tribunal Superior Eleitoral formou uma comissão técnica liderada por pesquisadores do Instituto Nacional de Pesquisas Espaciais (Inpe) e do Centro Técnico Aeroespacial (CTA) de São José dos Campos, que definiu uma

Figura 5.3. *Dodge Polara que viajou pelo Brasil para apresentar o motor a álcool.*
Fonte: Arquivos do Memorial Aeroespacial Brasileiro (MAB), s/d

A pesquisa para desenvolvimento do motor que utiliza o álcool combustível foi realizada no final da década de 1970 pelo engenheiro Urbano Ernesto Stumpf. O veículo Dodge Polara, com motor a álcool, viajou pelo Brasil e atualmente está exposto no Memorial Aeroespacial Brasileiro MAB, em São José dos Campos

Hoje, essa comunidade científica aeronáutica já atingiu sua maturidade e possui reconhecimento em nível internacional, sendo responsável pela formação de mão de obra e pela realização de pesquisas fundamentais para a consolidação do modelo implementado. Os resultados começaram a aparecer na década de 1960, quando teve início uma segunda fase de abertura de indústrias relacionadas à aeronáutica, defesa e espaço,

---

especificação de requisitos funcionais. Cf. http://www.tse.jus.br/eleicoes/biometria-e-urna-eletronica/urna-eletronica (disponível em 26/08/2015).

O progresso e seus desafios

tais como Avibrás e a Sociedade AEROTEC, ambas na cidade de São José dos Campos, onde está localizado o Centro Técnico Aeroespacial[25].

Enquanto isso, no que diz respeito ao desenvolvimento de protótipos e produtos para a indústria aeronáutica, estava sendo desenvolvido o projeto IPD-6504, desde o ano de 1965, sob o comando do engenheiro francês Max Holste. Este demonstrou interesse em vir para o Brasil após um desentendimento com o governo francês e de uma breve passagem pelo Marrocos. Era descrito como uma pessoa muito "temperamental" e difícil de lidar, mas o então Major Ozires Silva, Chefe do Departamento de Projetos do IPD/CTA, tinha muito interesse em contratar um engenheiro experiente, pois ainda era necessário um projetista com experiência industrial para iniciar um projeto que pudesse vir a se transformar num produto comercial.

Naquela época Ozires também enfrentava a pressão do Brigadeiro Henrique de Castro Neves, diretor do CTA, que tinha anunciado o breve fechamento do PAR, por entender que aquele departamento não servia para nada. Devemos lembrar que o Ministro da Aeronáutica era o Brigadeiro Eduardo Gomes, para quem a estratégia do "comprar pronto" era a mais fácil, rápida e eficaz. Sua intenção era transformar o PAR / CTA num Parque de Material Aeronáutico. Após muita negociação e estratégia, Holste pôde ser contratado e iniciou o projeto do novo avião. Este recebeu o nome de "Bandeirante", sugerido pelo Brigadeiro Paulo Victor, que foi nomeado diretor do CTA, em substituição a Henrique de Castro Neves, e que se tornou um grande incentivador do empreendimento.

O projeto foi desenvolvido no Departamento de Aeronaves do IPD, que era considerado o sucessor do Grupo Focke, pois alguns dos técnicos que vieram trabalhar no Brasil com Heinrich Focke permaneceram no país após a saída do pesquisador. Eram pessoas que não só

---

25   O Centro Técnico de Aeronáutica (CTA) teve seu nome alterado em 1969 para Centro Técnico Aeroespacial, em 2005 para Comando Geral de Tecnologia Aeroespacial (CTA) e em 2009 para Departamento de Ciência e Tecnologia Aeroespacial (DCTA).

tinham capacidade de projetar e fabricar os protótipos do Bandeirante como de qualquer outro projeto de tecnologia superior, bastava recuperar o efetivo disperso pelos Departamentos do CTA e montar a equipe, o que foi feito em muito pouco tempo. Mais tarde, muitos especialistas que já tinham deixado o CTA após o encerramento do Grupo Focke, foram aos poucos regressando e engrossando a equipe.

Outro grupo a reforçar a equipe foi o de engenheiros egressos do ITA. Desde sua fundação, em 1950, o ITA vinha formando anualmente dezenas de engenheiros aeronáuticos, de aerovias e também engenheiros eletrônicos (a partir da segunda metade da década de 1950). Todos esses engenheiros estavam atuando em outros ramos do mercado, mas retornaram para trabalhar e apoiar o projeto. Esses engenheiros, no entanto, não tinham sido preparados para orientar diretamente nas oficinas o trabalho dos operários na fabricação das partes de um avião, mas possuíam a formação teórica necessária.

A existência desses engenheiros, técnicos e operários no PAR foi fundamental para o desenvolvimento do IPD 6504, pois o engenheiro Max Holste não trouxe nenhuma equipe junto com ele, precisava de profissionais altamente qualificados para projetar e construir o Bandeirante, além de máquinas e equipamentos apropriados para transformar seus desenhos em um avião. Quanto a estes, o CTA ainda possuía o maquinário usado para construir o Convertiplano e o Beija-Flor e que se encontrava disperso nas oficinas, era só reuni-lo novamente. Assim, o PAR conseguiu montar em poucas semanas uma equipe de projetistas, supervisores e operários, todos altamente qualificados para o trabalho aeronáutico, e três protótipos do Bandeirante foram projetados e construídos (Figura 5.4).

Figura 5.4. *Protótipo do Bandeirante*. Fonte: Arquivo pessoal do Engenheiro Ozílio Carlos da Silva s/d

O desenvolvimento do protótipo do Bandeirante foi realizado entre os anos de 1965 a 1968, seu primeiro voo interno foi no dia 22 de outubro de 1968, a apresentação oficial ao público foi no dia 26 de outubro, sua demonstração em Brasília ocorreu em maio de 1969, e em agosto do mesmo ano foi realizada uma demonstração em Campo Grande, sendo a lei de criação da Embraer de agosto de 1969. Existiam sérios conflitos entra a chefia do PAR e Max Holste, os atritos se sucediam e eram a cada dia mais frequentes até que ele, por vontade própria, assinou um documento de distrato com o CTA e em 1969 deixou o Brasil.

O país já possuía capacidade tecnológica para o desenvolvimento de um projeto como esse. O que não parecia existir era maturidade industrial:

O debate no qual nos engajamos era amplo e envolvia não somente o tipo de empresa que seria a responsável pela fabricação do Bandeirante, mas também como ela operaria para conseguir ser competitiva. Essas considerações levavam-nos a debater a questão do preço de venda do avião que, logicamente, deveria ser o mais baixo possível. Os parâmetros de base para tudo isso eram o mercado mundial, embora a empresa fabricante devesse ser instalada no Brasil. Aí é que nascia realmente o problema. A chamada "política de substituição das importações" facilitava os investimentos para a fabricação no Brasil e as exportações. Contudo dificultava a importação de componentes complementares e essenciais à produção de material sofisticado como o avião, e extremamente dependente de uma quantidade de componentes e equipamentos, dificilmente fabricáveis em território nacional.[26]

A Empresa

As experiências estatais de construção aeronáutica (Fábrica do Galeão, Fábrica de Aviões de Lagoa Santa, e mais a Fábrica Nacional de Motores) não obtiveram grande sucesso, como já vimos anteriormente. Como implementar essa indústria novamente?

Embora a economia brasileira só viesse a entrar no período chamado de "marcha forçada" alguns anos depois, é interessante investigar se o país possuía capacidade para construir essa grande indústria ou se, de fato, seu desenvolvimento foi provocado e acelerado pelos militares da aeronáutica. Evidentemente esta pergunta só pode ser feita se pensarmos nos tipos de aeronaves que essa eventual empresa viesse a construir.

Nesse caso, não se discute a capacitação técnica e tecnológica, esse tipo de capacitação estava sendo conquistado mesmo antes da constru-

---

26 Ozires Silva. *A decolagem de um sonho: A história da criação da EMBRAER*. 3ª edição. São Paulo: Lemos Editorial, 2002, p. 226.

O progresso e seus desafios

ção do CTA e a partir da criação deste centro ela cada vez mais se consolidou. O que se questiona é a capacidade industrial em si. A indústria aeronáutica não é um tipo que enseje implantar uma produção verticalizada. Nenhuma empresa de construção aeronáutica produz todas as partes do avião, existem indústrias aeronáuticas especializadas na construção dos diversos sistemas que constituem uma aeronave, inclusive os motores que são produzidos por algumas poucas indústrias em todo o mundo. Trata-se de uma produção muito específica, para a qual o Brasil não possuía rede de fornecedores, e nem poderia possuir quando da criação da Embraer.

O Brasil não possuía tampouco o capital privado suficiente para investir na construção de uma indústria como a aeronáutica. Também ainda era relativamente recente o abandono com que foram tratadas as empresas de construção aeronáutica da primeira metade do século, que necessitavam das compras governamentais, desviadas para o mercado de facilidades gerado no pós-guerra. É certo que a capacidade tecnológica havia evoluído, mas não se tinha garantias de manutenção de um setor fortemente dependente das compras governamentais.

A posição de parte do governo brasileiro no período da ditadura militar era pela criação de uma empresa privada de construção aeronáutica. O Ministro da Fazenda na época da criação da Embraer em 1969, Delfim Neto, aprovou um esquema de incentivo fiscal que permitia às empresas descontarem 1% do seu imposto de renda, se investissem na formação do capital da empresa.

Os militares, entretanto, eram da opinião que a empresa deveria ser estatal, pensando que essa indústria tem posição estratégica diante de uma necessidade de mobilização, sendo parte do programa de Segurança Nacional. Dessa forma, dentro de um governo dirigido pelos militares, a

Gildo Magalhães (org.)

constituição do capital da empresa veio mesmo do Estado Brasileiro, que o fez através da criação de uma empresa de economia mista.

Nos primeiros anos da empresa, entre 1970 e 1975 foi necessário providenciar:[27]

- a transferência do pessoal do CTA/PAR, para admissão na empresa e, segundo Ozílio Carlos da Silva, Diretor Técnico da Embraer, apenas um funcionário não quis mudar para a Embraer;
- recrutamento e treinamento de pessoal de produção;
- projeto e construção de prédios (Figura 5.5);
- projeto do Bandeirante de série;
- conclusão do projeto do Ipanema e voo do seu protótipo;
- lançamento da fabricação seriada do Urupema (um planador), do Bandeirante, do Ipanema e do Xavante (EMB-326GB);
- seleção de uma linha de aviões leves para fabricação sob licença e sua colocação em produção;
- montagem de uma rede nacional de vendas e apoio ao produto;
- estruturação de linhas de financiamento para os aviões;
- seleção e compra de equipamentos industriais;
- estudo de criação de uma divisão de helicópteros;
- contrato de fabricação de componentes do F-5 com a Northrop;
- introdução de novas tecnologias de fabricação: usinagem por controle numérico, usinagem química, traçagem por cópia semifotográfica, prensas de borracha, materiais compostos e outros;
- projeto de novas versões do Bandeirante: patrulha marítima, aerofoto, cargueiro, *commuter*;

---

27 Ozires Silva & Ozílio Silva, "A criação da EMBRAER". Palestra proferida em 26/10/2007 no ITA. São José dos Campos: ITA, 2007.

- participação na criação do SITAR, sistema de transporte aéreo regional;
- forte absorção de tecnologia industrial com a Aeronautica Macchi no programa Xavante.

Figura 5.5. *Construção dos primeiros prédios da EMBRAER.* Fonte: Arquivo pessoal do Engenheiro Ozílio Carlos da Silva, s/d

Em 1970, a Embraer teve a primeira encomenda de aviões EMB110 - Bandeirante[28], feita pela Força Aérea Brasileira, e também produziu 112 unidades do EMB326 - Xavante, que é um avião a jato, para atender as necessidades de treinamento da FAB. Este avião foi produzido sob licença estrangeira, num contrato com a empresa italiana Aeronautica Macchi, necessário para garantir a produção em escala, que não podia se basear apenas no Bandeirante.

---

28 EMB é o prefixo das aeronaves fabricadas pela Embraer, o número seguinte é correspondente ao modelo.

De 1975 a 1980 a Embraer lançou-se ao mercado externo, e nesse período realizou a entrega ao mercado nacional dos primeiros aviões da linha Piper; seu primeiro contrato internacional envolveu a venda de 5 Bandeirantes e 10 Ipanemas para o Uruguai, em 1975; lançou o projeto do EMB121 Xingu, cujo voo do primeiro protótipo foi em outubro de 1976; teve a primeira participação no Salão de Aeronáutica de Paris com exposição do primeiro Bandeirante vendido na França; realizou a homologação do Bandeirante na França e na Inglaterra, em 1977; promoveu uma verdadeira batalha para homologação do Bandeirante na Federal Aviation Agency (dos EUA), em 1978; realizou o primeiro voo do EMB312 Tucano em 16 de agosto de 1980 e estabeleceu contrato de venda de 41 Xingus para a França.[29]

O primeiro voo do EMB120 - Brasília foi em julho de 1983; a Embraer negociou e assinou contrato de venda de 120 Tucanos para o Egito, em 1983, estendido para 135 aviões; apresentou o Tucano como candidato a se tornar o avião de treinamento da Royal Air Force (Grã-Bretanha); fez o primeiro voo do AM-X brasileiro em 16 de outubro de 1985. As vendas do Brasília deste modelo cresceram bastante no mundo inteiro.

Entre 1986 e 1989 pode ser considerada atingida a fase de maturidade e expansão, quando a empresa realizou vendas e Programas de Cooperação para a Argentina; assinou acordo para desenvolvimento do CBA-123, turboélice avançado FAR-25; lançamento da série e entrega dos primeiros AM-X; absorção de tecnologias críticas no programa AM-X; negociação e assinatura do contrato de venda do Tucano para a Força Aérea Francesa (50 aviões); entrega dos primeiros aviões Tucano fabricados, sob licença, pela Short Brothers na Inglaterra; lançamento do programa de desenvolvimento do Jato Regional EMB-145.[30]

---

29 Silva & Silva, *op. cit.*

30 *Idem, ibidem.*

Não é difícil encontrar quem questione essa apresentação como um sucesso tão grande, alegando que a empresa até hoje não produz todos os sistemas que utiliza, para o que a resposta é a que a produção é terceirizada, ou mesmo que o número de aeronaves produzidas por ano é pequeno. O fato é que a empresa cresceu, encontra-se em plena produção e exporta um tipo de produto que tem um grande componente tecnológico.

Hoje a cidade de São José dos Campos já pode ser considerada como um *cluster* da indústria aeronáutica, onde existem grandes empresas e também pequenas, que fornecem peças e serviços para as grandes. Grande parte das empresas foi criada por engenheiros egressos do ITA, e não apenas do setor aeronáutico e aeroespacial, mas também das turmas de eletrônica e computação, o que, de certa forma, corrobora a expectativa de desenvolvimento industrial a partir do investimento na criação de massa crítica para o setor.

A Embraer, entretanto, não ficou imune à grande crise econômica da década de 1980. Para tentar contornar a crise pela qual a empresa estava passando Ozires Silva voltou à presidência da empresa em 1991 e conduziu ele próprio o processo de privatização da Embraer. Promoveu uma grande redução nos quadros da empresa, eliminando mais de sete mil postos de trabalho durante os anos de 1991 e 1994, demitindo inclusive funcionários altamente qualificados, nos quais a empresa já tinha efetuado grandes investimentos.

Ozires Silva também trabalhou para conseguir que a Embraer fosse inserida em 1992 no Programa Nacional de Desestatização (PND). O PND, criado em 1990 durante o governo de Fernando Collor, tinha como objetivos diminuir a participação do Estado na economia, permitindo que se concentrasse nas atividades em que fosse necessária a sua presença, diminuir a dívida pública, modernizar a indústria nacional através de investimentos privados, dentre outros. A privatização ocorreu em sete de dezembro de 1994 e, até hoje, encontramos muitas críticas a todo esse

160 Gildo Magalhães (org.)

processo. A União teve que investir muito dinheiro a fim de sanear a empresa vendida através de leilão.

O apoio governamental e acadêmico às empresas nascentes é uma prática geral, é assim no Brasil, como é no exterior. A relação Embraer – ITA ainda continua muito forte. A empresa investe bastante na instituição, seja financiando projetos de pesquisa, equipando salas de aula, ou apoiando as atividades culturais dos alunos. A relação de capacitação de mão de obra ainda se mantém. Grande parte dos engenheiros formados anualmente no ITA, sobretudos os aeronáuticos, são absorvidos pela empresa, além do aperfeiçoamento de seus engenheiros através do mestrado profissionalizante existente na instituição.

Considerações Finais

> (...) Além do seu valor mercantil, a tecnologia tem um valor estratégico que, nos dias atuais, é crucial. Hoje, para uma nação sustentar um desenvolvimento autônomo, não basta dispor de mão de obra, matéria-prima e capital; é preciso possuir tecnologia própria.[31]

Cada elemento contido nos parágrafos do texto de Pirró e Longo pode ser identificado, de maneira direta e crucial, na indústria aeronáutica. A tecnologia é um ingrediente da produção de aeronaves, é um processo econômico, um bem em si mesmo, pois pode ser vendida a licença para produção de determinado modelo de avião, tem valor econômico, comporta-se como qualquer outra mercadoria, que tem um preço e está sujeita a todos os tipos de transações legais ou ilegais: compra, troca, sonegação, cópia, falsificação, roubo e contrabando, cada tecnologia desenvolvida para qualquer sistema de determinado modelo de avião ou de família de aviões

---

31 Pirró e Longo, *op. cit.*, p. 9-10.

é única e indivisível, certamente o valor da tecnologia aeronáutica no mercado mundial é bastante elevado e tem muito valor estratégico.

Para uma nação sustentar um desenvolvimento autônomo, precisa possuir tecnologia própria. Com a utilização, a tecnologia é aperfeiçoada, mas decresce de valor e relevância com o passar do tempo, torna-se obsoleta. Isto exige aplicação rápida e tão intensa quanto possível para ressarcir os gastos efetuados, mas em sua criação os resultados são incertos e o tempo necessário à produção de uma tecnologia é imprevisível, o volume de recursos exigidos é indeterminado e o seu uso econômico é incerto. Pensemos que o avião tem uma existência de pouco mais de um século e já passou por diversas transformações de tecnologia, dos subsônicos aos supersônicos, dos *monoplaces* para os *biplaces* e os *multiplaces*, dos monomotores para as superturbinas e assim por diante.

Criada em 1969 como uma empresa de economia mista, com grande aporte de capital estatal, e privatizada em 1994, a Embraer é considerada um grande sucesso em nível nacional e internacional. No entanto, a partir de meados da década de 1980 sua situação começou a mudar. Um dos fatores foi o político. Com o fim do regime militar em 1985 a Embraer deixou de ter a mesma importância para o Estado, sendo que a crise financeira do Estado brasileiro justificou a diminuição dos investimentos na empresa.

Outro fator foi o estratégico. O fim da Guerra Fria com a queda do Muro de Berlim em 1989 diminuiu bastante o mercado para aviação militar. Além disso, a aviação civil também começou a passar por um momento de crise a partir do fim da década de 1980 e inicio da década de 1990.

O terceiro fator foi econômico, com a redução das alíquotas de importação de aeronaves em 1988 e a redução a zero do IPI (Imposto sobre Produtos Industrializados) para aeronaves em 1990, o que deixou os produtos da Embraer em desvantagem competitiva em relação a empresas estrangeiras.

O último fator foi administrativo, pela gestão deficiente da empresa, e até mesmo com "vaidades" e disputas entre a diretoria, o que foi apontado em alguns dos depoimentos coletados. Esses fatores em conjunto levaram a Embraer à maior crise de sua história, que quase ocasionou seu fechamento.

A recuperação da empresa e seu permanente sucesso testemunham o acerto da visão de seus fundadores, militares preocupados com a superação do atraso econômico nacional e com a visão da importância a longo prazo da tecnologia na educação e no planejamento.

A FEI e o desenvolvimento econômico do ABC paulista no pós-Segunda Guerra

Gisela de Aquino

Introdução

A região do ABC Paulista é formada por sete municípios autônomos: Santo André, São Bernardo do Campo, São Caetano do Sul, Diadema, Mauá, Ribeirão Pires e Rio Grande da Serra (Figura 6.1). Compreende área total de 840 km² e conta com mais de 2,7 milhões de habitantes, sendo região densamente urbanizada e com alto índice de indústrias.

Figura 6.1 A Região do ABC paulista inserida na Região Metropolitana de São Paulo.
Fonte: Agência do Grande ABC

A história mais antiga da região é marcada por algumas contradições. Segundo pesquisadores e memorialistas regionais o ABC tem sua origem na fundação da vila de Santo André, povoado fundado por João Ramalho, em 1553, mas de vida curta. Em 1560 o então Governador Geral do Brasil, Mem de Sá extinguiu o município e transferiu sua população para a recém fundada vila de São Paulo de Piratininga. Apenas a partir de meados do século XVIII observa-se uma estabilidade de ocupação da região. Desta forma o ABC nasceu e inicialmente se reconhecia como subúrbio rural de São Paulo para, ao longo do tempo, transformar-se num subúrbio industrial e mais recentemente em periferia urbana.[1]

Do século XVIII ao final do XIX observa-se um lento crescimento. A região era passagem entre São Paulo e o litoral, o que facilitou seu desenvolvimento econômico. A partir da década de 1920 a população começou a crescer rapidamente, o número de indústrias aumentou e, consequentemente, sua importância na economia do país também cresceu.

O ABC paulista e sua vocação industrial

O complexo cafeeiro seria o responsável pela formação do mercado de trabalho e de consumo para economia industrial paulista. A combinação de fatores tais como a instalação de ferrovias e a vinda de imigrantes para trabalhar nas culturas de café gerou uma forte demanda por alimentos e bens de consumo nas áreas rural e urbana do estado. A agricultura paulista passou a ser cada vez mais capitalizada e diversificada, originando uma precoce agroindústria. "Em resumo, foi a grande interdependência entre todas essas atividades e o modo de produção capitalista que desde cedo floresce, que engendram essa precoce indústria de transformação".[2]

---

1   José de Souza Martins. *Subúrbio*. São Paulo: Hucitec, 1992.

2   B. Negri. *Concentração e desconcentração Industrial em São Paulo (1880 – 1990)*. Campinas: UNICAMP, 1996, p. 36.

Em 1860, a São Paulo Railway iniciou a construção da ferrovia ligando o porto de Santos à região de Jundiaí, passando pelo que é hoje o ABC e pela cidade de São Paulo. Em 1867, ela foi inaugurada e, a partir daí, observa-se um aumento no nível de desenvolvimento econômico da região do ABC. Desde o final do século XIX, algumas fábricas instalaram-se na região, iniciando um processo de industrialização baseado na indústria têxtil. Várias indústrias que iniciavam suas atividades no Estado escolheram essa região como ponto de fixação, pois os terrenos ao longo da ferrovia e próximos às estações eram planos e baratos.

Das primeiras empresas que se instalaram no ABC, naquele período, três merecem destaque (pelo tamanho e número de funcionários: em 1885 foi inaugurada a Fábrica de Tecidos e Fiação Silva Seabra & Cia (Figura 6.1), conhecida como Fábrica Ypiranguinha (produção de brim de algodão); em 1889, foi inaugurada a Bergman, Kowarick & Cia (produção de tecidos de casimiras e lã); e em 1897 a Companhia Streiff de São Bernardo iniciava suas atividades no setor moveleiro produzindo, principalmente, cadeiras.[3]

---

3   Fátima Regina Mônaco Guide. *Moradias Urbanas em Santo André (1900 – 1950): caracterização da arquitetura popular e seus meios de produção*. Dissertação de Mestrado. FAU/USP, 2008.

Figura 6.2 *Fábrica "Ypiranguinha" (provavelmente em 1895), na rua Coronel Alfredo Flaquer, nº 1928.* Acervo Museu de Santo André

A partir da década de 1920, a indústria paulista ganharia força com a implementação de políticas públicas que favoreceram e fortaleceram diversos segmentos industriais. Esta década traz também a participação do capital estrangeiro com investimentos na indústria, dando suporte para o desenvolvimento de diferentes setores, tais como transportes, química e metalurgia. A produção industrial brasileira cresceu também motivada pelas restrições externas, motivando a substituição de importações, ocorrida inicialmente nos períodos das duas Guerras Mundiais (1914-1918 e 1939-1945), incrementando o processo de industrialização que já se antevia no final do século XIX.[4]

O crescimento da indústria do ABC obedeceu a mesma dinâmica. Podemos considerá-lo como uma extensão natural dos primeiros núcleos industriais da capital (tais como Água Branca, Luz, Brás, Mooca e Ipiranga), que passaram a ficar cada vez mais caros por causa da própria

---

4   J. J. Conceição. *Quando o apito da fábrica silencia*. São Bernardo do Campo: MP Editora Ltda, 2008, p.61.

ocupação. Desta forma as indústrias começaram a ocupar a região do vale do Tamanduateí, em direção ao ABC.

É importante relacionarmos o aporte financeiro internacional ao crescimento da região do ABC, onde se instalaram as primeiras indústrias estrangeiras do Brasil. Como exemplo, temos a instalação da Rhodia Química, em São Bernardo (atual município de Santo André). Em 1919, foi assinada no consulado brasileiro em Paris a ata da fundação da Companhia Química Rhodia Brasileira. A inauguração da fábrica aconteceu em 1921. Em 1929, a Rhodia entrou no mercado têxtil brasileiro através da empresa Rhodiaceta, ligada à fabricação de fios artificiais à base de acetato de celulose importado da França (Figura 6.2).

Figura 6.3. *Rhodiaceta, ao lado da Estrada de Ferro Santos Jundiaí (1930).*
Acervo Museu de Santo André.

Temos também a General Motors que, em 26 de janeiro de 1925, foi registrada no II Tabelionato de São Paulo como *Companhia Geral de Motores S. A.*, com sede na Avenida Presidente Wilson, nº 2.935, no Ipiranga. Em 1928 ela iniciou a produção de veículos em São Caetano do Sul, onde se encontra a sede da matriz brasileira até hoje. O primeiro

168   Gildo Magalhães (org.)

ônibus com carroceria fabricada no Brasil foi um Chevrolet, o que ocorreu em 1932.[5]

Na segunda metade do século XX, o pós-guerra trouxe consequências marcantes para o desenvolvimento econômico da maior parte do mundo. O ABC paulista, largamente inserido no desenvolvimento estadual, destacava-se como importante reduto industrial. Em 1956, no conjunto o ABC empregava 45.308 pessoas no setor industrial, o dobro dos empregados em 1939, o que representava 8,3% do total do Estado.[6] A expansão, a partir da década de 1940, se fez com a implantação de setores industriais mais complexos (tais como química, metalurgia, plásticos, material de transportes, mecânica, borracha e material elétrico), que se concentravam na região e geravam alguns novos empreendimentos. Observamos também a efetivação do crescimento da região através das altas taxas de migração e das taxas de crescimento demográfico, o que não ocorria nas regiões do interior paulista.

Este desenvolvimento aconteceu dentro da lógica da industrialização na estrutura econômica mundial - no período pós 2ª Guerra Mundial houve uma diminuição das ações de importação/exportação.

> A sociedade brasileira estava no auge do processo desenvolvimentista, ou seja, vinha obtendo altos índices de crescimento econômico, fornecendo requisitos aos empreendimentos industriais, com projetos de avanço tecnológico, incentivo a microempresas nacionais e à abertura a investimentos estrangeiros. O investimento estrangeiro estava submetido a uma política interna de controle nacional, que também favoreceu o processo de industrialização com a instalação de multinacionais.[7]

---

5   Informação em http://media.gm.com/media/br/pt/chevrolet/sobre_a_gm/fatos_relevantes.html (acesso em 02 de novembro de 2015)

6   Negri, *op. cit.*, p. 87.

7   S. C. Fonseca, "Diadema e o Grande ABC: expansão industrial na economia de São Paulo", in Zilda M. G. Iokoi (org.), *Diadema nasceu no Grande ABC: História*

O progresso e seus desafios   169

Podemos afirmar que a localização estratégica do ABC (entre o porto de Santos e a capital do estado de São Paulo), pela experiência já desenvolvida com uma primeira atividade industrial (móveis, têxteis, cerâmica, metalurgia), pela infraestrutura (ferroviária e rodoviária), pelas áreas disponíveis a preços acessíveis, além dos incentivos dos governos municipais (acesso a água, energia elétrica, esgoto, transporte) fizeram da região um local ideal e procurado para a instalação das montadoras de veículos.

> O ABC tornava-se a Detroit Brasileira: a história da indústria automobilística no país confunde-se, neste momento, com a história do parque automotivo da região. No final da década de 1970, a região do ABC representava cerca de 80% da produção nacional de veículos.[8]

Capacitação da mão de obra

É neste contexto de crescimento regional que observamos a implantação de instituições com o objetivo de formar mão de obra especializada para trabalhar nestas indústrias.

No início do processo de implementação industrial no ABC empregava-se a própria população local para o trabalho, pois ainda não havia necessidade de maior capacitação. Para o trabalho mais especializado buscava-se mão de obra fora do país. Com o crescimento regional a demanda por pessoal especializado cresceu muito e para solucionar o problema estabeleceram-se três alternativas: buscar especialistas entre os habitantes locais, continuar a buscar no estrangeiro pessoal capacitado e a formação deste profissional na própria região. Desta forma, observava-se fortemente, já em meados da década de 1940, a necessidade da for-

---

Retrospectiva da Cidade Vermelha. São Paulo: Humanitas, 2001, p. 122.

8   Conceição, *op. cit.*, p. 72.

mação de um contingente de trabalhadores envolvidos no crescimento industrial e que residissem no ABC.

A indústria brasileira cresceu de 45% a 52,2%, entre 1940 e 1956 com uma forte concentração em São Paulo. A participação do ABC neste processo foi fundamental, dada a vocação industrial da região, que já era patente em meados dos anos 1940.[9]. Os principais aspectos determinantes deste avanço foram os investimentos realizados pelo Estado e o expressivo ingresso de investimentos estrangeiros. A grande participação da indústria pesada, química e automobilística marcou este enorme crescimento regional.

O primeiro curso superior do ABC foi o de Teologia (1938), na Faculdade da Igreja Metodista, em São Bernardo do Campo.[10] Mas este curso não respondia aos anseios do crescimento econômico regional, pois a necessidade era de se capacitar mão de obra para a indústria. Além do operariado havia grande necessidade de técnicos especializados, engenheiros e administradores que ocupariam cargos de liderança. É neste contexto que, a partir da década de 1960, duas faculdades de Engenharia se instalam na região, a FEI (Faculdade de Engenharia Industrial) e a Mauá (Instituto Mauá de Tecnologia). Apesar de todo o crescimento industrial pelo qual passou, durante quarenta anos a região contou apenas com estas duas instituições para a formação de engenheiros.

Devemos registrar que juntamente com a organização das faculdades de engenharia já citadas, outros cursos superiores foram sendo criados, atendendo às necessidades de uma região em ascensão. Podemos

---

9 Ângelo Marcos Queirós Prates. *Reestruturação produtiva no Brasil dos anos 90 e seus impactos na região do ABC paulista.* Tese de mestrado. UNICAMP, 2005, p. 19.

10 Naquele período, a Igreja Metodista havia acabado de fundir dois centros de ensino de Teologia, localizados em Minas Gerais e no Rio Grande do Sul, e tinha interesse em que seu primeiro curso superior fosse instalado numa região que se configurava como um dos principais centros de transformações sociais, políticas e econômicas do país.

O progresso e seus desafios   171

destacar a Fundação Santo André que foi criada em 1962 para manter a Faculdade de Ciências Econômicas e Administrativas (FAECO)[11] e a Faculdade de Filosofia, Ciências e Letras (FAFIL), de 1966. A Faculdade de Direito de São Bernardo do Campo foi criada em 1964. Houve ainda a implantação da Faculdade Municipal de Ciências Econômicas, Políticas e Sociais (hoje Universidade São Caetano do Sul), em 1968, e da Faculdade de Medicina do ABC, em 1969. Todas estas foram instituições importantes para uma região que se tornava o centro da indústria brasileira.

Embora a região tenha crescido economicamente, o número de cursos superiores não acompanhou este crescimento. Apenas em 2006 implantou-se o primeiro curso federal de engenharia, a Universidade Federal do ABC (UFABC), que se propôs a capacitar mão de obra para trabalhar nas indústrias locais. Até a chegada da UFABC, as sete cidades de região apresentavam uma enorme demanda de vagas no ensino público superior. O ABC possuía mais de 2,5 milhões de habitantes e uma oferta para formação de 45 mil vagas distribuídas em 30 instituições de ensino superior, sendo a grande maioria privada. Dos cerca de 77 mil estudantes matriculados no ensino superior na Região, cerca de 65% estavam em instituições privadas, 20% em municipais e 15% na rede comunitária filantrópica. Com a exceção de uma porcentagem ínfima de instituições que desenvolviam atividades de pesquisa, todas as demais se dedicavam apenas ao ensino. No setor de tecnologia e engenharia poucas apresentavam investimentos em pesquisa aplicada.

Neste contexto de grande industrialização e desenvolvimento e necessidade de formação de pessoal especializado para trabalhar nesta

---

11 A Fundação Santo André, instituição de caráter público e de direito privado, foi criada por meio da Lei Municipal nº 1.840, da Prefeitura de Santo André. Sua finalidade foi manter a Faculdade de Ciências Econômicas e Administrativas (FAECO), também originada pelo Poder Público Municipal, em 1953. A FAECO foi a primeira escola de ensino superior da região do Grande ABC e teve suas atividades iniciadas nas instalações da Escola Técnica Júlio de Mesquita. (Fonte: http://www.fsa.br/fsa/quemsomos, acesso em 06 de maio de 2015).

172 Gildo Magalhães (org.)

indústria, a Faculdade de Engenharia Industrial foi a primeira instituição de ensino superior da região que se propôs a formar engenheiros e pesquisadores para atender à demanda regional.

O papel da FEI – Faculdade de Engenharia Industrial no contexto industrial do ABC

Desde que a Ordem da Companhia de Jesus foi fundada em 1540 por Inácio de Loyola, a educação foi o meio do qual os jesuítas lançaram mão. Segundo princípios estabelecidos pela Ordem, seu projeto educacional tem por base a pedagogia inaciana[12], em que a pesquisa e o ensino visam beneficiar o ser humano em todas as suas dimensões, e promover a justiça. Como estratégia de trabalho na conquista dos objetivos são utilizados o estudo, diálogo, a abertura à mudança, superação de preconceitos, disposição ao aprendizado contínuo e o esforço permanente para atingir o melhor. Os jesuítas sempre priorizaram uma "educação esmerada", sendo muitas vezes identificados com a preocupação em formar uma elite intelectual em qualquer local em que tivessem participação social expressiva.

Entre as instituições jesuítas brasileiras contemporâneas de ensino superior destacamos: Pontifícia Universidade Católica do Rio de Janeiro, Universidade Católica de Pernambuco (Unicap), Universidade do Vale do Rio dos Sinos (Unisinos), Faculdade de Economia São Luís, Fundação de Ciências Aplicadas (mantenedora da FEI). No mundo existem cerca

---

12 "Pedagogia inaciana é um processo de educação fundamentado num apostolado social de inspiração cristã e numa ética da solidariedade permeada pela espiritualidade. Expressa-se num currículo que tem na humanização o seu diferencial, que se concretiza-se mediante condições que assegurem educar com dignidade humana manifestada tanto nas políticas institucionais, quanto nas práticas docentes, discentes e técnico-administrativas. Visa a formar sujeitos que na vida pessoal e social se coloquem a serviço dos demais e testemunhem a excelência humana e acadêmica", cf. www.unisinos.br/cultura_jesuita, acessado em 23 de janeiro de 2015.

O progresso e seus desafios

de 200 instituições de ensino superior jesuítas, com aproximadamente 3 milhões de alunos.[13]

A Faculdade de Engenharia Industrial foi idealizada pelo padre jesuíta Roberto Saboia de Medeiros. Nascido no Rio de Janeiro em 1905, oriundo de uma família abastada e católica, ingressou na Companhia de Jesus em 1922. Em 1929 iniciou suas atividades de docência no Colégio São Luís, em São Paulo.

> Nesse primeiro período de sua vida apostólica, ensinou religião aos alunos mais adiantados do Colégio São Luís e do Instituto Superior de Cultura Religiosa "Mater Boni Consili", frequentados pela elite social paulista. Pregou ainda os Exercícios Espirituais de Santo Inácio a grupos de empresários.[14]

Em 1936 foi ordenado sacerdote e em 1939 retornou a São Paulo para dar continuidade a seus trabalhos. Padre Saboia via na educação e nas ações sociais os dois grandes objetivos de seu apostolado. Para ele, estas seriam formas de minimizar os efeitos do processo de inchaço populacional que se instalava nas periferias das grandes cidades, em especial no estado de São Paulo, em consequência do crescimento da industrialização. Essa situação era patente na região eminentemente industrial do ABC paulista.

---

13 Dados disponibilizados no *site* da *Asociación de Universidades Confiadas a la Compañia de Jesus en América Latina* - AUSJAL (www.ausjal.org/universidades. php, acessado em 23 de janeiro de 2015).

14 Joaquim Ferreira Filho. *FEI - 50 anos: 1946-1996 - uma cronologia*. São Paulo: MHW Gráfica e Editora, 1999, p. 191.

Figura 6.4. *Padre Roberto Saboia de Medeiros*.[15]

Padre Saboia iniciou suas atividades inspirado nas diretivas da Doutrina Social da Igreja, baseada na encíclica Rerum Novarum de 1891 "sobre a questão operária", de Leão XIII. Seu principal objetivo era a busca por uma ordem social justa. Nela foram enumerados os erros que provocariam o mal social em consequência da Revolução Industrial, do desenvolvimento do liberalismo e do conflito entre capital e trabalho. Também excluía o socialismo como remédio e ainda expunha a doutrina católica sobre o trabalho, o direito de propriedade, o princípio da colaboração em contraposição à luta de classes, o direito dos mais fracos, a dignidade dos pobres e as obrigações dos ricos, o direito de associação e o aperfeiçoamento da justiça pela caridade.

Baseado na visão que tinha de seu próprio apostolado e tentando atingir os dois elementos integrantes do mundo do trabalho (patrão e empregado), Padre Saboia fundou instituições ligadas a formação integral do indivíduo. Para Padre Saboia,

> o apostolado social que se pretendia desenvolver visava o bem dos operários, homens sãos, na plenitude de suas forças, e que

---

15 Fonte: http://www.jesuitasbrasil.com, acesso em 02 de novembro de 2015

O progresso e seus desafios   175

devido à injustiça na ordem social vigente na época, estavam desempregados ou não ganhavam o suficiente para viver. Esta ação social pretendia proporcionar aos homens, a todos, se possível, o suprimento de bens materiais necessários para que não se sentissem oprimidos, desprezados e expostos a provações que eram tão comuns nas sociedades.

(...) elaborou estratégias para atingir, ao mesmo tempo, o patrão e o operário, elementos-chave no mundo trabalhista, e colocou tais estratégias em prática. Implantou escolas especializadas para os futuros dirigentes das indústrias, com a finalidade de preparar os diversos profissionais com eficácia e competência, e também de dar-lhes uma formação cristã para guiá-los no desempenho das suas funções como patrões. Concomitantemente, instituiu vários organismos voltados para os trabalhadores, para que se aperfeiçoassem tecnicamente e se conscientizassem dos seus direitos e obrigações. [16]

A primeira instituição a ser fundada dentro destes objetivos foi a Escola Superior de Administração de Negócio – ESAN (1940/1941). Com os bons contatos que o próprio. Saboia mantinha com a classe empresarial paulista (sempre com o intuito de buscar financiamento para suas obras), a ESAN surgiu com a finalidade de formar gerentes, administradores e diretores conscientes. Não existia uma proposta como esta no Brasil e a Graduate School of Business Administration, da Universidade de Harvard serviu de modelo para a criação dessa instituição.

Em seguida foi criada a Escola de Desenho Técnico "São Francisco de Bórgia" (1943), um curso de nível secundário, destinado a preparar desenhistas especializados para indústrias e empresas comerciais. Além dela, fundou o Centro Técnico do Trabalho, um departamento de ação

---

16   Armando Pereira Loreto Jr. *A Faculdade de Engenharia Industrial: fundação, desenvolvimento e contribuições para a sociedade na formação de recursos humanos e tecnologia (1946-1985)*. Tese de doutorado. PUC – SP, 2008, p. 41, 51.

social destinado a orientar trabalhadores (sindicatos, círculos operários e qualquer outro organismo envolvido com o mundo do trabalho). Em janeiro de 1944, o padre Saboia fundou uma entidade denominada de "Ação Social" em que reuniu todas suas ações ligadas a educação e auxílio ao trabalhador.[17]

Durante viagens empreendidas nos Estados Unidos, o padre Saboia observou que as empresas e indústrias de destaque não destinavam recursos diretamente a instituições de ensino, mas isso ocorria se houvesse uma fundação como intermediária neste processo. Depois de ter analisado a formação de profissionais em diferentes países do mundo, mais especificamente nos Estados Unidos, acreditava que o Brasil tinha necessidade de um curso superior que atendesse às necessidades da indústria nacional. Desta forma dedicou-se a criar uma fundação para uma instituição que formasse engenheiros especializados no trabalho industrial. Nesta empreitada reuniu um grupo de empresários e profissionais liberais com quem mantinha relações desde seus primeiros tempos de docência nos idos de 1929.

No dia 7 de agosto de 1945, foi criada a Fundação de Ciências Aplicadas, em sede provisória estabelecida na Rua São Carlos do Pinhal, n° 57, sem fins lucrativos e com a finalidade de instituir uma Faculdade de Engenharia Industrial, destinada ao ensino teórico e prático de todas as disciplinas que fossem necessárias na área da engenharia industrial.

Entre aqueles que assinaram a ata de fundação da FCA encontramos: Fábio da Silva Prado, industrial; Gofredo Teixeira da Silva Telles, advogado; Asa White Kenney Billings, engenheiro; José Maria Whitaker,

---

17 A Ação Social era uma entidade de assistência social, sem fins lucrativos, com objetivos de estudar, fomentar e aplicar toda espécie de trabalho social, inspirado nas diretrizes da Doutrina Social da Igreja. Começou a funcionar em 1944, com sede no centro de São Paulo, e em meados de 1947 mudou-se para a esquina das ruas Vergueiro e Siqueira Campos, no bairro da Liberdade. Pe J. C. Souza (S. J.), *Padre Roberto Saboia de Medeiros, SJ – Apóstolo da Ação Social*. São Paulo: Loyola, 1980, p. 93-94).

O progresso e seus desafios 177

banqueiro, João Gonçalves, industrial; Luciano Vasconcelos de Carvalho, advogado; Aldo M. Azevedo, engenheiro; Morvan Dias de Figueiredo, industrial; Caio Luiz Pereira de Souza, engenheiro;. José Pires de Oliveira Dias, comerciante; Theodoro Quartim Barbosa, banqueiro e o próprio padre Roberto M. Saboia.[18]

A faculdade se instalou em sede provisória, na Rua São Joaquim, nº 163, bairro da Liberdade, na cidade de São Paulo, no mesmo prédio da Ação Social. O padre Saboia iniciou naquele momento sua luta por instalações adequadas e definitivas. A Faculdade de Engenharia Industrial tinha o claro propósito de formar "técnicos competentes em cursos adaptados a cada uma das especificações das produções da indústria".[19] O curso de Engenharia Química foi o primeiro a receber autorização de funcionamento e a primeira turma iniciou seus estudos em maio de 1946.

Ainda neste mesmo ano, para efeito da constituição da Universidade Católica de São Paulo, a FCA foi consultada sobre a possibilidade da incorporação da FEI. A proposta foi aprovada (11 de agosto de 1946), a FEI foi incorporada à PUC, mas a Faculdade manteve independência financeira e administrativa.[20] Logo em seguida, recebeu

---

18 É interessante notar que o grupo de signatários é formado por indivíduos envolvidos no processo de industrialização nacional, ligados ao projeto de implantação da indústria paulista. Entre esses destacamos o engenheiro americano Billings como exemplo destes interesses, responsável pela implantação do "Projeto da Serra", visando o aproveitamento do desnível de 720 m da Serra do Mar pelas obras de retificação e reversão do rio Pinheiros, construção do reservatório Billings e da Usina de Cubatão, hoje Henry Borden (1926). Fábio da Silva Prado, prefeito de São Paulo entre 1934 e 1938, era engenheiro, formado pela Universidade de Liège, na Bélgica. José Maria Withaker, banqueiro, era advogado e obteve grande prosperidade econômica na década de 1910, período em que constituiu uma firma para a comercialização de café.

19 Souza, *op. cit.*, p. 111.

20 A FEI foi agregada à Pontifícia Universidade Católica de São Paulo oficialmente em 22 de agosto de 1946 pelo Decreto Presidencial nº 9.632, nela permanecendo até que o Termo de Desagregação foi assinado através de um acordo comum

178 Gildo Magalhães (org.)

autorização para o funcionamento de mais um curso, o de Engenharia Mecânica.

A FEI enfrentou dificuldades financeiras, mas o padre Saboia continuava acreditando ser responsável pela manutenção da instituição. Buscou parcerias nos Estados Unidos e fez uma campanha interna de colaboração, contando até mesmo com a participação dos docentes. "(...) o Pe. Saboia achava que era a própria indústria, a mais diretamente interessada no assunto, a que deveria sustentar-lhe essas instituições, voltadas, como eram, para a direção e mão de obra das empresas paulistas."[21]

A luta por recursos continuou, assim como a busca por uma sede definitiva para a Faculdade de Engenharia Industrial. Neste período a instituição sofreu grande perda com a morte do padre Saboia, em julho de 1955, vítima de leucemia mielóide aguda.

A FEI após o Padre Saboia

Em 1957 a FEI firmou convênio com a Federação das Indústrias de São Paulo (FIESP), o Serviço Social da Indústria (SES)I e o Serviço Nacional de Aprendizagem Escolar (SENAI).

> Este acordo garantiria a metade dos recursos gastos na formação dos engenheiros, que eram absolutamente necessários para o desenvolvimento da indústria pesada, principalmente à medida

---

entre as duas instituições em 31 de dezembro de 1971. Em fins da década de 1960 o Ministério da Educação e Cultura determinou que as universidades tivessem apenas uma entidade responsável por assuntos financeiros, administrativos e didáticos, devendo as instituições agregadas subordinarem-se a ela. Esse foi o fator desagregador das duas instituições (PUC-SP e FEI), já que esta situação obrigaria a entrega do controle total da FEI à Fundação São Paulo, através de seu Conselho Superior, o que contrariava os estatutos da Fundação de Ciências Aplicadas (Ferreira Filho, *op. cit.*).

21 Souza, *op. cit.*, p. 119.

O progresso e seus desafios

que a indústria ia se nacionalizado e exigindo a participação de pesquisadores locais.[22]

Em um novo momento e sem a presença de seu idealizador a Fundação as Faculdades ainda buscavam uma sede própria. A FEI começara muito modesta em instalações pequenas, com poucos alunos e os equipamentos foram conseguidos com bastante dificuldade.

Desde meados da década de 1950, com a criação do GEIA (Grupo Executivo da Indústria Automobilística) pensava-se que o local mais adequado para a implantação do novo campus da FEI deveria ser o ABC paulista. No início da década de 1960 aumentou a pressão para expandir a escola. Foi então que, após longas tentativas para encontrar um local apropriado para a construção de um novo campus, a tarefa começou a ser realizada. O local escolhido foi São Bernardo do Campo, sede das grandes montadores multinacionais de veículos automotivos. A transferência foi uma tarefa bastante trabalhosa. Todas as dificuldades de um empreendimento de tamanho porte eram notórias: poucos recursos para terraplanagem, construção e equipamentos. A faculdade só conseguiria crescer bem lentamente.

Em 1961, definiu-se o local em que seria construído esse novo campus da FEI. O processo de construção do campus de São Bernardo do Campo teve início no começo da década de 1960, a partir da doação de uma área extensa, local denominado "Recanto Santa Olímpia", próximo à via Anchieta. O casal Lauro Gomes doou a área de 81.000 m^2. [23] Foram ainda incorporados 6.800 m^2, em 1967 e mais 161.882 m^2, em 1976 (todas estas áreas foram doadas pela família de Lauro Gomes).

---

22 Loreto Jr, *op. cit.*, p 174.

23 Lauro Gomes foi deputado federal e prefeito de São Bernardo do Campo (por duas vezes) e de Santo André, entre a década de 1950 e meados da década de 1960. Casou-se com Lavínia Rudge Ramos Gomes, filha única de uma família de muitas posses. Esteve sempre envolvido em melhorias para a região do ABC paulista, em geral relacionadas à área educacional. Doou uma área ao redor da

180 Gildo Magalhães (org.)

A construção desde seu início era sólida e rústica, não apenas por contenção de despesas, mas também porque parecia haver a pretensão de que os alunos se acostumassem a frequentar instalações similares àquelas que encontrariam em ambientes fabris, depois de formados. Aquelas gerações conheceram dias difíceis, mas nem por isso deixaram de manter bem alto o nome da escola que, a esta altura, já era respeitável e só tendia a crescer com sua localização no coração da indústria paulista.[24]

Na década de 1960 observamos um crescimento econômico muito grande em São Paulo e, em particular no ABC, havia grande procura por engenheiros, a demanda continuava sendo muito maior do que os cursos de engenharia instalados poderiam oferecer. Desta forma, aprovou-se na FEI, o curso de Engenharia Operacional, num total de três anos, que formaria o tecnólogo (um profissional intermediário entre o técnico, cuja formação era de ensino médio, e o engenheiro). Desde 1961 professores da FEI já vinham discutindo a formação de um curso nestes moldes. A ideia havia sido proposta pelo governo de Jânio Quadros, que tinha planos para a formação da Universidade do Trabalho no Brasil.[25]

Durante a primeira metade do século XX observou-se o surgimento de proposta educacionais que privilegiassem a classe de trabalhadores oriunda das modificações econômicas ocorridas após os processos de in-

---

sede de uma fazenda pertencente aos Rudge Ramos para a construção da Escola Técnica Estadual, mais tarde denominada de "Lauro Gomes", projeto pelo qual lutou arduamente no Congresso Nacional (Informação disponível em www.saobernardo.sp.gov.br, acessado em 10 de abril de 2010).

24 Loreto Jr., *op. cit.*, p 205.

25 Gisela T. M. Aquino. *Progresso, Tecnologia e Engenharia: um olhar sobre a Faculdade de Engenharia Industrial e a Igreja Católica na construção do Grande ABC (1946-2000)*. Dissertação de Mestrado em História Social, FFLCH-USP, 2010.

O progresso e seus desafios

181

dustrialização.[26] Estes debates surgiram na Europa e depois alcançaram as Américas. Suas propostas educativas objetivavam dirigir os estudos de nível médio e superior às necessidades específicas de formação técnico-profissional no âmbito do trabalho, por meio de instituições universitárias, destinadas aos novos grupos sociais que surgiram com o avanço do processo de industrialização e que não tinham espaço nos sistemas educativos tradicionais. Assim, com maior ou menor êxito, foram projetadas universidades de um novo tipo em diversos países: Université du Travail (1902, Bélgica), Universidade do Trabalho (1934-1954, Brasil), Universidad del Trabajo (1942, Uruguai), Universidad Obrera Nacional (1948, Argentina), Universidad Laboral (1952, Espanha). Iniciativas semelhantes podem ser encontradas também no Chile, na Colômbia e na Venezuela. As décadas de 1940 e 1950 parecem ter sido particularmente frutíferas para a elaboração desse tipo de propostas, que chegaram ao Brasil, mas nunca se realizaram.

Embora o projeto da implantação da Universidade do Trabalho tenha fracassado no Brasil, em 1963 foram aprovados sete cursos de Engenharia Operacional na FEI: Mecânica Automobilística; Máquinas Operatrizes e Ferramentas; Refrigeração e Ar Condicionado; Eletrotécnica; Eletrônica; Metalúrgica e Química (ao invés de Petroquímica por causa do posterior desinteresse da Petrobrás). Estes eram cursos novos no Brasil, criados para suprir as necessidades da indústria naquele momento. O engenheiro operacional tinha a oportunidade de completar seus estudos e receber o diploma de engenheiro industrial ("engenharia plena") através de uma complementação curricular de mais dois anos. As atividades docentes já tiveram início naquele mesmo ano, em São Bernardo do Campo (local da construção do campus definitivo para a faculdade), mas ainda num pavilhão emprestado da Escola Técnica Industrial. Apesar da grande deman-

---

26 Marcela Alejandra Pronko. "Crônica de um fracasso: uma história dos projetos de criação de Universidades do Trabalho no Brasil". *Educação & Sociedade*, Campinas, v. 20, n. 66, 1999.

da e do interesse real das indústrias neste tipo de profissional, a polêmica foi grande e as discussões se arrastaram por anos. Os engenheiros operacionais ocuparam muitos cargos na indústria regional, atendendo, dessa forma a necessidade da economia crescente no Brasil. Em 1977, o curso foi extinto pelo Conselho Federal de Educação, em virtude de reformulação no ensino de engenharia.

Outros cursos de engenharia industrial plena foram criados na FEI concomitantemente ao de Engenharia Operacional, como os de Engenharia Elétrica (1962), Mecânica Têxtil (1966), Metalúrgica (1964), e Engenharia de Produção, nas modalidades Mecânica, Química, Elétrica e Metalúrgica (1967).

Em 1968 os prédios necessários para a transferência total da escola estavam prontos. Seu acabamento era precário e todas as subvenções recebidas foram utilizadas para equipar seus laboratórios.[27] Desta forma, neste momento a instituição era uma das faculdades mais bem equipadas do país. A partir de 1969 a instituição contava com aproximadamente 7.000 alunos.

Durante a década de 1970 a instituição observou grande crescimento. Logo em 1971, a FEI desagregou-se da PUC de São Paulo. A instituição manteve suas atividades, convênios e relações com as indústrias locais. Em 1975, a FEI destacava-se pelo ensino e pesquisa, sendo uma referência nacional, e continuando a atender a demanda regional do ABC. Para ampliar o trabalho de pesquisa, neste mesmo ano, foi criado o Instituto de Pesquisas e Estudos Industriais (IPEI), vinculado tecnicamente à FEI.[28]

---

27 Segundo Ferreira Filho (*op. cit.*, p. 114), havia subvenção dada à Instituição pela prefeitura de São Bernardo do Campo, pelo SENAI e pelo SESI, bem como por algumas indústrias instaladas na região, como no caso da Mercedes-Benz.

28 Segundo Loreto Jr. (*op. cit.*), a pesquisa na FEI pode ser dividida em três fases: a) entre as décadas de 1940 e 1950, quando estava restrita a um Centro de Pesquisas Químicas, que atendia pedidos relativos a análises químicas de indústrias e de particulares; b) a partir da década de 1960 quando foram criados Centros de Pesquisa

O progresso e seus desafios   183

Elo entre a FEI e o parque industrial, a atividade do IPEI está centrada na área tecnológica. Constituído por um conjunto de centros específicos – Centro de Pesquisas Mecânicas e Metalúrgicas, Centro de Pesquisas Elétricas, Centro de Pesquisas Químicas, Centro de Pesquisas Têxteis – direcionados à solução de problemas da indústria, o IPEI, com profissionais qualificados e equipamentos de alta tecnologia, presta serviços ao setor produtivo, realizando calibrações, análises, projetos, testes e inspeções técnicas com emissão de laudos. Além dos serviços às empresas, o IPEI, com apoio logístico da FEI, desenvolve projetos e pesquisas visando a solução de problemas industriais.[29]

Durante a década de 1980, podemos observar o processo de informatização do campus. É nesse momento que se organizou um curso de Engenharia Eletrônica. Além disso, houve a criação do IECAT (Instituto de Especialização em Ciências Administrativas e Tecnológicas), com o objetivo de promover a capacitação de interessados na região, já que havia grande demanda e necessidade na região de se promover cursos de especialização e/ou cursos extracurriculares de longa e de curta duração.

No final da década de 1980 a faculdade começou a sentir os efeitos da reestruturação produtiva da economia. A procura pelos cursos começou a diminuir e, em 1997 o vestibular para o curso de Engenharia, na modalidade Metalurgia, foi suspenso devido à pouca procura pelo curso. Apesar de ainda ser referência, a instituição sentia o encolhimento da economia regional.

(laboratórios de ensaio e pesquisa, prioritariamente ligados à indústria), vinculados a diferentes departamentos de ensino, que eram requisitados pelas indústrias, funcionando em sintonia com as necessidades do parque industrial instalado na região do ABC; c) após a década de 1970, com a reunião de todo o núcleo de pesquisa desenvolvido pela faculdade em um único instituto, o IPEI.

29   Ferreira Filho, *op. cit.*, p 148.

Para algumas áreas, a sangria de empregos fez mais do que afugentar estudantes – acabou mesmo por eliminar ou desfigurar o próprio curso. Devido à crise da demanda, diversas instituições de ensino superior – dentre elas a tradicionalíssima Escola de Engenharia Mauá, na Grande São Paulo – fecharam seu curso de engenharia metalurgista, depois de mantê-lo às moscas durante mais de uma década. Já a Universidade Mackenzie e a FEI transformaram esse curso no de engenharia de materiais – cujo currículo é muito mais aberto e palatável.[30]

Devemos destacar que esse problema de desindustrialização era de âmbito nacional, e até mesmo internacional, ligado à crise econômica, e além de refletir sobre a indústria nacional também determinou a diminuição dos investimentos em infraestrutura do país. Entre 1995 e 2005 o número de profissionais formados superou em 66% o número de empregados. Ao longo deste período a engenharia deixou de ser uma área atrativa para os jovens, e muitas vagas foram extintas, obrigando milhares de profissionais a mudar de atividade.

Destacamos ainda que desde a sua criação a FEI foi muito prestigiada pelas indústrias instaladas na região do ABC paulista. Segundo Hélio Mathias[31], entre as décadas de 1960 até 1980, as indústrias absorviam sempre os estudantes formados pela FEI, a procura era grande e no período compreendido entre 1963 e 1970, "o aluno feiano já saía empregado da faculdade".

Em conclusão, a FEI foi uma instituição determinante para o desenvolvimento regional, esteve ligada ao processo industrial e à dinâmica imposta pela estrutura montada neste processo, priorizando a tecnologia

---

30 A. Mawakdiye. "O Brasil precisa de mais engenheiros". *Revista Problemas Brasileiros*, São Paulo: SESC, nº 329, ano 46, nov/dez 2008, p. 15.

31 Ex-aluno da FEI, formado em 1968 em Engenharia Metalúrgica e atualmente professor no mesmo curso. Depoimento concedido em março de 2008 (apud Aquino, *op. cit.*, p. 143).

vinda das empresas matrizes que se instalaram neste polo industrial e foi fundamental na formação do tipo de profissional desejado por estas indústrias multinacionais.

Os primórdios da genética tropical no Brasil e a Universidade de São Paulo

Dayana Formiga

Este texto tem como proposta apresentar uma história da genética na antiga Faculdade de Filosofia, Ciências e Letras (FFCL) da Universidade de São Paulo (USP). Desta forma, se pretende desenvolver, primeiro, uma breve introdução histórica do tema que tem como marco inicial a fundação da USP e da própria FFCL, em 1934; segundo, o início dos estudos envolvendo a genética no Departamento de Biologia liderado pelo médico André Dreyfus e seu principal assistente, Crodowaldo Pavan; e terceiro, o posterior desenvolvimento, entre 1937 e 1956, das pesquisas em genética a partir da chegada do evolucionista Theodosius Dobzhansky e da atuação da Fundação Rockefeller no processo de desenvolvimento da ciência no Brasil – pelo esforço de levantamento de material bibliográfico, fontes primárias de arquivos públicos e pessoais, além de um trabalho de coleta de depoimentos e entrevistas com cientistas da escola tropical.

A Universidade de São Paulo foi criada pelo Decreto Estadual nº 6.283, em 25 de janeiro de 1934, e sua organização estava baseada no tripé: ensino, pesquisa e divulgação científica. Oficialmente ela era constituída pela Faculdade de Direito; Faculdade de Medicina; Faculdade de Farmácia e Odontologia; Escola Politécnica; Instituto de Educação; Faculdade de Filosofia, Ciências e Letras; Instituto de Ciências Econômicas e Comerciais; Escola de Medicina Veterinária; Escola Superior de Agricultura "Luiz de Queiroz" e Escola de Belas Artes.

Dentre os institutos que compunham a USP, a Faculdade de Filosofia, Ciências e Letras, era considerada a célula *mater* "[...] fundamental do sistema universitário e a instituição de alta cultura com a função superior [...]" [1], cabendo-lhe introduzir questões sociais, econômicas e científicas da nação.

Ainda em sua fundação, a Faculdade de Filosofia, Ciências e Letras foi regulamentada e dividida em três seções: Filosofia, Ciências e Letras, e estas, por sua vez, se subdividiram nos seguintes cursos de graduação: Ciências Matemáticas, Ciências Físicas, Ciências Químicas, Ciências Naturais, Geografia e História, Ciências Sociais e Políticas; Letras Clássicas e Línguas Estrangeiras.[2]

Em 1942, uma Reforma na FFCL introduziu a Pedagogia com alterações nas nomenclaturas dos cursos, o que resultou na apresentação de disciplinas e cursos da Tabela 7.1.

Tabela 7.1 – Seções, cursos e disciplinas oferecidos pela Faculdade de Filosofia, Ciências e Letras (1942)

SEÇÃO	CURSO	DISCIPLINAS
Filosofia	Filosofia	Introdução à Filosofia, Psicologia, Lógica, História da Filosofia, Sociologia, Ética, Estética e Filosofia Geral.
Ciências	Matemática	Análise Matemática, Geometria Analítica, Física Geral e Experimental, Cálculo Vetorial, Geometria Descritiva, Mecânica Racional, Crítica aos Princípios da Matemática, Análise Superior, Física Matemática, Mecânica Celeste e Geometria Superior.

---

1   I. A. R Cardoso. *A universidade da comunhão paulista: o projeto de criação da Universidade de São Paulo*. São Paulo: Cortez, 1982.

2   Ver Decretos Estadual nº 6.533 (4 de junho de 1934) e Federal nº 39 (3 de setembro de 1934).

O progresso e seus desafios

Ciências	Física	Análise Matemática, Geometria Analítica, Física Geral e Experimental, Cálculo Vetorial, Geometria Descritiva, Mecânica Racional, Análise Superior, Física Matemática, Física Superior e Física Superior.
Ciências	Química	Complementos de Matemática, Física Geral e Experimental, Química Geral e Inorgânica, Química Analítica Qualitativa, Química Analítica Quantitativa, Química Superior, Química Biológica e Mineralogia.
Ciências	História Natural	Biologia Geral, Zoologia, Botânica, Mineralogia, Petrografia, Fisiologia Geral e Animal, Geologia e Paleontologia.
Ciências	Geografia e História	Geografia Física, Geografia Humana, Antropologia, História da Civilização Antiga e Medieval, Elementos de Geologia, História da Civilização Moderna, História da Civilização Brasileira, Etnografia, Geografia do Brasil, História da Civilização Contemporânea, História da Civilização Americana e Etnografia do Brasil e Língua Tupi-Guarani.
Ciências	Ciências Sociais	Complementos da Matemática, Sociologia, Economia Política, Ética, Antropologia, História das Doutrinas Econômicas, Política, Etnografia e Estatística Aplicada.
Letras	Letras Clássicas	Língua Latina, Língua Grega, Filologia e Língua Portuguesa, Literatura Brasileira, Literatura Portuguesa, História da Antiguidade Greco-Romana, Literatura Grega, Literatura Latina e Filologia Românica.
Letras	Letras Neolatinas	Língua Latina, Língua e Literatura Francesa, Língua e Literatura Italiana, Língua e Literatura Espanhola e Hispano-Americana, Filologia e Língua Portuguesa, Filologia Românica, Literatura Portuguesa e Brasileira.
Letras	Letras Anglo-Germânicas	Língua Latina, Filologia e Língua Portuguesa, Língua e Literatura Inglesa e Anglo-Americana, e Língua e Literatura Alemã.

Pedagogia	Pedagogia	Complementos da Matemática, História da Filosofia, Sociologia, Fundamentos Biológicos da Educação, Psicologia Educacional, Estatística Educacional, História da Educação, Fundamentos Sociológicos da Educação, Administração Escolar, Higiene Escolar, Educação Comparada e Filosofia da Educação.
Pedagogia	Didática	Didática Geral, Didática Especial, Psicologia Educacional, Administração Escolar, Educação Comparada, Fundamentos Biológicas da Educação e Fundamentos Sociológicos da Educação.

Fonte: Anuário Faculdade de Filosofia, Ciências e Letras da USP, 1942

Para lecionar nos cursos da FFCL os membros da comissão fundadora decidiram criar um corpo docente dando prioridade para professores estrangeiros, o que resultou numa numerosa lista de professores, cientistas e intelectuais – sobretudo vindos da Europa[3]. Além dos professores estrangeiros, havia também alguns brasileiros, entre eles o médico André Dreyfus.

André Dreyfus: o articulador da genética no Departamento de Biologia Geral

André Dreyfus (Figura 7.1) era médico e nos anos de 1920 e 1930 havia sido professor na Faculdade de Medicina de São Paulo, onde se destacou como um divulgador da ciência. A imagem de "homem de ciência" ficou conhecida na elite intelectual paulistana e talvez por esta razão

---

3   Esta iniciativa ficou conhecida como Missão Cultural Europeia e foi liderada por Theodoro Ramos de Azevedo que contratou professores franceses, alemães, italianos no período de 1934 e 1935 – durante o auge dos regimes fascista e nazista. Cf. H. C. G. Antunha, *Universidade de São Paulo: fundação e reforma* (São Paulo: Ministério da Educação/ FINEP/ CRPE, 1974); e S. Motoyama (Org.) *USP 70 anos: imagem de uma vida vivida* (São Paulo: Ed. da Universidade de São Paulo, 2006).

O progresso e seus desafios 191

Dreyfus recebeu o convite para ser professor titular do departamento de Biologia Geral.[4]

Figura 7.1 - *André Dreyfus*. Acervo CAPH – Centro de Apoio à Pesquisa Histórica da Universidade de São Paulo

Como professor do departamento de Biologia Dreyfus era assistido por alunos da graduação chamados de auxiliares de ensino que ajudavam no preparo de materiais, divulgação de cursos de genética, além de outras atividades. Entre os anos de 1934 e 1943, o departamento teve os seguintes auxiliares: Rosina de Barros, Crodowaldo Pavan, Antônio Brito da Cunha, Marta Erps Breuer, Ruth Lange de Morretes, Elisa do

---

4   Como mostra a Tabela 7.1, o Departamento de Biologia Geral pertencia ao curso de História Natural, que também englobava os departamentos de Zoologia, Botânica, Mineralogia, Petrografia, Fisiologia Geral e Animal, Geologia e Paleontologia.

192 Gildo Magalhães (org.)

Nascimento Pereira e Henrique Serafim de Oliveira. Estes ocupavam os cargos de auxiliares diretos, de ensino, preparador e chefe organizador de coleta, além de ajudar na divulgação de cursos e palestras sobre genética, e outros temas da biologia, no Instituto Agronômico de Campinas, na Faculdade de Medicina da Universidade do Paraná, em Manguinhos, Belo Horizonte, Recife, Salvador, entre outros[5].

Segundo os Anuários da FFCL, o grupo do departamento ainda realizava excursões nos arredores de São Paulo, nas cavernas de Iporanga (sul do estado) e até no Pantanal Mato-grossense, e em geral, coletavam a fauna local que servia para preparação de lâminas histológicas, além de desenvolver pesquisas voltadas à determinação do sexo e a histologia dos invertebrados – algumas delas publicadas em revistas brasileiras como *Revista de Medicina, Cirurgia e Farmácia, Revista Brasileira de Biologia*, entre outras.

O programa ministrado pelo Departamento de Biologia Geral envolvia ainda os seguintes temas: história da biologia, definições de vida, citologia (teoria e morfologia celular, citoplasma, fisiologia celular e propriedades físico-químicas da célula), reprodução e ontogenia (tipos de reprodução, gametogênese, fecundação e embriologia comparada), hereditariedade (história das teorias da hereditariedade, genética macroscópica; mendelismo, meios e genes, leis de Galton e telegonia), citogenética (teoria cromossômica, heranças ligadas ao sexo, paralelismo com as leis mendelianas, mapas genéticos e citológicos, herança citoplasmática, mendelismo e eugenia, alelismo e teorias gerais da hereditariedade); sexo (características ligadas ao sexo, intersexualidade, teorias gerais da sexualidade, cromossomos e o sexo); variação e evolução (mutações vetoriais, cromossômicas, hereditárias e não hereditárias); evolução (histórico da evolução, transformismo, teorias clássicas, teoria dos caracteres adquiridos, evolucionismo e genética); histologia dos vertebrados (tecidos e órgãos); problemas especiais (metazoários, imunidade do organismo,

---

5 Anuário da FFCL/USP. Data: 1939-1949, p. 520-522.

O progresso e seus desafios 193

envelhecimento e morte); e curso prático de microscopia e técnica cito-
lógica envolvendo temas como morfologia celular, reprodução, embrio-
genia, entre outros.

A partir de 1943, as pesquisas e atividades do Departamento
de Biologia começariam a mudar, influenciadas pela atuação da
Fundação Rockefeller (FR) e pela presença do evolucionista Theodosius
Dobzhansky, que tinha suas pesquisas sobre evolução fomentadas pela
FR. Com a vinda de Dobzhanky para a USP, André Dreyfus ficaria em
segundo plano na direção de pesquisas (isto por opção própria e não por
uma imposição da FR), mas continuaria ainda como um grande articulador e divulgador da genética atraindo pesquisadores de outras instituições brasileiras para a USP e sendo uma ponte entre Dobzhansky, a
Fundação Rockefeller e os jovens pesquisadores, além de ser o responsável oficial pelo Departamento de Biologia da FFCL.

O desenvolvimento da Genética, o Neodarwinismo e a Fundação Rockefeller

A biologia vivia nas primeiras décadas do século XX um período
de efervescência e buscava uma teoria que unificasse os aspectos das teorias evolutivas – como a seleção natural – e da genética, e isso foi encontrado na Teoria Sintética da Evolução. [6]

Nos anos de 1930 a Teoria Sintética da Evolução – também chamada de Neodarwinismo ou Síntese Moderna – quebrou os paradigmas
da época ao incorporar a genética ao Darwinismo. A partir da Síntese
Moderna, as pesquisas sobre as temáticas evolucionistas também passaram a incorporar elementos da genética e um exemplo claro disso foram
as pesquisas sobre a microevolução que passou a ter por objetivo entender o evolucionismo pelas variações e mutações genéticas.

---

6   E. Mayr. *O desenvolvimento do pensamento biológico*. Brasília: Ed. Universidade
de Brasília, 1998.

194 Gildo Magalhães (org.)

Ainda neste período, Dreyfus apresentou uma reflexão em uma aula inaugural na FFCL, intitulada *A biologia como ciência autônoma*[7]:

> A evolução só é possível por saltos repentinos, mais ou menos amplos, cujo determinismo só agora começa a ser penetrado, de modo ainda muito imperfeito. Vemos, assim, que o grande problema da variação e da evolução, que os naturalistas do fim do século passado [XIX] consideravam como resolvido, é um problema atual, cheio de incógnitas e por isso mesmo mais sedutor do que nunca.[8]

Justamente por ser um divulgador da ciência, André Dreyfus acabou atraindo os olhares dos representantes da Fundação Rockefeller na América Latina. A partir de 1940, houve a elaboração de um plano de desenvolvimento para algumas áreas das ciências básicas no Brasil, entre estas estavam a física, química e genética[9].

Neste plano de desenvolvimento estavam ações que envolviam a seleção de pesquisadores, apoio a grupos de pesquisas, fornecimento

---

7   Dreyfus acompanhava toda a discussão sobre a Síntese Moderna, estava atento ao desenvolvimento da genética e já conhecia a obra de Dobzhansky antes de saber que ele viria ao Brasil. Ver Marco Antônio Coelho (entrevistador). "Faculdade de Filosofia da USP: lições inesquecíveis. Depoimentos dos professores Antônio Brito da Cunha e Crodowaldo Pavan". In: *Estudos Avançados*, São Paulo, v.7, n.18, p.189-201, maio/ago. 1993.

8   Anuário da FFCL/USP. Órgão/USP. Data: 1936, p. 90-104.

9   O plano de desenvolvimento da Fundação Rockefeller foi sentido em toda a América Latina, sendo dividido em dois períodos: o primeiro, no início do século desenvolvendo a medicina tropical e o sanitarismo, e o segundo, que vai da Segunda Guerra (1939-1945) até os anos 60, no qual passam a ser privilegiadas as ciências básicas. Cf. M. G. S. M. C Marinho. *Norte-americanos no Brasil: uma história da Fundação Rockefeller na Universidade de São Paulo (1934-1952)*. Campinas e Bragança Paulista: Ed. da Universidade São Francisco; Ed. Autores Associados, 2001.

O progresso e seus desafios

de recursos para compra de equipamentos e instalação de infraestrutura e laboratórios destinados à pesquisa científica, concessão de bolsas de estudos, subsídios para aquisição de bibliografia especializada, financiamento de viagens de estudo e de professores visitantes.

Entre 1941 e 1956, o assessor e diretor das áreas da Medicina e Ciências Naturais na América Latina, Harry Miller Jr., foi um dos principais responsáveis pelo cumprimento das ações que envolviam este projeto. Crodowaldo Pavan, um dos primeiros assistentes do departamento, mencionou em uma entrevista[10], que ao visitar a FFCL em 1942 Miller ofereceu a Dreyfus uma bolsa de pós-graduação nos Estados Unidos, e esta foi recusada – já que ele teria que ficar um ano nos EUA e seus assistentes ficariam sozinhos no Brasil.

Após uma viagem para América do Sul, Miller voltou a procurar Dreyfus, que propôs a diminuição do tempo da bolsa para seis meses e acabou recebendo uma contraproposta:

> [...] Miller disse, então que neste caso ele poderia substituí-lo por um professor de origem russa, que estava na Universidade de Columbia. Esse professor estava empenhado em fazer pesquisas na América Central. Declinou o nome – "trata-se do Theodosius Dobzhansky". Ora, o Dreyfus ministrava seu curso baseado num livro de Dobzhansky, por isso imediatamente replicou: "Se o Dobzhansky pode vir ao Brasil, não necessito ir aos Estados Unidos.[11]

A formatação do acordo previa a primeira vinda de Dobzhansky ao Brasil em 1943 e direcionava a área de pesquisa a ser desenvolvida no Departamento de Biologia Geral da FFCL.[12] O apoio à pesquisa não se

---

10 Entrevista concedida à autora em fevereiro de 2004.

11 Coelho, *op. cit.*, p. 193.

12 Marinho, *op. cit.*; D. O Formiga. *A Escola de Genética Dreyfus-Dobzhansky: a institucionalização da genética na Faculdade de Filosofia, Ciências e Letras da*

196   Gildo Magalhães (org.)

daria num vazio ideológico. A ciência, enquanto uma atividade social, alcançava prestígio e visibilidade e a prática da Rockefeller era:

> [...] uma forma mais sutil de controle que se instalava na relação, na medida em que [...] determinava as áreas que seriam apoiadas, e, por conseguinte, a agenda mais geral de temas e objetos. Portanto, o controle não era direto no sentido de se determinar ao pesquisador o seu objeto [...], mas indireto na medida em que sinalizava as áreas para as quais haveria disponibilidade de recursos. [13]

A partir daí a genética evolutiva se estabeleceria como principal área a ser desenvolvida no Brasil[14], cumprindo as ações da Fundação Rockefeller e o plano de pesquisa de Dobzhansky. Intitulado *Populações genéticas na América Latina*, o plano tinha por objetivo entender a microevolução a partir da distribuição geográfica e da variabilidade entre populações naturais – para isso era fundamental analisar o processo de evolução

---

Universidade de São Paulo (1934-1956). Dissertação de mestrado, USP/FFLCH, São Paulo, 2007.

13   Marinho, *op. cit*, p. 119 (grifo do autor).

14   Desde os anos de 1920, a genética era praticada e lecionada no Brasil, especialmente nas escolas agrícolas, como a Escola Superior de Agricultura Luiz de Queiroz (ESALQ), o Instituto Agronômico de Campinas (IAC), Escola Superior de Agricultura de Viçosa, entre outras, mas as pesquisas estavam voltadas para a genética vegetal e a introdução do mendelismo – ainda não havia no Brasil estudos voltados para o Neodarwinismo e a morfologia de *Drosophilas*. Cf. A. M. de Araújo, "Spreading the evolutionary synthesis: Theodosius Dobzhansky and genetics in Brazil". In: *Genetics and Molecular Biology*, São Paulo, v. 27, n.3, 2004; S. Schwartzman, *Um espaço para a ciência: a formação da comunidade científica no Brasil* (Brasília: Ministério da Ciência & Tecnologia; CEE, 2001); e E. Pasterniani, "Genética vegetal". In: M. Ferri e S. Motoyama (orgs.), *História das ciências no Brasil* (São Paulo: EPU/ Ed. da Universidade de São Paulo, 1979, v. 1, p. 219-240.

O progresso e seus desafios

e desenvolvimento das espécies tropicais de *Drosophilas* e o Brasil seria um excelente local para aplicação da pesquisa.[15]

A Escola de Genética Dreyfus–Dobzhansky

A partir da relação estabelecida entre o Departamento de Biologia Geral, personificado por André Dreyfus, a Fundação Rockefeller e o pesquisador Theodosius Dobzhansky, tem-se o desenvolvimento mais sistemático da genética e do neodarwinismo, e teve como marca principal a pesquisa evolutiva com as *Drosophilas*[16]. Esta normatização acabou por desenvolver uma escola de genética, chamada de Dreyfus-Dobzhansky ou Escola Tropical de Genética Brasileira. De acordo com Glick, a Escola de Genética Dreyfus-Dobzhansky pode ter seu desenvolvimento dividido em três fases:

1ª) de 1943-1947, na qual são iniciadas as atividades de discussões sobre a obra de Dobzhansky e a introdução de metodologias científicas, como a sistemática de *Drosophilas*;

2ª) de 1948-1949, chamada de experimental, na qual se fez a divisão dos pesquisadores para um primeiro grande projeto de pesquisa sobre as variabilidades cromossômicas e genéticas, e a Universidade de São Paulo passa a se colocar como um centro de pesquisa em genética no Brasil;

---

15   Cf. Araújo, *op. cit.* e T. Glick. "A Fundação Rockefeller e a emergência da genética no Brasil (1943-1960)". In: H. M. Domingues e M. R. Sá (Orgs.), *A recepção do Darwinismo no Brasil* (Rio de Janeiro: Fiocruz, 2003, p.145-161.

16   As *Drosophilas* se mostravam organismos extremamente interessantes do ponto de vista morfológico e nas experiências de mutações e variações genéticas, e muito simples para serem cultivadas e por isso acabaram sendo escolhidas mundialmente para o estudo da genética e da evolução. Cf. L. D. L. S. Rocha *et. al.* "Drosophila: um importante modelo biológico para a pesquisa e o ensino de Genética". *Scire Salutis*, Aquidabã, v.3, n.1, p.37-48, 2013.

3ª) de 1950-1956, onde há a realização de um segundo projeto de pesquisa, envolvendo uma rede de cientistas, nas áreas de taxionomia, genética de populações e outros temas relacionados à *Drosophilas*, e na qual se observa o surgimento de alguns centros de pesquisas em genética humana, bem como, o afastamento de Dobzhansksy e a mudança nas pesquisas.

A Primeira Fase (1943-1947)

Ao chegar ao Brasil, em 1943, Dobzhansky (Figura 7.2) iniciou uma série de conferências e um curso intitulado "Mecanismos de evolução e Origem das Espécies", sobre sua principal obra *Genetics and the origin of species* (1937). A organização destes eventos e a divulgação eram feitas por Dreyfus e seus alunos assistentes Rosina de Barros, Crodowaldo Pavan e Antônio Brito da Cunha, sendo que os textos eram escritos em inglês por Dobzhansky e traduzidos para o português por Dreyfus, e só então apresentados por Dobzhansky – era uma língua única, uma mistura de português, russo e com um toque inglês[17] – e o local, geralmente, era a Faculdade de Filosofia, Ciências e Letras da USP na Alameda Glete, nos Campos Elíseos.

As conferências tinham por objetivo discutir e divulgar para a comunidade científica os princípios que norteavam a evolução, bem como a criação da teoria sintética da evolução, as técnicas de cultivo e experimentação com *Drosophilas*. Desta forma, a FFCL se tornou um polo de atração para pesquisadores da área e dos vários institutos em que atuavam.

O exemplo mais significativo desta atração causada por Dobzhansky foi o estreitamento das relações entre Dreyfus, Friedrich Gustav Brieger, da Escola Superior de Agricultura "Luiz de Queiroz", e Carlos Arnaldo Krug, do Instituto Agronômico de Campinas, que re-

---

17 A. B. Cunha. "André Dreyfus". *Estudos Avançados*, São Paulo, n.22, dez. 1994. A. B Cunha e C. Pavan, "Theodosius Dobzhansky and the development of Genetics in Brazil". *Genetics and Molecular Biology*, São Paulo, v. 26, n.3, p.387-395, set. 2003.

sultaram, em 1943, na Primeira Conferência Nacional de Genética[18], em Piracicaba (COELHO, 1993, p. 200).

Figura 7.2 – *Theodosius Dobzhansky*. Fonte: Comissão Memória do Instituto de Biociências da USP/ Foto cedida pelo professor Carlos R. Vilela

Como grande articulador, Dobzhansky aproveitava a FFCL para justificar aos cientistas brasileiros o uso da experimentação com as *Drosophilas*, defendendo que estas espécies seriam fundamentais para se entender o conceito genético da evolução humana e verificar as seme-

---

18 O *Anuário da FFCL/USP* (Data: 1939-1949, p. 522) menciona o evento como a Semana de Genética em Piracicaba, não informando que o evento era nacional.

200 Gildo Magalhães (org.)

lhanças do processo evolutivo da espécie humana com a população de outros animais. Em uma conferência, sem data especificada, realizada na Universidade do Rio Grande do Sul[19], ele explica:

> [...] A hereditariedade no homem, nas moscas de frutas, nos fungos e no milho se processa pelos genes, e cromossomos, da mesma maneira em todos os seres. As leis da genética são as mais universais dentre as leis biológicas. Esse fato é importante porque um biologista pode estudar a hereditariedade e a evolução em qualquer organismo, que por razões técnicas seja mais favorável para tais estudos, e, ainda mais, pode estar razoavelmente certo que os conhecimentos assim adquiridos são aplicáveis a uma grande variedade de organismos, inclusive o homem.[20]

A partir de então se tornou essencial fazer a escolha dos modelos biológicos que seriam utilizados no estudo sistemático e morfológico de *Drosophilas*. Crodowaldo Pavan mencionou que ele, Dreyfus e Dobzhansky decidiram por trabalhar com espécies de *Drosophilas* tropicais, pois estas não eram ainda objeto de estudo nos EUA e Europa.[21]

Entre 1943 e 1947, os estudos com *Drosophilas* brasileiras resultaram na publicação de inúmeros trabalhos – o primeiro deles foi *Studies on brazilian species of Drosophila*, elaborado por Dobzhansky e Pavan – e na descoberta de mais de 28 espécies coletadas nas excursões de pesquisa.

As excursões de coleta de *Drosophilas* eram financiadas pela Fundação Rockefeller e Fundos de Pesquisas da Reitoria da USP e con-

---

19 A Universidade do Rio Grande do Sul foi federalizada na década de 1950 e com a Reforma de 1968 passou a ser denominada Universidade Federal do Rio Grande do Sul, o processo também ocorreu com outras universidades mencionadas no texto, como a Universidade da Bahia e Universidade do Paraná.

20 Conferência de Theodosius Dobzhansky, cedida à autora por Crodowaldo Pavan.

21 Centro de Documentação da Fundação Getúlio Vargas. Crodowaldo. Pavan. *Depoimento CPDOC/RJ*, 1985, p. 45-46.

tavam com o transporte do Ministério da Aeronáutica – dependendo da dificuldade de acesso local. Os principais destinos foram a Gruta de Areias, em Iporanga[22], Belém do Pará e Ilha de Marajó.

Os resultados principais destas excursões foram a classificação das novas espécies de Drosophilas e a seleção das D. willistoni e D. prosaltans que foram levadas por Dobzhansky, em 1944, para realização dos experimentos com irradiação na Universidade de Columbia, em Nova Iorque.

Após este período, a chefia do Departamento de Biologia também passou a ser realizada por Pavan – que estabeleceu uma estreita relação com Dobzhansky – e as pesquisas se direcionaram para análises cromossômicas, translocação entre cromossomos-X e autossômicos, taxonomia, para o que escolheram as espécies D. paranaensis, D. mercatorum pararepleta e D. kikkawai. Como resultado, o grupo conseguiu inúmeras publicações nacionais e internacionais, principalmente com os contatos do Laboratório de Dobzhansky na Universidade de Columbia.

Ainda no final desta primeira fase, foram retomadas as excursões de coleta que eram lideradas agora por Pavan e Brito da Cunha. As excursões aconteceram entre 1946 e 1947 e percorreram as regiões de Campos do Jordão, Itanhaém, Curitiba, Morretes, Foz do Iguaçu – estas três últimas no Paraná – e cerca de 22 viagens para Vila Atlântica, em Santos.[23]

A Segunda Fase (1948-1949)

Entre 1948 e 1949, os investimentos da Fundação Rockefeller se tornariam mais expressivos, proporcionando não só o retorno de Dobzhansky, mas também a vinda de outros cientistas estrangeiros, o aumento do número de bolsistas de pós-graduação nas universi-

---

22 O Anuário FFCL de 1939-1949, p.522, menciona que esta região era visitada desde 1942 pelos licenciados Crodowaldo Pavan, Antônio Brito da Cunha, Gualberto Evangelista Nogueira e Henrique Serafim que estudavam a fauna cavernícola de suas grutas, o que resultou na descoberta da espécie endêmica dos bagres cegos de Iporanga por Pavan.

23 Anuário da FFCL/USP. Órgão/USP. Data: 1939-1949, v. II, p. 523.

dades norte-americanas[24] e o melhoramento da infraestrutura do Departamento de Biologia.

Desta forma, se garantiu a continuidade e ampliação das pesquisas em sistemática e morfologia de *Drosophila*, dos estudos evolutivos que utilizavam como base a nova genética de populações e que procuravam trazer novos dados sobre a diversidade de espécies e a microevolução ocorrida nas áreas tropicais.[25]

Com a ampliação destes investimentos, formou-se um novo grupo de pesquisadores dos quais participaram os brasileiros Antônio Lagden Cavalcanti, Oswaldo Frota-Pessoa e Chana Malogolowkin, do Rio de Janeiro, Antônio Rodrigues Cordeiro, de Porto Alegre, Newton Freire-Maia, de Minas Gerais, e os estrangeiros Hans Burla, da Suíça, e Marta Wedel, da Argentina (Figura 7.3).

O Anuário da FFCL[26] relata que o período de 1948 e 1949 foi de intensa atividade e de muitas excursões de coleta e soltura de espécies variadas de *Drosophilas*. Neste período as excursões foram organizadas, geralmente, por Dobzhansky, Pavan, Brito da Cunha – além de contarem com uma variada participação de pesquisadores – e os principais destinos foram as regiões de Belém do Pará, Ilha do Marajó, Carolina, Imperatriz, Anápolis, Rio Branco, Salvador, Juazeiro e Santo Ângelo.

O objetivo das excursões de coleta também era analisar a diversidade e a densidade das populações de algumas espécies de *Drosophilas* – outras espécies de animais e plantas também acabavam sendo analisadas – além de observar seu comportamento e a influência de fatores ambientais nas características das populações naturais.

---

24 Este caminho foi feito por Pavan, Brito da Cunha, Chana Malogolowkin, Newton Freire-Maia e Oswaldo Frota-Pessoa.

25 Segundo Pavan e Brito da Cunha esse era o maior objetivo de Dobzhansky. Cf. Cunha e Pavan, *op. cit.*

26 Anuário da FFCL/USP. Data: 1939-1949, v. II, p. 523.

O progresso e seus desafios 203

A maior parte das excursões e outras atividades – como a compra de equipamentos para laboratórios, livros, revistas e periódicos científicos – eram financiadas pela Fundação Rockefeller e pelos Fundos de Pesquisa da Reitoria da USP, mas havia também muitas doações particulares.

Figura 7.3 – *Pesquisadores da Escola Dreyfus-Dobzhansky. Dreyfus, Chan Malogolowkin, Dobzhansky, Martha Wedel, Antônio Cordeiro (sentados), Hans Burla e Antônio Cavalcanti (em pé).* Fonte: Comissão Memória do Instituto de Biociências da USP/ Foto cedida pelo professor Carlos R. Vilela.

No Anuário da Faculdade de Filosofia, Ciências e Letras de 1950 pode-se vislumbrar os números da contribuição da Fundação Rockefeller no Departamento de Biologia – além é claro, das doações particulares:

> O Departamento [de Biologia] é atualmente um dos principais centros de genética da América do Sul, e, certamente, o principal centro para genética de Drosophilas. Graças à cooperação da Fundação Rockefeller e da Universidade de São Paulo, o Departamento tem

podido receber biologistas do país e do estrangeiro, seja como bolsistas, seja como professores contratados. [...] As doações da Fundação Rockefeller já se elevam a cerca de 15.000 dólares em equipamentos [...] Recebeu também doações do Srs. Fabio Prado, 6.000,00 cruzeiros; Américo Capone, 38.000,00 cruzeiros; Ignácio Calfat, 15.000,00 cruzeiros; Charles Gutmann 2.000,00; Th. Dobzhansky, 16.000,00 cruzeiros; Da. Lourdes Prado, 10.000,00 cruzeiros; Francisco Matarazzo Sobrinho, 25.000,00 cruzeiros[27].

Os investimentos da Fundação Rockefeller no Departamento de Biologia chegaram, até os anos de 1950, ao montante de 170 (cento e setenta) milhões de dólares e, após 1950, ocorreu um aumento, ultrapassa o total de 900 (novecentos) milhões de dólares[28].

Os resultados de tantos investimentos logo apareceram e na segunda fase da Escola Dreyfus-Dobzhansky houve a divisão de dois grupos de pesquisadores, um liderado por Pavan e outro por Dobzhansky. O grupo liderado por Pavan, que estudava a variabilidade genética da *D. willistoni*, conseguiu apontar que as populações desta espécie tropical apresentavam uma quantidade de genes letais, recessivos, muito superior a qualquer outra. Esta descoberta se tornou importante, pois esta grande quantidade de genes acabou sendo relacionada "[...] à reprodução cruzada e ao tamanho das populações. Esse resultado pode ser generalizado para todos os organismos que apresentam populações grandes e reprodução cruzada, inclusive o homem [...]".[29] Além desta descoberta, as pesquisas abrangeram também a chamada ecologia moderna e demonstraram a influência do meio ambiente na dispersão das populações naturais.

---

27 Anuário da FFCL/USP. Data: 1950, p. 261-262.

28 Os dados foram contabilizados com base nos relatórios anuais da Fundação Rockefeller. Cf. V. M. C. Pereira. *Cooperação internacional para a ciência e tecnologia no Brasil*. Rio de Janeiro: FINEP, 1978.

29 A. B. Cunha. "Setenta anos de C. Pavan e a ciência". *Revista Brasileira de Genética*, Ribeirão Preto, v.12, n.4, p.683-705, dez. 1989, p. 685.

O segundo grupo, dirigido por Dobzhansky, pesquisou a variabilidade cromossômica das D. *willistoni, paulistorum, tropicalis* e *equinocialis* e como resultado comprovou vários pontos da seleção darwiniana, além de postularem que a chave da evolução nos trópicos estava na versatilidade adaptativa das espécies e, portanto, numa maior diversidade – se comparado às espécies de zonas temperadas – e serem mais capazes de "[...] ocupar e explorar eficientemente uma variedade de nichos ecológicos [...]". [30]

Os apontamentos e conclusões feitos pelo projeto cooperativo, entre 1948 e 1949, foram publicados em renomadas revistas internacionais, como *Evolution, Heredity* e *Ecology,* e nacionais, como *Revista Brasileira de Biologia* e *Ciência & Cultura.*

A Terceira Fase (1950-1956)

A terceira fase foi marcada por dois acontecimentos que introduziram novas técnicas na genética de *Drosophila,* o primeiro deles foi a vinda de Hampton Carson, professor de zoologia da Universidade de Washington, em St. Louis, e o segundo, a descoberta de um novo modelo biológico realizada por Pavan (Figura 7.4).

---

30 Glick, *op. cit.,* p. 154

Figura 7.4. *Crodowaldo Pavan*. Fonte: Comissão Memória do Instituto de Biociências da USP/ Foto cedida pelo professor Carlos R. Vilela

A vinda de Hampton Carson, em 1951, foi consequência de um acordo entre a USP e a Fundação Rockefeller, sua função seria tratar dos problemas de especiação, citogenética e evolução das *Drosophilas* brasileiras, entre elas a *D. bocainensis*. Para a realização destes estudos foram organizadas duas excursões de coleta[31], uma para o rio Negro, na Amazônia, e outra para Salvador e Juazeiro – em ambas participaram

---

31 Além destas excursões, o departamento contava com três estações experimentais particulares nas regiões de Pirassununga, Vila Atlântica e Mogi das Cruzes, no Estado de São Paulo, nas quais eram realizadas coletas a cada 45 dias. Cf. Anuário da FFCL/USP. Data: 1951, p. 262.

Pavan, Brito da Cunha e Carson, além dos assistentes Rosina de Barros, Edmundo Nonato, entre outros.

A Fundação Rockefeller também concedeu bolsas de estudos para Danko Brnic, professor da Universidade de Santiago, no Chile, e Francisco Mauro Salzano, de Porto Alegre – indicado por Antônio Rodrigues Cordeiro – que tiveram como tema de pesquisa o polimorfismo cromossômico nas várias espécies brasileiras de *Drosophilas*.

Os resultados dos estudos conduzidos por Carson apontaram que as populações naturais de um ambiente com grande diversidade, como o cerrado e as florestas tropicais, tinham mais inversões cromossômicas que outras populações marginais, geográfica ou ecologicamente – após seis meses de estudos no Brasil Carson voltou para a Universidade de Washington, em 1951.

A descoberta de um novo modelo biológico realizada por Pavan também foi responsável por alterar as pesquisas em genética de *Drosophila*. Pavan descobriu que larvas da mosca *Rhynchosciara angelae* apresentavam cromossomos politênicos muito mais desenvolvidos do que a *Drosophila*. O tamanho dos cromossomos da *Rhynchosciara* era muito maior e ao estudar os problemas genéticos e fisiológicos, Pavan apontou dados importantes sobre funcionamento dos genes, diferenciação e funcionamento celular.

As pesquisas de Pavan com a *R. angelae* mostraram que num mesmo tecido existe uma sequência no funcionamento dos genes de acordo com a idade e a diferenciação do tecido, além disso, a quantidade de DNA é variável e depende da atividade da célula[32].

No ano seguinte, 1952, o Departamento de Biologia continuou atuante e ofereceu um curso de genética e citologia – parte do curso foi inclusive dedicada ao estudo da genética humana – e outro sobre biologia

---

32 Segundo Brito da Cunha, os trabalhos de Pavan foram confirmados por vários autores clássicos da Biologia, como o geneticista molecular Wolfgang Beermann que pesquisou os pufes de DNA em espécies de *Drosophilas* (Cunha, *op. cit.*, 1989, p. 686).

208 Gildo Magalhães (org.)

educacional. As viagens de coleta de *Drosophila* também continuaram e foram realizadas por Pavan nas regiões de Buenos Aires e Tucumán, na Argentina, e por Dobzhansky e Brito da Cunha, na Ilha do Marajó, Belém do Pará, Amapá, Amazonas e na Serra da Mantiqueira (na parte de Minas Gerais)[33], além das coletas nas estações experimentais do Estado de São Paulo.

O objetivo de tantas excursões de coleta era reunir dados sobre a variação cromossômica de espécies de *Drosophila*, suas relações com o meio e as preferências alimentares de acordo com a espécie e o *habitat*. Na Amazônia, foram descobertas muitas subespécies e os resultados· das pesquisas apontaram que as espécies idênticas apresentavam diferentes preferências alimentares em um *habitat* diferente.[34] A relação entre as espécies de *Drosophila* e sua alimentação seria um tema ainda bastante estudado neste período e contaria com o financiamento de três instituições: a Fundação Rockefeller, os Fundos de Pesquisas da USP e o Conselho Nacional de Pesquisas (CNPQ).

Ainda em 1952, André Dreyfus faleceu e Pavan tornou-se seu substituto interino, além de ter sido o primeiro livre-docente do Departamento de Biologia, da USP.[35]

Para Dobzhansky a morte de Dreyfus trouxe uma ruptura na escola de genética, e isto explicaria as mudanças que aconteceram a partir do final da década de 50 – como a preferência no Brasil por se estudar a mosca *Rhynchosciara*, o que não foi acatado por Dobzhansky:

> No Brasil, surgiu uma escola de genética até então inexistente, e foi este justamente meu grande desapontamento com esta escola, porque ela não continuou seu desenvolvimento depois da

---

33 Anuário da FFCL/USP. Data: 1952, p. 298 e 299.

34 Cunha e Pavan, *op. cit.*, p. 390.

35 Pavan obteve sua aprovação em 1951, defendendo a tese "Alelismo de letais do segundo cromossomo de *Drosophila willistoni*". Cf. Anuário da FFCL/USP. Data: 1951, p. 115.

O progresso e seus desafios

morte de Dreyfus, bem como toda a grandeza deste processo que foi iniciado. [36]

Apesar das mudanças, ainda houve permanências a até 1956 existiam várias pesquisas se desenvolvendo na genética de *Drosophila*, especialmente sobre as relações entre espécies e a alimentação – o que resultou na elaboração de outro projeto de cooperação entre cientistas brasileiros e estrangeiros.

Este projeto tinha por objetivos os estudos da ecologia, taxonomia, análise da frequência de genes letais e sua eliminação na natureza, tendo ainda como modelo biológico a *Drosophila*. O grande experimento do projeto era fazer a análise e soltura de espécies comparando a eliminação de genes letais naturais e genes letais induzidos por irradiação – a soltura seria feita em Angra dos Reis, no Rio de Janeiro.

Em 1955, Dobzhansky voltou ao Brasil para assumir a coordenação deste projeto cooperativo e neste período a Fundação Rockefeller concedeu bolsas de estudos para virem ao Brasil Charles Birch, da Austrália, Bruno Bataglia, da Itália, e Ove Fridenberg, da Dinamarca. No Departamento de Biologia estes pesquisadores estrangeiros se juntaram aos brasileiros Frota-Pessoa, Luiz Edmundo Magalhães – auxiliares de ensino – e Cora de Moura Pedreira, da Bahia, além de Brito da Cunha e Pavan.

As atividades realizadas nesta fase incluíam excursões de coleta de *Drosophilas* organizadas por Pavan e Dobzhansky, e segundo depoimento de Luiz Edmundo Magalhães[37], o grupo viajava toda semana para Angra dos Reis com o objetivo de realizar uma análise estatística sobre a proporção de genes letais das moscas irradiadas e das populações naturais, porém os experimentos não foram tão bem-sucedidos.

---

36 Araújo, *op. cit.* (citação traduzida pela autora). Pavan usou este novo modelo biológico para pesquisar os efeitos da radiação e estes apontaram que o grau de atividade de alguns genes está relacionado com sua multiplicação ocorrendo, assim, um acúmulo de DNA nos pufes - cf. Cunha, *op. cit.*, 1989, p. 686.

37 Entrevista concedida à autora em fevereiro de 2004.

210 Gildo Magalhães (org.)

Ainda neste período, foi realizado um estudo sobre as relações estabelecidas entre as espécies brasileiras de *Drosophilas*. Para auxiliar nestas pesquisas a Fundação Rockefeller financiou a vinda do taxonomista El-Tabey Shenata, da Universidade de Alexandria, no Egito.

Como resultados das pesquisas do projeto cooperativo, entre 1955 e 1956, houve inúmeras publicações e nestas se apontou que a maioria dos genes letais apresentava um comportamento diferente de acordo com a frequência das espécies, da constituição genética da população e das condições do *habitat*.

Nas experiências realizadas em Angra dos Reis se verificou que:

> (a) genes letais, naturais e genes letais induzidos por radiação têm comportamentos semelhantes nas populações naturais; (b) os genes letais não são completamente recessivos; (c) a intensidade da seleção contra os genes letais não é constante, variando com as condições ambientais; (d) a taxa de eliminação de genes letais depende da presença de genes supressores; (e) a taxa de aparecimento de novos letais é muito superior à taxa de mutação; (f) o fato observado em (e) é devido à taxa muito grande de ocorrência de genes letais sintéticos, isto é, cromossomos letais produzidos pela recombinação entre cromossomos normais. [38]

No final desta fase se iniciou um processo de formação e expansão de centros de pesquisa de genética para outras regiões do Brasil – processo que também foi financiado pela Fundação Rockefeller. Assim, a partir do Departamento de Biologia Geral da FFCL se formaram doze novos centros de pesquisa de genética [39] e muitos dos pesquisadores que participaram da Escola de genética Dreyfus-Dobzhansky foram os responsáveis por estas criações. Como exemplos se destacam Antônio Lagden Cavalcanti, na Universidade do Distrito Federal, no Rio de Janeiro;

---

38 Pavan e Cunha, *op. cit.*, p. 685.

39 Glick, *op. cit.*, p. 156

O progresso e seus desafios

Newton Freire-Maia, na Universidade do Paraná; Antônio Rodrigues Cordeiro e Francisco Mauro Salzano, na Universidade do Rio Grande do Sul; Cora de Moura Pedreira, na Universidade da Bahia; Carlos Arnaldo Krug, do Instituto Agronômico de Campinas; e Friedrich Gustav Brieger, da Escola Superior de Agricultura "Luiz de Queiroz", em Piracicaba.

Como consequência do desenvolvimento e amadurecimento da comunidade de geneticistas formados pela Escola Dreyfus-Dobzhansky, foi criada em 1955 a Sociedade Brasileira de Genética (SBG). Esta instituição tinha por objetivos congregar pessoas interessadas nas áreas de genética, melhoramento, citologia e evolução, fazer uma reunião anual junto com a Sociedade Brasileira Para o Progresso da Ciência (SBPC), promover outros encontros científicos, além de prestar uma homenagem póstuma a Dreyfus. Entre os sócios fundadores estavam Carlos Arnaldo Krug, Friedrich Gustav Brieger, Luiz Edmundo Magalhães, Cora de Moura Pedreira e Hans Burla. [40]

No período final da terceira fase da Escola Dreyfus-Dobzhansky, os interesses dos brasileiros se voltaram naturalmente para outros temas de pesquisa – o que provocou o estremecimento das relações com Dobzhansky.

Ao mencionar o final de seu período de viagens ao Brasil, Dobzhanky afirma:

> Eu tenho medo de dizer, mas isso tem que ser dito, eu senti uma desilusão amarga com a maioria dos meus amigos no Brasil, com algumas exceções afortunadas, pois eles abandonaram o trabalho.[41]

Os motivos que levaram ao afastamento (e reprovação) de Dobzhansky podem ser sintetizados em duas grandes questões, primei-

---

40   Ata da fundação da Sociedade Brasileira de Genética, uma sociedade ainda bastante atuante atualmente. Disponível em: http: www.sbg.br/ata_fundacao.asp. Acesso em 8 nov. 2005.

41   Araújo, *op. cit.* (citação traduzida pela autora).

212 Gildo Magalhães (org.)

ro, como já citado, a decisão de Pavan de trabalhar com o modelo biológico da *Rhynchosciara Ângelae*, e segundo, as pesquisas em genética humana. O que existe de comum nestas questões de pesquisa foi a mudança de interesse em outras pesquisas por parte dos geneticistas brasileiros e a Fundação Rockefeller continuou sua colaboração no Departamento de Biologia em outras áreas de pesquisas, inclusivamente e em especial a genética humana. [42] Para Dobzhansky o esfriamento das relações com os pesquisadores brasileiros foi uma consequência deste "abandono do trabalho" das pesquisas de genética de evolução e sistemática com *Drosophila* que ele próprio conduzia.

Desta forma, a Escola de genética Dreyfus-Dobzhansky chegou ao seu final tendo alcançado reconhecimento internacional, diversificado suas áreas de pesquisa e multiplicado centros de pesquisas de genética para além da Universidade de São Paulo, o que foi fundamental para o desenvolvimento da genética humana no Brasil.

Considerações finais

A criação da Universidade de São Paulo é considerada como um marco no desenvolvimento da ciência e sociedade brasileiras, pois a partir de seus departamentos e órgãos foi iniciado o processo de institucionalização de diversas áreas da ciência, como explanado no caso da genética.

O grupo responsável pela fundação da célula *mater* da USP já pensava num corpo docente altamente qualificado – por isso a Missão Cultural Europeia foi fundamental – que propiciasse uma revolução na ciência brasileira. No entanto, para desenvolver e institucionalizar a área da genética, foi contratado um brasileiro, o médico André Dreyfus.

---

42 Os primeiros temas desenvolvidos na genética humana foram a estrutura genética das populações, que envolvia o estudo de casamentos consanguíneos e raças isoladas, como algumas comunidades indígenas; grupos sanguíneos; efeitos biológicos das radiações; e a genética médica (Bernardo Beiguelman, em entrevista concedida à autora em março de 2004).

O progresso e seus desafios 213

O trabalho de Dreyfus era reconhecido nacionalmente, o que certamente contribuiu para que a Fundação Rockefeller, através de seu representante no Brasil, escolhesse o Departamento de Biologia da Universidade de São Paulo como sede brasileira do desenvolvimento da área da genética.

O projeto da Fundação Rockefeller para a genética e outras áreas da ciência no Brasil – bem como em outros países dos continentes americano e asiático – determinava quais eram as áreas que iriam ser apoiadas e as linhas de pesquisa que seriam desenvolvidas. Havia, desta forma, um interesse em divulgar os dados pesquisados para os laboratórios que a Rockefeller financiava ao redor do mundo. O controle sobre o desenvolvimento de áreas, pesquisas e seus resultados demonstram a forte atuação que a Fundação Rockefeller exercia sobre as políticas científicas brasileiras e de outros países.

Assim, a Fundação Rockefeller escolheu e financiou um plano de desenvolvimento para a genética no Brasil, ao mesmo tempo em que o evolucionista Theodosius Dobzhansky desenvolvia suas pesquisas com o apoio desta mesma instituição. O resultado principal deste processo de desenvolvimento foi a formação da Escola Tropical de Genética ou da Escola de Genética Dreyfus-Dobzhansky, que estabeleceu uma aproximação dos interesses da Fundação Rockefeller, do pesquisador Dobzhansky e da própria Universidade de São Paulo, representado pelo professor Dreyfus.

O plano de desenvolvimento da Fundação Rockefeller para a genética brasileira acabou tendo ainda outras importantes consequências. A primeira foi o financiamento para concessão de bolsas de estudos, gastos com infraestrutura e materiais diversos para a realização das pesquisas. A segunda se relaciona aos dados levantados pelas pesquisas que fizeram Dobzhansky repensar suas teorias sobre a evolução e a diversidade das espécies nos trópicos, fortalecendo os conceitos da microevolução. A terceira se refere ao desenvolvimento alcançado pelas pesquisas na área de genética, evolução e ecologia de *Drosophila* lideradas inicialmente por

Dobzhansky e depois por Pavan, tendo como resultado inúmeras publicações internacionais.

Tanto o reconhecimento do *status* de centro de referência internacional de pesquisas na área de genética de morfologia e sistemática de espécies tropicais de *Drosophilas*, quanto os estudos sobre a evolução nas áreas tropicais, certamente foram resultados deste processo. Além disso, houve a formação de novos grupos de genética e novas áreas de pesquisas que se desenvolveram e se dispersaram pelo Brasil – um exemplo foi a genética humana que esteve intimamente ligada à genética de populações de *Drosophila*, mas tendo como material experimental o gene humano.

Desta forma, reafirma-se o papel catalisador da Escola de Genética Dreyfus-Dobzhansky no desenvolvimento da genética brasileira, tanto pela ampliação das áreas de pesquisa como pela formação de grupos de cientistas, numa reação em cadeia pelas universidades, escolas agrícolas e centros de pesquisa de todo o país.

Da industrialização à autonomia: o "software" livre no desenvolvimento da informática brasileira

Rubens de Souza

Introdução

Um *software* não é mais do que uma compilação de algoritmos, ou seja, regras e sequências lógicas de execução, que retornam resultados derivados das entradas de dados que recebem. Mesmo assim, nesta aparente simplicidade, o *software* surge como um complexo e interessante artefato, uma espécie de ferramenta infinitamente adaptável para o acesso, utilização e a criação de informação e conhecimento, em uma era que, não por acaso, considera informações e conhecimentos como bens econômicos dos mais valiosos.

Curiosamente esses invólucros de algoritmos computacionais são, como é natural ao conhecimento, alvo de disputas variadas. Disputas pelo conhecimento que, circundando as atividades centrais do capitalismo contemporâneo, impactam a autodeterminação das nações e a relação destas com o progresso tecnológico, com reflexos diretos em seus progressos sociais e econômicos.

Esse artigo trata da história do desenvolvimento tecnológico brasileiro e da busca por independência tecnológica na área da informática, com especial interesse nos significados da adoção e promoção dos chamados *softwares livres*.

216 Gildo Magalhães (org.)

Prelúdios da industrialização: da monocultura às indústrias

Em anos recentes o Brasil se destacou como ator relevante na arena do *software* e em especial do *software livre*, pontas de lança do atual estágio de desenvolvimento tecnológico do capitalismo, o que suscita uma pergunta: "Qual a origem dos técnicos e engenheiros de informática brasileiros?" Não há, como é de se imaginar, uma resposta curta para esta pergunta. Chegar até ela exige a reconstrução dos caminhos que conduziram à industrialização brasileira, pois só assim pode-se compreender a origem dos técnicos, engenheiros e cientistas nacionais.

Esta necessidade já foi bem explicitada por Milton Vargas ao constatar que existe um "fato primordial de que a tecnologia depende do valor e do preparo do corpo de pesquisadores nacionais"[1]. Gildo Magalhães aponta ainda que "Se o próprio mecanismo da tecnologia avançada implica na adaptação e no progresso do conhecimento, não há como separar ciência, pura ou aplicada, bem como sua utilização, do desenvolvimento como um todo. (...) Muitos, imprecisa e vagamente, denominam isto de "*know-how*" (e para nós, o verdadeiro conhecimento tecnológico precisa incluir o "*know-why*")."[2]

Não há aqui a intenção de confundir desenvolvimento tecnológico com industrialização, mas há que se estabelecer uma relação causal entre uma coisa e outra, já que para operar as máquinas, executar sua manutenção e controlar seus processos é necessária uma formação técnica. A indústria se transforma, portanto, no primeiro passo para a demanda por novo desenvolvimento tecnológico e por conhecimentos atualizados de ciências e engenharias, conhecimentos que se não são científicos, deles

---

1 Milton Vargas. *Para uma filosofia da tecnologia*. São Paulo: Alfa-Ômega, 1994, p. 225.

2 Gildo Magalhães dos Santos Filho. *Um Bit Auriverde: caminhos da tecnologia e do projeto desenvolvimentista na formulação duma Política Nacional de Informática para o Brasil (1971-1992)*. Tese, Faculdade de Filosofia, Letras e Ciências Humanas/ Universidade de São Paulo, 1994, p. 106.

O progresso e seus desafios 217

são derivados. Para implantar as primeiras indústrias, por rudimentares que fossem, era necessária a existência de um corpo mínimo de técnicos e/ou de artesãos mais bem preparados, e até com algum conhecimento em ciências.

As raízes da industrialização brasileira encontram-se, assim, parcialmente plantadas no século XIX, pois em meados deste século o Brasil já havia experimentado um pequeno surto de industrialização com o desenvolvimento da indústria têxtil, a implantação de ferrovias para escoar a produção agrícola, alguns portos, hidrelétricas e mesmo sistemas de comunicação.[3]

Na virada do século XIX para o XX, a implantação dos institutos de pesquisa talvez seja o primeiro ponto importante para o desenvolvimento científico no Brasil, uma vez que tinham como objetivo resolver problemas da sociedade por meio da pesquisa. Refletindo as necessidades sociais estes institutos eram biológicos, agronômicos e de tecnologia, cobrindo as searas da saúde pública, agricultura e engenharia.[4]

Mesmo assim o país permanecia basicamente agrário, e por contraditório que possa parecer, foi com a crise mundial de 1929, e com a quebra da bolsa de Nova York que foram dadas as condições para o maior desenvolvimento da industrialização brasileira.

Até então o Brasil mantinha-se em um estado economicamente semicolonial, controlado pela elite agrária exportadora, que cuidava apenas de garantir que o processo de exportação fosse mantida em funcionamento. Esta elite importava praticamente todos os produtos que o Brasil consumia e agia ora com indiferença, ora com impedimentos e até sabotagem e perseguição às iniciativas de industrialização, como aquelas capitaneadas pelo Visconde de Mauá na segunda metade do século XIX. Além da elite cafeeira havia uma pequena burguesia, parasitária do

---

3 Luiz Carlos Bresser-Pereira. *Desenvolvimento e crise no Brasil*. Rio de Janeiro: Zahar, 1968, p. 29.

4 Vargas, *op. cit.*, p. 230.

218 Gildo Magalhães (org.)

Estado, indicada aos cargos estatais por esta elite agrária e, portanto, plenamente em uníssono com os seus interesses.

Mesmo considerando a necessidade pretérita do processo de acumulação na lavoura, que foi determinante para o nascimento da indústria, a real implantação da industrialização brasileira só poderia ter seu início com uma mudança radical processada nas direções políticas do país, onde os exportadores agrícolas não fossem mais os controladores únicos da máquina estatal.[5] Tais condições se deram com a crise de 1929, que levaria à derrocada econômica da elite cafeeira e à ascensão de Getúlio Vargas e seu Estado Novo.

Comandada pelas elites, a Revolução de 1932 foi apoiada pela FIESP (Federação das Indústrias do Estado de São Paulo) que engajou diversas fábricas na produção de material bélico; assim durante três meses, além de tentar seguir com a vida civil na retaguarda, a indústria, o comércio, os transportes e as comunicações, foram colocados diante do invulgar desafio de abastecer também várias frentes de batalha com armas, munições e suprimentos.[6]

---

5 "Ainda assim a produção de café serviu de base para a industrialização enquanto cumpriu seu papel na acumulação de capital. Mas na década de 1880 a 1890, as necessidades historicamente determinadas pelo próprio desenvolvimento do capitalismo no Brasil e pela sua inserção na economia mundial capitalista em formação conduzem ao rompimento com as formas de acumulação do trabalho escravo, características da economia colonial. ... O trabalho assalariado é o índice de transformações que incluem as estradas de ferro, os bancos, o grande comércio de exportação e importação e, inclusive, uma certa mecanização ao nível das operações de beneficiamento da produção. São essas transformações que fazem da economia cafeeira o centro de uma rápida acumulação de capital baseada no trabalho assalariado. E é como parte integrante dessa acumulação de capital que nasce a indústria no Brasil." Sergio Silva, *Expansão cafeeira e origens da indústria no Brasil*. São Paulo: Alfa-Omega, 1976, p. 80–81.

6 "A primeira vez que um instituto de pesquisas brasileiro tomou parte ativa num movimento político militar foi quando o Laboratório de Ensaio de Materiais

O progresso e seus desafios

Com o engajamento da indústria na produção (e concepção) de armamentos durante a revolução, a derrota paulista trouxe um importante e inesperado desdobramento para a ciência e tecnologia no Brasil. Assim, em 1934, foi fundada a Universidade de São Paulo, criada com a união de faculdades preexistentes (como Direito, Medicina e Engenharia) e a criação de novos institutos (como a Faculdade de Filosofia). A USP nasceu com o brasão onde se lê a sugestiva divisa latina *Scientia Vinces*, ou "Vencerás pela Ciência", um testemunho sobre o ideário que presidiu a sua criação.

Talvez pela primeira vez, tomou-se consciência em território nacional do valor prático da pesquisa científica e da necessidade de se investir nela. Nos anos seguintes a Universidade de São Paulo iria se firmar como uma das mais relevantes instituições de ensino e pesquisa da América Latina, contribuindo decisivamente para o desenvolvimento científico e industrial alcançado por São Paulo e pelo Brasil.

O processo de constituição das universidades foi um dos fatores de peso na industrialização do Brasil, e em geral datam dos anos 30 as primeiras universidades brasileiras que surgem tardiamente, mas firmando-se como centros produtores de ciência e tecnologia, ocupando o espaço de alguns institutos (muitos dos quais foram a elas integrados). Milton Vargas considera que "o que abriu definitivamente a atividade de pesquisas tecnológicas na universidade foi a instituição dos cursos de pós-graduação a partir dos primeiros anos da década de 60."[7]

Transições dessa natureza raramente são tão simples ou livres de retrocessos. Diante do levante armado de 1932 em São Paulo, o governo de Vargas se viu coagido pela necessidade de compor com a elite cafeeira; o resultado desta composição foi uma série de medidas destinadas a auxiliar o setor em sua crise, lançadas no ano seguinte.

---

desenvolveu atuação decisiva na Revolução Constitucionalista de São Paulo em 1932". Vargas, *op. cit.*, p. 233.

7   Vargas, *op. cit.*, p. 238.

Assim, quando o primeiro governo Vargas deu início ao processo de substituição de importações, causou um surto – talvez inadvertido – de industrialização no país. Em pouco tempo a capacidade ociosa da empresa nacional foi preenchida e o investimento na produção industrial passou a ser altamente lucrativo, mesmo que contemplando apenas o mercado interno, dando origem a uma nova classe média.[8]

Os anos 30 marcaram assim um conturbado período na história brasileira, notável por um forte nacionalismo. Além do foco da política econômica, mudou também a mentalidade, e a industrialização passou finalmente a ser vista como uma necessidade para fortalecer o país frente aos humores dos mercados consumidores externos.

Em 1948 com o esgotamento das reserva de divisas o país precisou entrar em uma política de controle cambial e discriminação das importações, o que terminou por oferecer novo estímulo à industrialização, pois além da proteção cambial instituiu-se uma reserva de mercado. "Esta foi basicamente a fase de implantação das indústrias de aparelhos eletrodomésticos e outros artefatos de consumo durável."[9]

Apesar de toda a "confusão"[10] no quadro político durante os anos 50, a necessidade de industrialização e a sua importância haviam se tor-

---

8   Bresser-Pereira, *op. cit.*, p. 25.

9   Santos Filho, *op. cit.*, p. 71.

10   Vargas suicidou-se em 24 de agosto de 1954, assumindo então seu vice João Fernandes Campos Café Filho. Seguiu-se um novo período bastante conturbado na arena política brasileira, onde Café Filho foi afastado por motivo de saúde e depois sofreu um impedimento. Com o afastamento de Café Filho, em 08/11/1955, o advogado Carlos Coimbra da Luz, Presidente da Câmara dos Deputados, assumiu a presidência, onde permaneceu por apenas três dias, tendo sido deposto por um dispositivo militar e considerado impedido de exercer o cargo de Presidente da República pelo Congresso Nacional. Entre 11/11/1955 a 31/01/1956 Nereu de Oliveira Ramos, então Vice-Presidente do Senado Federal, assumiu o Governo, conforme deliberação do Senado Federal e da Câmara dos Deputados. Somente em 31/01/1956, por eleição direta, a normalidade foi

O progresso e seus desafios   221

nado quase consensuais nas camadas dominantes da sociedade brasileira, em parte pela situação deficitária da balança comercial, em parte pela influência do pensamento de Raul Prebish e da CEPAL (Comissão Econômica para a América Latina), que após a 2ª Guerra Mundial ocuparam-se do estudo do desenvolvimento dos países subdesenvolvidos da América Latina.[11]

O aumento da participação indireta do Governo nos investimentos permitiu que o capital privado estrangeiro entrasse de maneira oficial na economia; este capital estrangeiro impulsionou novos investimentos, especialmente na indústria mecânica.[12] O preço desta nova fase da industrialização foi o agravamento das desigualdade regionais e aumento da inflação, além disto passa a existir a percepção de que algo está faltando na industrialização brasileira e que a mesma ocorre acelerada, mas incompletamente:

> Nesse modelo de desenvolvimento "dependente", havia lugar para o crescimento de um setor industrial local, que se efetuaria com recurso à tecnologia estrangeira. Note-se, porém, que a produção transplantada dos países adiantados se desloca para a periferia

---

restaurada, com a eleição do médico Juscelino Kubitschek de Oliveira como Presidente da República.

11   "Graças à emergência de uma camada tecno-burocrática imbuída dessas ideias, criou-se um padrão de intervenção de forma até relativamente independente do grupo político no poder: o plano SALTE, de 1949-1954 (governos Dutra e Vargas), o Programa de Metas, de 1956-1960 (governo JK) e o Plano Trienial (governo Goulart). Também nesta fonte podem ser encontradas as raízes das grandes empresas brasileiras, tais como a Petrobrás, BNDE e SUDENE.". Santos Filho, *op. cit.*, p. 115.

12   "Neste período teve lugar a instalação de algumas indústrias dinâmicas como a automobilística, de construção naval, de material elétrico pesado e outras indústrias mecânicas de bens de capital". Maria da Conceição Tavares, *Da Substituição de importações ao capitalismo financeiro: ensaios sobre a economia brasileira* (Rio de Janeiro: Zahar, 1982, p. 72).

do subdesenvolvimento apenas após a tecnologia envolvida ter se tornado rotineira. (...) Assim, a indústria local não chega a necessitar de pesquisa e desenvolvimento próprios, pois atua no mais das vezes como entreposto de vendas para as multinacionais.[13]

Para criar a capacidade científica e tecnológica nacional em informática

Até a implantação da indústria automobilística, em geral, não são feitos grandes questionamentos ou reflexões sobre a origem da tecnologia, aceitando-se como certo que a tecnologia seria de alguma forma importada e paga, porém, entre o fim dos anos 60 e início dos 70 com a percepção de que "[u]m país que não desenvolva por si mesmo sua capacidade científica e tecnológica, sem dúvida se tornará dependente tecnológicamente e será dominado pelos países mais avançados"[14], foi desencadeada uma mudança de postura do Governo brasileiro, mediada pela percepção de defasagem, inaceitável para os militares no poder.

O Plano Estratégico de Desenvolvimento, lançado em 1967, criou a FINEP (Financiadora de Estudos e Projetos), fortaleceu o CNPq e constituiu o FNDCT (Fundo Nacional de Desenvolvimento Científico e Tecnológico), ações que implementaram uma base institucional sólida de apoio à pesquisa científica. Em 1974 Geisel lançou o II PND, que incluía a acentuada atuação das estatais na economia e visou promover novamente um movimento de substituição de importações como forma de poupar divisas (especialmente devido à crise do petróleo). Os empre-

---

13 Santos Filho, *op. cit.*, p. 145.

14 Francisco R. Sagasti. *Tecnologia, planejamento e desenvolvimento autônomo.* São Paulo: Perspectiva, 1986, p. 16. Francisco Sagasti, professor da Universidade do Pacífico em Lima na década de 1990, foi chefe de Planejamento Estratégico do Banco Mundial de 1987 a 1991 e trabalhou nos ministérios das Relações Exteriores e Planejamento e Indústria, do Peru.

O progresso e seus desafios 223

sários brasileiros encontraram neste período uma infraestrutura bastante favorável em energia, metalurgia, química e bens de capital, além de um novo padrão qualitativo na mão de obra oriunda das universidades e institutos de pesquisa.

Dentro do Segundo PND estava finalmente uma política de informática inicialmente desvinculada de outras áreas em geral que não a militar.[15] É nesta época, com a formulação desta política nacional de informática, que ganha corpo, entre os profissionais da área, a ideia de que a dependência tecnológica nesta área era muito prejudicial ao desenvolvimento:

> (1) a falta de conhecimento científico-tecnológico de como os produtos eram concebidos e desenhados situou o Brasil no lado da execução na divisão internacional do trabalho; e (2) o compromisso no lado da execução resulta em comparativa desvantagem econômica. Esta dupla construção de significado traduzia a falta de conhecimento científico-tecnológico como a causa da desvantagem econômica no contexto da divisão internacional do trabalho, que era também traduzida como a causa da pobreza.[16]

Durante os anos 1970 o governo brasileiro buscou fugir do seu modelo tradicional de importação de tecnologia e objetivou desenvolver uma indústria de microcomputadores 100% nacional, um empreendimento que ao menos no quesito técnico teve significativo sucesso. Além da ideia de capacitação nacional, animava também este projeto o peso dos computadores e componentes eletrônicos na situação desfavorável da balança comercial.

---

15 "[A] formação de uma política nacional de informática após 1974 se daria no ápice de um segundo ciclo industrial após Vargas, que se poderia situar em princípio entre os anos de 1967 e 1981." (Santos Filho, *op. cit.*, p. 135.)

16 Ivan da Costa Marques. "Cloning Computers: From Rights of Possession to Rights of Creation". *Science as Culture*, v. 14 (2), jun. 2005, p. 139–160.

A capacitação nacional deveria ser baseada na criação de uma massa crítica de técnicos brasileiros, uma posição que inicialmente encontrou eco em diferentes setores da sociedade, dos militares à comunidade científica e burocracia estatal, fortalecida ainda com a existência de relativa capacitação tecnológica já instalada no Brasil.[17]

Desta forma, a partir do final dos anos 1960, com o esforço da engenharia reversa e a posterior reserva de mercado – implementada quando o Brasil atingiu capacidade técnica para produção de computadores, sem ter a capacidade industrial para tal – foram formados os primeiros grupos de profissionais de informática com profundo domínio de *hardware* e *software*, um material humano que foi base de sustentação e multiplicação da informatização brasileira nas décadas de 1980 e 1990.

O que ficou demonstrando no caso do projeto brasileiro de informatização foi a necessidade de se trabalhar conjuntamente as tecnologias de projeto, de produção e a de uso; o significado desta constatação é que além de ser capaz de manufaturar um artefato em laboratório, é necessário um investimento industrial para ganhar os mercados, sem esquecer do condicionante de um ambiente cultural e educacional compatível, capaz de absorver o novo artefato tecnológico.

A crise econômica dos anos 1980, aliada à ideologia liberalizante que se disseminava, colocou um freio nas conquistas até aqui realizadas. No Brasil, ao contrário do que aconteceu em outros países, o capital para a produção de um computador autóctone não teve origem no capital dos grupos industriais, mas sim nos interesses do sistema financeiro. Duas razões dão conta desta origem, a primeira sendo a indução do Estado, e a segunda a visão do setor, que considerou os benefícios da automação como caminho para a diminuição de custos na operação da economia inflacionária. Assim, no Brasil os bancos criaram e/ou adquiriram empresas de tecnologia. Grandes empresas de tecnologia, ainda em opera-

---

17 Tullo Vigevani. *O contencioso Brasil x Estados Unidos da informática: uma análise sobre formulação da política exterior*. São Paulo: Alfa-Omega, 1995.

O progresso e seus desafios 225

ção no Brasil, são herança deste movimento como a Scopus (Bradesco) e a Itautec (Itaú).

Porém, a pressão norte-americana sobre as reservas aplicadas ao setor de informática pelo governo brasileiro – formalizada em ameaça de sanções aos produtos exportados pelo Brasil – aliada ao descontentamento interno com a burocracia e questionamentos sobre a capacidade do governo em gerir a política de informática, indicavam que logo este mercado sofreria uma mudança. Um dos principais pontos do qual faziam questão os americanos era a lei brasileira do *software*.

Uma história do *software* no Brasil

Ainda no começo da indústria de informática no país o *software* foi uma questão espinhosa a ser administrada pelo Governo Brasileiro, pois "desde 1968 a Marinha estava preocupada com o domínio tecnológico dos computadores de bordo para controle de tiro vindos em suas novas fragatas, recém-importadas da Inglaterra"[18]

O protótipo G-10 ("Patinho Feio"), realizado pela Escola Politécnica da USP em 1971 foi o primeiro computador brasileiro, construído sob o patrocínio do GTE (Grupo de Trabalho Especial) da Marinha/BNDE; além da Escola Politécnica da USP que ficou responsável pelo projeto do hardware, a PUC-RJ foi patrocinada para desenvolver o *software*.

Fundada em 1974 a COBRA (Computadores Brasileiros S.A) industrializou o protótipo G-10, cuja evolução, o G-11, foi o início de sua linha comercial (modelo 530). "Ao mesmo tempo foi nacionalizado o computador da Ferranti inglesa, para a Marinha (que estava na origem da substituição de importações de computadores), resultando na fabricação de um modelo destinado também para o uso civil em controle de processos." [19]

---

18 Santos Filho, *op. cit.*, p. 157.

19 Id. ib. p. 159.

O dirigismo estatal na criação da indústria de informática deu origem a diferentes atritos com os Estados Unidos, agravados sensivelmente em outubro de 1984, com a aprovação pelo congresso nacional da Lei de Informática (Lei nº 7.232, de 29 de Outubro de 1984), quando se intensificou a pressão norte-americana contra a política do governo brasileiro, com a possibilidade concreta de retaliações contra produtos brasileiros. Desde os primórdios destes atritos, os *softwares* se apresentaram como questão estratégica e problemática para o Brasil, com o forte impulso protecionista dos anos de 1982 a 1984.

No ano de 1986 as relações com os Estados Unidos estavam extremamente tensas e o *copyright* para o *software* era uma das principais questões em discussão. Os órgãos do governo encarregados de gerir a política de informática pretendiam que o *software* fosse comercializado com controle sobre o limite de pagamentos de *royalties* e pela via do licenciamento de empresas brasileiras. Havia também a intenção de exigir que o registro dos *softwares* fosse feito na forma do código-fonte, reflexo da busca da capacitação para a concepção e engenharia dos produtos, tom principal de toda a política brasileira de informática, o que alarmava os Estados Unidos, para quem "(...) a abertura do programa- fonte era um risco inaceitável para as empresas produtoras de software, pois abririam mão da matéria-prima básica do retorno de seu investimento intelectual em pesquisa e desenvolvimento."[20] A questão do *software* mereceu então uma lei específica (Lei 7.646, de 18 de dezembro de 1987), criada devido à pressão americana, atendendo as premissas brasileiras de inserção na indústria de informática: controle do mercado e capacitação para a concepção e engenharia dos produtos informáticos.

Em maio de 1986 a Microsoft comunicou a empresas brasileiras, incluindo aí a Itautec, que poderiam ser processadas pela violação da propriedade do MS-DOS. A defesa da Itautec alegou ter desenvolvido um *software* de sistema operacional, compatível com o IBM-PC, sem

---

20 Vigevani, *op. cit.*, p. 246, 248.

O progresso e seus desafios

consulta a especialistas, código-fonte ou documentação da Microsoft, portanto não configurando cópia.

Dentre os resultados desta ação, o mais relevante talvez tenha sido o auxílio para minar o apoio interno à reserva de mercado. Diante das acusações, diversos empresários viram-se compelidos a considerar e defender o licenciamento do produto da Microsoft, ante a ameaça da perspectiva *"comprobatória"* de fraude.

Este relato dá a ideia da importância para o Brasil da autonomia sobre os *softwares* e em especial sobre o seu próprio sistema operacional, assunto sobre o qual se pode juntar a efetiva atuação do USTR (United States Trade Representative) contra a obtenção de um sistema operacional pelo Brasil.

Um conjunto de empresas brasileiras, unidas na Associação para o Progresso da Informática (API) vinha negociando há três anos com a ATT (American Telephone and Telegraph) a compra de seu sistema UNIX, com o código-fonte incluso, até que a negociação foi terminada pela ATT. Nesta época, o Brasil já contava com inúmeros clones do UNIX desenvolvidos por empresas como COBRA *(SOX)*, Digirede *(Digix)*, Edisa *(Edix)*, USP/Prológica *(Real)*, Núcleo de Computação e Eletrônica da UFRJ *(Plurix)"*, mas os empresários brasileiros estavam em busca do licenciamento do UNIX para contarem com um padrão único.

O contencioso da informática entre Estados Unidos e Brasil arrastou-se por anos, periodizados entre setembro de 1985 e outubro de 1989 por Tullo Vigevani. Entre todas as questões levantadas nos anos de debate entre as duas nações foram contestadas posições sobre: a legalidade da engenharia reversa, o direito à autonomia tecnológica, proteção às indústrias nascentes, reserva de mercado e clonagem de sistemas. Foi, porém, a questão da propriedade intelectual e do direito à propriedade dos *softwares*, em especial dos sistemas operacionais, que levou mais tempo para ser equacionada, levando o Brasil à beira de pesadas sanções econômicas, justamente por uma ação contrária ao MS-DOS da Microsoft.

Atuando dentro dos limites técnicos da lei de reserva de mercado, a SEI (Secretaria Especial de Informática) recusou o registro e proibiu a comercialização no Brasil do MS-DOS em setembro de 1987, por existir um similar nacional, o Sisne, da Scopus (empresa gestada dentro da Escola Politécnica da USP). Com a crise econômica instalada no Brasil, o momento era oportuno para o governo americano atender às reivindicações da Microsoft (que até então não tinha nenhuma participação no mercado brasileiro) e anular porções da lei do *software* relacionadas à propriedade intelectual, inaceitáveis para os negociadores norte-americanos.

Esta ação fora desencadeada por empresas brasileiras que, considerando a posição da Microsoft de líder neste segmento, entraram em um acordo com a empresa e solicitaram o registro do MS-DOS à SEI. Como resposta à negativa da SEI, a Scopus foi acusada de pirataria pela Microsoft, que inclusive ao lado de outras produtoras de *software* como Lotus e Autodesk, buscou levar o caso ao Congresso norte-americano.

O resultado direto dos protestos da Microsoft foi o anúncio pelo presidente Reagan, que o Brasil sofreria sanções no valor de 105 milhões de dólares, em produtos a serem definidos, ação que serviu definitivamente para minar o já vacilante apoio da sociedade e da classe empresarial (que nunca aderiu com muita convicção) à reserva de mercado.

> (…) Bill Gates se empenhou pessoalmente em reverter a decisão brasileira de não autorizar o licenciamento do MS-DOS. (…) Gates em nenhum momento aceitou que a similaridade prevista na legislação brasileira era uma ideia razoável e válida (…) ele usaria todo seu poder de lobby para conseguir licenciar o DOS, o que efetivamente ocorreu.[21]

Como forma de suavizar a postura norte-americana e tentar evitar as sanções anunciadas, o presidente Sarney sancionou a Lei 7.646

---

21 Vigevani, *op. cit.*, p. 301.

O progresso e seus desafios

(18/12/1987), chamada Lei do *Software*, com 13 vetos, que atendiam parcialmente às demandas norte-americanas e que viriam a ser plenamente satisfeitas até a regulamentação da lei. O efeito desta lei foi o de destruir a maior fatia da capacidade brasileira de desenvolvimento tecnológico no ramo informático.

As repercussões destes eventos culminaram em 1991, quando a Lei 8.248, de 23 de outubro, foi sancionada pelo presidente Fernando Collor de Mello, terminando em definitivo com a reserva do mercado brasileiro de informática em outubro de 1992, datas que marcam a capitulação brasileira no seu objetivo de autodeterminação tecnológica no ramo informático.

O software livre, uma nova tentativa de autodeterminação

O florescimento dos microcomputadores nos Estados Unidos e no Brasil, apesar das óbvias diferenças, guarda certas semelhanças menos óbvias. Nos Estados Unidos, o PC foi criado no ambiente da contracultura, no Brasil ele foi criado num ambiente de engenharia reversa, no final ambos foram movidos por um combustível com uma identidade comum: uma dose de rebeldia.

Ainda que tenha fracassado naquele momento, a política brasileira de informática frutificou no longo prazo. É preciso destacar o peso do conceito de engenharia reversa, para se ter alguma noção de sua importância, que neste caso é conhecer profundamente a operação dos computadores, gerando no limite a capacidade de construir uma máquina diferente, nova, mas que emula a original – uma atividade, que mesmo diante do fracasso experimentado, capacitou toda uma geração de técnicos brasileiros.

Há aqui um paralelo com a importância do conhecimento sobre o código-fonte dos *softwares* e do sistema operacional, já que é nesta dimensão que está a diferença fundamental da capacitação para o Estado: ter técnicos que sejam apenas "operadores certificados" de um sistema

230 — Gildo Magalhães (org.)

operacional alienígena ou ter "engenheiros" de um sistema operacional, nacional – ou transnacional, mas com código-fonte aberto (como será o caso do Linux).

O ocaso da política nacional de informática põe em relevo a questão da autodeterminação tecnológica dos países, demonstrando que ela não estava acessível ao Brasil de então – nem em suas décadas de desenvolvimentismo estruturalista, de inspiração cepalina, muito menos na guinada neoliberal que o acomete em seguida.

> Uma condição prévia para a autodeterminação é ter um grau significativo de autocontrole ou independência nacional, entendendo-se por isso a liberdade de fixar objetivos nacionais e de escolher os meios para alcançá-los. Isto implica um ato político de afirmação e a possibilidade de mantê-lo – neutralizando interferências externas e internas – durante todo o tempo necessário para consolidar as transformações e fixar as bases da estrutura sócio-econômica que se deseja alcançar. Este ato de afirmação deve incluir medidas que permitam regular investimentos, modificar pautas de consumo, dirigir a orientação das atividades sociais produtivas, e determinar o uso dos recursos naturais.[22]

Dos três pontos que Francisco Sagasti elege como centrais na autodeterminação tecnológica de um país, o Brasil só conseguiu implementar satisfatoriamente a capacidade de gerar conhecimento técnico, falhando na tomada de decisões autônomas e na capacidade de produção interna. Assim, os anos 1990 vão configurar o Brasil basicamente em mais um mercado consumidor de informática.

Este cenário ficaria praticamente inalterado até 2002 quando o Partido dos Trabalhadores chegou ao poder com a eleição do presidente Lula; o PT trazia consigo diversas experiências de implantação bem sucedidas de *Software Livre* em administrações municipais, e embora o

---

22 Sagasti, *op. cit.*, p. 130–131.

Software Livre não fosse uma exclusividade do PT[23], foi sintomático que logo que se confirmou a vitória de Lula, a imprensa passou a especular que Bill Gates, por intermédio do senador Cristóvão Buarque, teria enviado uma cópia de seu livro *A empresa na velocidade do pensamento*, e uma carta convidando Lula para visitar os EUA e conversar sobre como implementar projetos de alta tecnologia no Brasil.[24] Afinal a adoção em escala Federal das políticas petistas representaria não apenas uma perda de mercado, como um péssimo precedente mundial para a Microsoft.

A esta altura já era evidente a importância estratégica do *Software Livre* para o novo governo brasileiro (e também para outros governos); se por nenhuma outra razão, pelo menos pela diminuição dos gastos com licenciamento de *softwares*, já que o Governo Federal era o maior cliente da Microsoft no Brasil (e ainda o é). Também a opção por *softwares livres* refletia nas remessas de dólares ao exterior e trazia o benefício adicional de diminuir os impedimentos orçamentários para os programas governamentais de inclusão digital, uma característica que era, em si mesma, geradora de resultados sociais mais expressivos.

Estes programas de inclusão digital passavam invariavelmente pela criação de "Telecentros", espaços públicos dotados de computadores e acesso à Internet onde o cidadão (em geral de baixa renda) tinha acesso ao uso e a uma formação básica na operação de computadores.

A ideia de implantar Telecentros equipados com *software livre* na periferia da cidade de São Paulo, como parte da política de inclusão digital, partiu do sociólogo e militante político Sérgio Amadeu da Silveira;

---

23   O Metrô de São Paulo constituí um dos casos de sucesso mais antigos na implantação de *Software Livre* na administração pública brasileira, com um processo cujo início data de 1997 e tem servido de modelo para diversas autarquias, mas foi com os programas governamentais de inclusão digital que o *Software Livre* ganhour o seu *momentum* no Brasil.

24   Fonte: <http://dossiers.publico.pt/shownews.asp?id=191976&idCanal=989>. Nayse López, "Lula virtualmente eleito com 66 por cento das intenções de voto". *Público.pt*, Portugal, 22 set. 2002. Eleições Brasil 2002. Acesso em 22/08/2006.

em 2000, no Instituto de Políticas Públicas Florestan Fernandes, Amadeu idealizou o projeto que seria utilizado pela futura administração petista na capital. De acordo com uma de suas declarações: "Queria fazer um programa que servisse inclusive para ajudar na eleição da então candidata à Prefeitura de São Paulo, Marta Suplicy."[25]

Figura 8.1 *Telecentro no calçadão de Carapicuíba, São Paulo* (publicado em Carapicuibanos, 9/12/2012)

Com a eleição de Marta Suplicy, o primeiro Telecentro foi implantado em 18 de junho de 2001, na zona leste de São Paulo, no bairro Cidade Tiradentes. O programa foi vitorioso e chegou a contar com 145 Telecentros espalhados por toda São Paulo (Figura 8.1), mantidos "quase" dentro da mesma filosofia pela administração do PSDB que se seguiu ao PT na administração da Capital paulista.[26] Assim, com a chegada do

---

25 Alessandro Greco, "Um militante na batalha pelo software livre - Ex-comunista, chefe do ITI agora luta pela adoção dos programas gratuitos". *O Estado de São Paulo*, 15/08/ 2004.

26 Notícias veiculadas pela imprensa em maio de 2006 dão conta da disposição da Prefeitura paulista em utilizar *softwares* proprietários nos Telecentros indicando uma mudança de postura sobre o *Software* Livre juntamente com a

PT ao poder em 2002, chegava também a política petista de adoção de *Softwares Livres* em geral e do Linux em particular, consolidada por experiências em diversas prefeituras, no governo do Rio Grande do Sul, e pelos Telecentros paulistas.

Quando Lula assumiu em 2002, Sérgio Amadeu da Silveira foi indicado como diretor do ITI (Instituto Nacional da Tecnologia da Informação) onde deu início a uma agressiva política de implantação do *Software Livre* em toda a administração federal (Figura 8.2).

Figura 8.2 *Marcelo Branco, Richard Stallman (o grande propagandista do Software Livre), Lula e Sergio Amadeu no 10º Fórum Internacional Software Livre (2009).*[27]

mudança de administração. Cf. Camila Fusco, "Software livre não é prioridade em SP, diz secretário" (acesso em 12/05/2015), disponível em http://computerworld.com.br/negocios/2006/05/25/idgnoticia.2006-05-25.8583436720, e Ralphe Manzoni Jr, "Telecentro de SP começa a usar softwares da Microsoft" (acesso em 12/05/2015 - http://computerworld.com.br/negocios/2006/04/05/idgnoticia.2006-04-05.1973195538).

27 Fonte: www.wikileaks-brasil.blogspot.com (acesso em 30/11/2015).

As motivações desta política são simples de compreender, para um governo o *Software Livre* é estratégico por diversas razões: além da já mencionada questão macroeconômica, pesam ainda a independência e autonomia tecnológicas, a segurança das informações, e a independência em relação a fornecedores; razões que não passaram despercebidas pelo novo Governo Federal, que oficialmente integrou o *Software Livre* à política de ciência e tecnologia. Tal posição do governo foi reiterada em diversas oportunidades, onde incentivava a adoção e a produção de *Software Livre* como um novo paradigma, capaz de possibilitar o crescimento e fortalecimento da indústria nacional de *softwares*, gerando empregos e renda.

Desta forma, novamente o Brasil passou a ter uma política federal para o desenvolvimento tecnológico focada na área de informática. Também novamente ficou clara a importância estratégica e especialmente a dimensão política do *Software Livre*, agora colocada em relevo pelo governo.

Em um discurso o então Ministro da Casa Civil (ministério ao qual o ITI era filiado), José Dirceu, feito na abertura do Seminário de *Software Livre* organizado pelo Congresso Nacional deu o tom dessa dimensão política:

> (...) É necessário que o país produza bens de elevado valor agregado, como é o caso de softwares, e seja capaz de colocá-los de forma competitiva no mercado internacional. Somente assim conseguirá quebrar o ciclo histórico e empobrecedor caracterizado por importações de bens de elevado custo contra exportação de mercadorias de pequeno valor. (...) Da mesma forma devemos incentivar a nossa inteligência coletiva que permita a redução do pagamento de direitos autorais, na forma de royalties.[28]

---

28 *Discurso do Ministro José Dirceu — Portal Software Livre* (disponível em http://www.softwarelivre.gov.br/artigos/discursodirceu/, acesso em 05/12/2013). Com o objetivo de discutir a utilização do *Software Livre* no Brasil, o Senado

O progresso e seus desafios

Além daquele convite para Lula visitar a Microsoft, a empresa norte-americana passou a atuar com renovado interesse no estabelecimento de parcerias com diversas esferas do governo, principalmente na forma de descontos e/ou doações de *softwares*, ao passo que o Governo Federal se mostrava arredio aos novos gestos de amizade, declinando e optando por buscar outras soluções tecnológicas.

Em uma entrevista à revista Carta Capital ("O Pinguim Avança", 2004), Sérgio Amadeu sumarizou a postura do governo a estas investidas, alegando que eram *"prática de traficante"*, acreditando se tratar de um *"presente de grego, uma forma de assegurar massa crítica para continuar aprisionando o País."* Os comentários renderam a Amadeu um processo na justiça do qual, talvez pela má publicidade, talvez pelo movimento de defesa que a comunidade do *Software Livre* organizou para Sérgio Amadeu, ou até talvez pela necessidade pragmática de manter boas relações com o governo, a Microsoft terminou por desistir.

As relações da Microsoft com o governo brasileiro (e outros governos) foram abordadas em julho de 2005 pelo seu executivo Kevin Johnson em um encontro de analistas financeiros ("Financial Analyst Meeting 2005: MSFT Investor Relations", 2005), onde tratando especificamente das relações com governos, detalha os planos de relações comerciais e os "cenários de inclusão digital" antevistos pela Microsoft. Johnson narra o esforço da empresa em minar as alternativas livres e o *Open Source* (como o Linux), com ações como o *Partners in Learning* que em 91 países fornecia softwares para educação e o treinamento de professores, ou a estratégia de manter múltiplas versões do sistema operacional Windows, como as chamadas *Starter Edition* e *Home Edition*, voltadas para "o usuário iniciante de PCs".[29]

Federal e a Câmara dos Deputados promoveram a "Semana do *Software* Livre no Legislativo", entre os dias 18 e 22 de agosto de 2003.

29 Rubens A. Menezes de Souza Filho. *Contradições e conflitos do desenvolvimento tecnológico: impactos do software Livre no Brasil – Uma História em Progresso.*

236 Gildo Magalhães (org.)

O principal elemento que merece contextualização aqui é a natureza do Windows XP *Starter Edition*, repetidamente mencionado na apresentação de Johnson, uma versão simplificada do Windows XP, que foi lançada em fins de 2003 visando países como Rússia, Tailândia, Indonésia, Índia e Malásia. Ele era vendido com um preço diferenciado e fazia parte da estratégia da Microsoft de combate à pirataria, mas foi também utilizado pela empresa como forma de concorrer com o custo zero do Linux nos programas governamentais de inclusão digital. Devido às suas limitações práticas, foi apelidado por seus críticos de "Windows dos pobres", em referência ao fato de que a simplificação do sistema, alegadamente a razão para o preço diferenciado, traduz-se em limitações de uso em relação a outras versões do Windows XP.[30]

Segundo a Microsoft tais limitações não eram relevantes para o primeiro computador de um usuário, e o público-alvo do *Starter Edition* era justamente a população que buscava sua inclusão digital pela via de programas governamentais como o PC Conectado. Entre as limitações do *Starter Edition* estavam a impossibilidade de abrir mais de três aplicativos por vez, ou três janelas de cada aplicativo aberto, desconsiderados programas antivírus e discadores de internet que não eram contabilizados. Esta versão simplificada do Windows também não trazia os recursos de conexão para redes locais de computadores.

O Windows XP *Starter Edition* era talvez o mais eloquente exemplo da importância da autodeterminação tecnológica para os países do Terceiro Mundo[31], pois exibia abertamente a impossibilidade para um

---

2006. Dissertação de Mestrado. Universidade de São Paulo, 2006, p. 81.

30 Convém destacar que uma característica sua é que exige dos programadores maior quantidade de trabalho, já que precisam interferir em uma versão funcional do sistema para que execute menos operações ou funções, o que demanda mais trabalho e, consequentemente, deveria gerar um produto mais caro e não mais barato.

31 O conceito de "Terceiro Mundo", com o desaparecimento daquele que seria o Segundo Mundo, foi revisto e muitos acadêmicos concordam que se trata de

O progresso e seus desafios

país consumidor de tecnologia alienígena em *tomar decisões autônomas* ou ter acesso a artefatos técnicos avançados. Novamente, recorremos a uma citação de Gildo Magalhães, ao lembrar que "a produção transplantada dos países adiantados se desloca para a periferia do subdesenvolvimento apenas após a tecnologia envolvida ter se tornado rotineira".[32] No caso específico do Windows XP *Starter Edition* havia ainda um componente perverso adicional: a *intenção* de produzir um produto inferior derivado de outro superior.

Todas as explicações técnicas, comerciais e mercadológicas que pudessem ser enumeradas na defesa desta abordagem não podiam competir com o argumento de que no *Software Livre* limitações, quando e se existissem, seriam determinadas pelo usuário dotado de pleno acesso à tecnologia, sem a mediação de uma empresa estrangeira.

Software Livre: uma oportunidade que se distancia

Francisco Sagasti alerta em sua obra *Tecnologia, Planejamento e Desenvolvimento Autônomo* que os meios de controle dos países desenvolvidos sobre os subdesenvolvidos mudaram dos equipamentos produtivos para a os recursos financeiros e agora estão representados no controle da tecnologia.

Tratando hoje do significado que o *Software Livre* teve e tem para o Brasil, é interessante refletir sobre esta proposição de Sagasti para a

---

uma categoria ultrapassada, talvez melhor substituída por expressões como "em desenvolvimento". Sendo este um artigo sobre história defendemos o uso da expressão "Terceiro Mundo", com base justamente na carga histórica e ideológica que carrega, pois separa com clareza o lado da mesa em que países como o Brasil estão sentados. O peso do termo "Terceiro Mundo" não nos parece nem próximo do termo "em desenvolvimento", que para um historiador carrega o defeito adicional de ser teleológico ao propor que há uma direção no progresso e que a mesma esteja sendo automaticamente percorrida.

32 Santos Filho, *op. cit.*, p. 145.

238 Gildo Magalhães (org.)

superação da dominação tecnológica e a eventual viabilização de uma autodeterminação para o Terceiro Mundo. Esta proposição passa pela criação de uma aliança de cooperação científica, que confessadamente só funcionaria em um contexto de cooperação econômica e política mais amplo. Destarte, ciente das dificuldades e da aparência utopista de sua proposta, Sagasti enumera as vantagens que tal cooperação traria aos países subdesenvolvidos:

1. Necessidade comum de enfrentar o acelerado processo de mudança tecnológica.

2. Aumento da massa crítica mínima necessária para que o esforço tecnocientífico seja viável.

3. Redução dos gastos individuais dos países em pesquisa e desenvolvimento.

4. Redução dos gastos individuais dos países com recursos humanos.

5. Maior poder de negociação frente aos vendedores de tecnologia, independente do tamanho do mercado interno.

E aponta também o que considera as principais dificuldades na implementação de sua proposta:

a. A simplicidade com que são celebrados acordos de cooperação puramente científica não é tão simples quando a atividade científica pode ter aplicação econômica direta.

b. Mudança do conceito de "região", onde o agrupamento dos países dar-se-ia não mais por critérios geográficos e sim pela natureza dos problemas a serem resolvidos.

c. Heterogeneidade dos regimes políticos e suas orientações.

d. Diferença nos níveis de desenvolvimento, especialmente tecnológico.

e. Pressões dos países industrializados.

f. Conduta das comunidades científicas autóctones, que não raro preferem ligar-se a centros de excelência nos países desenvolvidos.

O progresso e seus desafios

Por tudo que se leu até aqui, a referida proposta de cooperação aparece contemplada no atual movimento do *Software Livre*, na maioria das vantagens e superando as desvantagens.

A necessidade de enfrentar um acelerado processo de mudança tecnológica tem marcado os *Softwares Livres*, com o Linux, em especial, que nasceu em 1991 e hoje compete em pé de igualdade, recorrentemente superando a eficiência técnica de outros sistemas operacionais, ao ponto de ter se tornado o sistema operacional *de facto* da Internet e da maioria dos dispositivos móveis.[33]

A massa crítica mínima necessária para tornar viável o esforço tecnocientífico do seu desenvolvimento é fornecida pela própria comunidade de desenvolvedores de *Software Livre*, superando sob qualquer forma de aritmética a capacidade individual de desenvolvimento de um Governo ou empresa. A redução dos gastos individuais dos países em pesquisa e desenvolvimento ou com recursos humanos acontece igualmente pelo mesmo fator.

Além de englobar estas vantagens o Linux e os *Softwares* Livres superam com galhardia as principais dificuldades apontadas na cooperação entre países, pois o desenvolvimento da tecnologia acontece sem restrições ou dirigismos sobre o uso comercial que cada membro da comunidade fará dela, a aplicação econômica é direta e livre. O aspecto transnacional mencionado acima já faz com que as comunidades se organizem por interesses, ou pela natureza dos problemas a serem resolvidos. A geografia não chega nem mesmo a ser uma questão, e a heterogeneidade de regimes políticos e suas orientações têm um peso muito pequeno, ou nulo. Apenas para ficar com o caso do Linux, este atende programas governamentais implementados em países tão diversos como Alemanha, Brasil, China, Argentina, Cuba, Índia, Coreia do Sul, Rússia, Uruguai, Japão, Peru e Bélgica, para citar alguns. Isso demonstra que a diferença nos níveis de desenvolvimento social ou tecnológico não che-

---

33 Por exemplo, o coração do sistema *android* de celulares etc é o núcleo (kernel) do Linux.

240 Gildo Magalhães (org.)

garam a constituir uma barreira para nenhum destes países, nem para os desenvolvedores nativos, já que com todos ligados entre si, diluem-se os conceitos de "centro" e "periferia". Com adoção tão diversificada na esfera geográfica, econômica e política, a pressão que poderia ser exercida pelas nações industrializadas não tem um ponto focal onde ser aplicada.

Sagasti concluí em tom sombrio que "a menos que países subdesenvolvidos empreendam a curto prazo ações concretas – organizando um plano de cooperação como o que aqui se propõe, ou executando na prática qualquer outra forma de esquemas de colaboração – a autodeterminação em matéria de tecnologia continuara uma ilusão para a quase totalidade do Terceiro Mundo".[34]

Não se trata de pretender mudar os destinos dos países subdesenvolvidos pela via do *Software Livre*, mas sim apontar a relevância desta peça no quebra-cabeças a ser montado por cada nação do Terceiro Mundo. A questão dos *softwares,* além da ideologia motriz do seu desenvolvimento, coloca a relevante questão do domínio tecnológico e cultural, passando assim a ser um assunto de Estado, relevante ao ponto de mobilizar atores díspares em população, cultura e interesses como as nações citadas.

Por isso, nações em todos os estágios de desenvolvimento passaram a ter real interesse em soluções computacionais "domésticas", que sejam capazes de retirar, ou ao menos suavizar, o monopólio de empresas norte-americanas sobre uma área tão sensível de suas economias e autonomia; especialmente nos dias atuais, quando consolidados os efeitos perversos da mundialização do capital, e da globalização da cultura, se constata o crescente recrudescimento de posturas imperiais e a constante tomada de decisões unilaterais por parte do governo norte-americano.

O Brasil foi, ao longo dos anos do governo Lula, um dos países mais envolvidos e ativos na defesa, implantação e desenvolvimento do *Software Livre,* uma posição estratégica que só foi possível como colheita

---

34 Sagasti, *op. cit.*, p. 142.

O progresso e seus desafios

de dividendos do investimento estatal feito na indústria de informática durante o período da reserva de mercado. Tornamo-nos capazes de produzir tecnologia informática, justamente no ramo de *software* (livre ou não), um produto de alto valor agregado e passível de exportação.

Investir no *Software Livre* seria por estas razões, e por todas as outras que foram apontadas, estratégico para o desenvolvimento tecnológico brasileiro e para sua inserção autônoma e autodeterminada no cenário tecnológico internacional.

A maciça adesão das duas primeiras administrações petistas ao *Software Livre* colocou tanto uma oportunidade que não acontecia em uma década, quanto um perigo de que esse processo pudesse ser abortado a qualquer momento, pois no nosso entendimento, ao se identificar o *Software Livre* como "bandeira petista" ele é imediatamente posto como algo a ser combatido, substituído, ou no mínimo evitado no exato momento em que se muda uma administração. Um entendimento que é corroborado pela abundância de exemplos, como no caso emblemático da prefeitura de São Paulo.

Sem negar que o *Software Livre* seja sem sombra de dúvida uma tecnologia política, entendemos que esta tecnologia não pode e não deve ser partidarizada, a partidarização da tecnologia contribuí para colocar o país em um ciclo interminável de desmandos capazes de comprometer o desenvolvimento tecnológico como um todo.

O *Software Livre* concedeu ao Brasil, ainda que momentaneamente, uma possibilidade de permanecer na vanguarda tecnológica, tanto se aproveitando, quanto contribuindo com o desenvolvimento tecnológico de diversos outros países, uma posição que foi abandonada pela sequência das próprias administrações petistas pós-Lula no governo Federal.[35]

---

35 Como demonstram inúmeros exemplos, que foram notados ainda em 2011 pelo Movimento do Software Livre, que na ocasião ainda mantinha uma postura conciliatória com a presidente Dilma, mas cobrava seu posicionamento em uma carta aberta ("Carta aberta à Presidenta Dilma Rousseff", 2012). Entre as seguintes mudanças de postura criticadas na carta estavam: a retirada da licença

242   Gildo Magalhães (org.)

livre *Creative Commons* do *site* do Ministério da Cultura; a virada na posição oficial sobre a reforma dos direitos autorais (bem como as liberdades civis para a internet previstas no Marco Civil); o acordo do Ministério das Comunicações com companhias telefônicas no plano nacional de banda larga (PNBL), com limitação e tarifação do volume de dados; a iniciativa do Instituto Nacional de Propriedade Industrial (INPI) em abrir consulta pública sobe o patenteamento de *softwares*; o Pregão Eletrônico da Caixa Econômica Federal, aberto para a compra de 112 milhões de reais, em softwares da Microsoft; o estímulo ao software livre de norma para segurança da informação.

Permanências e mudanças: um século de técnicas de pesca dos caiçaras paulistas

Marcelo Afonso

Introdução

Nesse texto apresentaremos um breve estudo da evolução histórica das principais técnicas de pesca utilizadas pelos pescadores caiçaras do litoral do estado de São Paulo a partir da década de 1910.[1] Além das pesquisas bibliográficas e historiográficas, foram realizados trabalhos de campo com coleta de depoimentos de pescadores, pesquisadores e outras pessoas ligadas à atividade pesqueira.

Após muitas idas e vindas aos litorais norte e sul de São Paulo, verificamos, a partir de uma percepção inicialmente externa, uma mudança drástica nas condições sociais, econômicas e ambientais na maior parte das praias que antes eram quase que exclusivas de ocupação caiçara.

Nas décadas de 1970 e 1980, o acesso ao litoral norte não era tão rápido e fácil como hoje, mas a construção da rodovia Rio-Santos, nesse período, já enviava as primeiras levas de turistas e especuladores imobiliários. Nessa época ainda era possível ver a pesca conhecida como "arrasto de praia" ou "arrastão" em locais como a Praia das Toninhas, em Ubatuba. Presenciamos, por algumas vezes na década de 1980 durante o inverno, na época da pesca da tainha, grandes grupos de pescadores

---

1   Adotamos a definição de "caiçara" como sendo o habitante da costa paulista, do litoral norte do Paraná e do litoral sul do Rio de Janeiro, descendente de índios, negros e portugueses, que desenvolveu uma cultura e uma identidade próprias.

puxando a rede de arrasto para a praia, próximo ao canto direito, onde mulheres, crianças e mesmo "gente de fora" (categoria na qual nos incluíamos) ajudavam no trabalho conjunto de puxar a rede, que vinha abarrotada de tainhas. O que mais nos chamava atenção, nessa época, era quando vinham na rede os "bichos diferentes", que faziam a alegria das crianças, como arraias, baiacus, cações e alguma tartaruga. E a alegria maior era no final, quando todos aqueles que tinham ajudado a puxar a rede recebiam alguns peixes. À noite, preparava-se uma bela e grande tainha ao forno. Foram diversas as ocasiões em que presenciamos essa atividade, não só em Ubatuba como também na Praia da Enseada em Bertioga, e a visão dos peixes pulando na rede, das arraias vivas se debatendo, dos baiacus "inflados" e das tartarugas querendo ir embora (mas, às vezes, levadas por alguém) marcou para sempre a nossa infância.

Muita coisa mudou na pesca e nas vidas dos pescadores do litoral desde aqueles tempos. Houve um grande desenvolvimento da atividade turística e de outras agregadas a ela, além da criação de leis e regulamentações estaduais e federais sobre a pesca e a ocupação territorial. Isso fez com que, gradualmente, os caiçaras passassem a desenvolver outras atividades, alguns até abandonando a pesca. As casas de veraneio e condomínios foram, aos poucos, ocupando os locais onde havia a roça e o caiçara que vivia na praia foi se afastando cada vez mais para dentro do sertão, que passou a ser densamente ocupado com a expansão urbana desordenada, problema que subiu também as encostas da Serra do Mar. Aos poucos, deixamos de ver os pescadores em algumas praias e o termo "arrastão" também subiu a serra, passando a ter um novo significado.

As comunidades de pescadores do litoral paulista passaram por diversas fases socioeconômicas que acabaram por moldar as suas atuais características. Desde o final do século XIX, quando a agricultura comercial das cidades litorâneas mais afastadas de Santos entrou em decadência, houve uma readequação na vida das populações dessas localidades. A pesca passou a fazer parte das atividades em busca de sustento e o pescado passou a ser mercadoria de troca nas pequenas economias locais.

O progresso e seus desafios 245

Até a introdução da pesca com traineira[2] – trazida pelos espanhóis em 1910 – os caiçaras praticavam as técnicas de pesca tradicionais, remanescentes das técnicas indígenas e portuguesas, voltadas mais para a subsistência e para o pequeno comércio local. A partir de 1910, diversos elementos técnicos passaram a ser introduzidos na pesca paulista. A pesca com traineira, mais popularizada a partir da década de 1930, foi o primeiro grande marco tecnológico na pesca comercial do litoral de São Paulo, juntamente com a introdução dos barcos a motor. Surgia daí a pesca empresarial, voltada ao lucro, possibilitado pela ampliação das capacidades de carga das embarcações e pelos instrumentos de navegação cada vez mais sofisticados. O resultado é o que encontramos hoje, barcos com a capacidade de transportar centenas de toneladas de pescado, que utilizam sondas, radares, GPS, rádios e piloto automático.

Apesar de as inovações técnicas terem ocorrido e se instalado no fulcro das tradições técnicas dos caiçaras, elas não os eliminaram como grupo com identidade própria, contribuindo até mesmo na formação dessa identidade. Muitas das inovações técnicas, como o cerco flutuante trazido pelos japoneses na década de 1920, e o uso dos diferentes materiais como o plástico e o náilon, foram adaptadas e incorporadas na cultura caiçara, que desde sempre foi marcada pela heterogeneidade, pelo dinamismo e pela mudança na busca pela sobrevivência. A introdução de novas técnicas é um fenômeno histórico e contribuiu para a formação dessa cultura. E a aceitação dessas técnicas não significa o abandono das antigas. "Cada nova família de técnicas não expulsa completamente as famílias precedentes, convivendo juntas segundo uma ordem estabelecida por cada sociedade em suas relações com outras sociedades".[3]

---

2 A traineira é um barco a motor usado para a pesca com a traina, uma grande rede de cerco que, se fechando, concentra a sardinha num grande saco. Cf. Antonio Carlos Diegues, *Pescadores, camponeses e trabalhadores do mar*. São Paulo: Ática, 1983, p. 121.

3 Milton Santos. *A natureza do espaço*. São Paulo: EDUSP, 2004, p. 193.

246 Gildo Magalhães (org.)

No caso dos caiçaras, a escolha pelo uso de determinadas técnicas está inserida nos processos da formação da cultura imaterial, ancestral e atual. Assim, as técnicas de pesca foram moldadas conforme os fatores internos e externos de cada grupo e suas relações com o tempo e o espaço. Ao mesmo tempo, as técnicas moldaram o tempo e o espaço em que essas comunidades estão (ou estavam) inseridas, favorecendo, conforme o contexto, a fixação em um determinado lugar ou os deslocamentos. O lugar, segundo Milton Santos, redefine a técnica.

> É o lugar que atribui às técnicas o princípio de realidade histórica, relativizando o seu uso, integrando-as num conjunto de vida, retirando-as de sua abstração empírica e lhes atribuindo efetividade histórica. E, num determinado lugar, não há técnicas isoladas, de tal modo que o efeito de idade de uma delas é sempre condicionado pelo das outras. O que há num determinado lugar é a operação simultânea de várias técnicas (...). Essas técnicas particulares, essas "técnicas industriais", são manejadas por grupos sociais portadores de técnicas socioculturais diversas e se dão sobre um território que, ele próprio, em sua constituição material, é diverso, do ponto de vista técnico. São todas essas técnicas, incluindo as técnicas da vida, que nos dão a estrutura de um lugar.[4]

O caiçara, marginalizado social e economicamente a partir do fim do século XIX, passou a realizar uma produção em pequena escala para fins basicamente de subsistência, voltada ao pequeno comércio local. Na primeira metade do século XX, no litoral de São Paulo, a pesca da tainha perdeu seu caráter comercial e passou a ter um caráter de pesca comunitária de autossubsistência. Em Ilhabela, no litoral norte, na década de 1940,

> (...) salvo alguns proprietários de barcos do bairro do Sombrio (o único centro da Ilha especializado em pesca), está fora de al-

---

4   Ibid., p. 58.

O progresso e seus desafios   247

cance do pequeno pescador local dispor de capital para empatar num barco de cento e vinte mil cruzeiros ou numa traineira (rede especial para apanhar sardinha). (...) O pequeno pescador da Ilha dispõe somente de aparelhamento rudimentar, produzido no local; não dispõe de meios para a conserva do "peixe fresco" e combina, para garantir a própria subsistência e a dos seus, mais de uma atividade, aliando comumente a pesca à pequena lavoura de sua "quadra". É este pescador que, condicionado a um deslocamento pequeno para além de onde reside, mantém mais conservados os meios tradicionais de pesca, tem conhecimentos seguros sobre a vida dos peixes e condições ambientes mais adstritas à sua zona e oferece maior resistência à inovação, quer porque se tenha habituado a uma forma determinada de fazer as coisas, quer porque não disponha de capital para inverter nos aparelhamentos que a técnica moderna apontou como mais eficientes.[5]

Já não se buscava a melhoria técnica das embarcações e dos petrechos de pesca, porque, além de não haver circulação de capital, já não existia, para determinadas regiões, um mercado que justificasse o aumento da produção de pescado. Assim, os caiçaras passaram a praticar o que se podia chamar de "pesca artesanal", baseada em rituais, técnicas e conhecimentos próprios e que utilizava petrechos e embarcações construídos por eles mesmos. Leroi-Gourhan (1984) divide os diferentes grupos humanos, conforme o seu grau de complexidade técnica, em cinco categorias: pré-artesanal, protoartesanal, artesanal isolado, artesanal agrupado e industrial.[6] As diferentes comunidades de pescadores do litoral de São Paulo podem se inserir em todas essas categorias conforme as suas características regionais e o contexto histórico. Uma comunidade pode até mesmo possuir integrantes pertencentes a mais de uma categoria, como no caso da Praia de

---

5   Gioconda Mussolini. "O cerco da tainha na Ilha de São Sebastião". In: *Ensaios de antropologia indígena e caiçara*. Rio de Janeiro: Paz e Terra, 1980, p. 262-263.

6   André Leroi-Gourhan. *Evolução e técnicas* – vol. 1 e 2. Lisboa: Edições 70, 1984.

Picinguaba, em Ubatuba, onde vivem e trabalham pescadores lavradores, pescadores artesanais e pescadores embarcados, alguns atuando simultaneamente em mais de uma dessas categorias.[7]

Uma "ciência caiçara" foi, então, construída a partir do conhecimento empírico e do conhecimento tradicional adquirido de seus ancestrais indígenas, portugueses e negros.

Os aparelhos de pesca podem ser divididos em três grupos básicos: os destinados a ferrar o peixe (arpão, fisga, anzol, espinhel), as redes de emalhar e as de envolver, e as armadilhas, fixas ou flutuantes.[8] Dentre as técnicas e ferramentas utilizadas pelos pescadores artesanais destacam-se: rede de espera, corrico, picaré, tarrafas, varas, jerival, lanço, puçá, arrasto, caceio, espinhel, linhada, jangarelho, arrasto de camarão, covo etc. Cada técnica possui sua própria história e passou por diversos processos de transformação e adaptação em seu uso, conforme os contextos históricos, as circunstâncias e os locais por onde essas técnicas se distribuíram.

> (...) da cultura indígena as populações litorâneas herdaram o preparo do peixe para a alimentação, o feitio das canoas e jangadas, as flechas, os arpões e as tapagens; da cultura portuguesa, herdaram os anzóis, pesos de metal, redes de arremessar e de arrastar; e da cultura negra, herdaram a variedade de cestos e outros utensílios utilizados para a captura dos peixes.[9]

---

7   Ver também Milena Ramires Souza e Walter Barrella. "Etnoictiologia dos pescadores artesanais da Estação Ecológica Jureia-Itatins (São Paulo, Brasil)". In: Antonio Carlos Diegues (Org.). *Enciclopédia Caiçara: Vol. I – O olhar do pesquisador*. São Paulo: Hucitec/ NUPAUB-USP, 2004.

8   "Os caiçaras" In: *site* do Museu Caiçara de Ubatuba: *http://www.muscai.com.br* (acessado em 20/07/2015).

9   Milena Ramires, Walter Barrella e Mariana Clauze. "A pesca artesanal no Vale do Ribeira e Litoral Sul do estado de São Paulo-Brasil". Parte integrante do projeto de pesquisa financiado pela FAPESP, *Os Peixes e a pesca na Mata Atlântica do Sul do Estado de São Paulo*, processo número 1999/04529-7, p. 2.

O progresso e seus desafios

A herança africana, porém, é a mais difícil de ser revelada. Os caiçaras reconhecem a contribuição indígena na confecção de produtos de fibras naturais e de madeira, como canoas, remos, gamelas, redes de pesca, cestarias etc, mas raramente comentam sobre a influência africana na confecção desses objetos.[10]

Num relato que colhemos em 2013 com um morador do Quilombo da Fazenda Picingaba, em Ubatuba, percebemos que a presença africana na cultura da região ainda persiste na confecção de cestarias:

> Antigamente, eu, por exemplo, vim pra cá quando eu aprendi a fazer o artesanato. O senhor que fazia, que era o vô da minha esposa, ele é falecido, ele só fazia pra carregar peixe, levar banana; e lá na vila Picinguaba tem uma prainha, que é onde trocava com peixe. Ele levava farinha, levava banana nos cestões, que são feitos de cipó daquela mesma forma [mostrando a artesã trabalhando com o cipó], trocava com peixe e deixava as bananas e a farinha e já trazia os peixes no cesto. Muitas pessoas encomendavam os cestões para usar no cerco, nos barcos. Até hoje se alguém pedir tem gente ainda que faça. Eu mesmo faço.[11]

Assim, historicamente, a memória caiçara foi se esquecendo da sua parte negra, apesar da presença cultural africana ainda existir na sua cultura material e musical.

Ao falarmos especificamente sobre as técnicas, percebemos duas influências principais, a indígena e a portuguesa (ou ibérica), e, em menor grau, a africana, como foi mencionado anteriormente. Os aparelhos que encontramos hoje no litoral paulista derivam principalmente dessas origens. Há muitos tipos de pesca praticados hoje em São Paulo, alguns deles usados concomitantemente pelos mesmos pescadores. O tipo de

---

10   Márcia Merlo. *Entre o mar e a mata: a memória afro-brasileira: São Sebastião, Ilhabela e Ubatuba.* São Paulo: FAPESP/EDUC, 2005, p. 72.

11   Relato colhido pelo autor em Ubatuba, SP, em 26/03/2013.

250 Gildo Magalhães (org.)

pesca de maior produtividade hoje, em São Paulo, é a pesca de cerco realizada por traineiras. Porém, como nosso objetivo principal é o estudo das modalidades artesanais, apresentaremos aqui algumas das principais técnicas de produção utilizadas pelos caiçaras: a pesca com as redes de arrasto e com as redes de emalhar, o cerco flutuante e o cerco fixo.

O arrasto de praia

A técnica do arrasto de praia, conhecido em algumas localidades como "lanço de praia" ou "arrastão", é o método que utiliza redes de envolver (ou de cerco) ou redes de emalhar. Em São Paulo as redes utilizadas para esse tipo de pesca são conhecidas como redes de costa, usadas principalmente para a captura de tainha (*Mugil platanus*). Até meados do século XX esse era um tipo de pesca bastante praticado na costa paulista, mas seu uso foi gradualmente diminuindo, principalmente devido a regulamentações e à legislação restritiva. Esse tipo de pesca tem origens portuguesas, como podemos observar no estudo *Agricultores e pescadores portugueses na cidade do Rio de Janeiro*, de Raquel Soeiro de Brito, onde a autora descreve a técnica de pesca naquele país:

> Desde Vieira de Leiria até a Vagueira (sul de Aveiro), a pesca tradicional mais importante e rendosa é a que emprega a arte das xávegas, uma rede longitudinal formada por um saco de malha muito apertada e fio grosso, ladeado pelas mangas de malha mais larga e fio mais fino. Nas extremidades das mangas prendem-se as cordas, cada uma delas com 3 a 6 km de comprido. Esta rede é lançada em forma de semicírculo, ficando logo preso na praia um dos cabos. É o tipo de rede usado em Sagres e na Costa de Santo André (ao norte do cabo de Sines), no litoral do Brasil (arrastos) e em Goa (raponi). Em todos esses lugares a rede tem uns duzentos metros de comprido e duas a três dezenas de homens levam quatro a seis horas a alar, puxando simultaneamente pelas duas extremidades. Nas praias do centro oeste de Portugal as re-

des são umas três vezes mais compridas, e levantadas muito mais rapidamente por seis a dez juntas de bois. Cada junta tem uma corda pequena que se ata ao cabo da rede e depois às mangas. O trabalho começa pausadamente, com as juntas de cada cabo afastadas umas boas dezenas de metros. À medida que o tempo corre e, consequentemente a rede vem chegando a terra, os dois grupos de gado vão-se aproximando um do outro e a faina aumenta progressivamente de ritmo.[12]

Podemos comparar a descrição da pesquisadora portuguesa com a de Gioconda Mussolini, que retratou o lanço da tainha no litoral paulista:

> No tocante às redes, dentre as de envolver as mais comuns e gerais são os "arrastões de praia" e as "redes de arrasto", de dimensões variáveis e que se distinguem por uma série de pormenores de confecção, mas que, de modo geral, se identificam. A parte central da rede, chamada cópio, tem maior altura e nela o tamanho das malhas é menor. Esta parte termina, de ambos os lados, por redes de malhas mais largas que vão afinando em direção às extremidades, de sorte que, se na parte central a altura é de 12 metros, digamos, nas extremidades se reduz a quatro. Chamam estas partes de mangas da rede. Finalmente, as mangas terminam em cabos, cordas grossas por meio das quais a rede é puxada à praia. Acompanhando a rede toda, da manga através do cópio até a outra manga, existe a "tralha da cortiça" (flutuadores) num dos bordos e a "tralha do chumbo" no outro. Faz-se o cerco ao largo, deixando-se os cabos de uma das extremidades na praia, enquanto uma canoa, lançando a rede em círculo ao redor do cardume, volta à praia, trazendo a outra extremidade e os respec-

---

12 Raquel Soeiro de Brito. *Agricultores e pescadores portugueses na cidade do Rio de Janeiro (estudo comparativo)*. Lisboa: Junta de Investigações do Ultramar, 1960, p. 57-58.

tivos cabos. O peixe, na puxada, vai se depositando no cópio da rede, que, por isso mesmo, é a parte mais sólida e de malhas mais miúdas, sendo muitas vezes chamado de "ensacador". Registram-se casos em que, trazida a rede à praia, atrelam-se bois aos cabos, para ajudar a puxada. Mas isso é raro, mesmo porque o gado escasseia no litoral, sendo quase inexistente, a não ser num ou noutro ponto em que existe em pequena quantidade como auxiliar dos serviços de engenho.[13]

Analisando as duas descrições, podemos perceber que a técnica portuguesa foi adaptada no Brasil, onde os pescadores diminuíram o tamanho das redes e passaram a utilizar os próprios braços para puxá-las até a praia (há, porém, registros da utilização de bois para o arrasto das redes no município de Praia Grande, São Paulo, na década de 1950). Isso se deu, possivelmente, devido a fatores como as peculiaridades geográficas do nosso litoral, o pouco hábito de se criar gado (quando isso ocorria, faziam-no no sertão, longe da praia, mais com a finalidade de mover engenhos) e a necessidade de uma produção menor que a dos pescadores portugueses, já que o caiçara, até certo momento, não tinha para quem vender o peixe. Além disso, a confecção de uma rede demasiadamente extensa era muito cara para os padrões dos habitantes da costa paulista.

Podemos inferir também a continuidade do uso de termos relativos à técnica, como "mangas" e "lanço" (termo usado em outras passagens pelas duas autoras). Segundo Mourão, "da herança lusitana, além de técnicas, registramos o próprio nome que dão à faina pesqueira, 'matar peixe', expressão portuguesa antiga, que oferece bem a conotação da pesca à época, isto é, uma atividade coletora, tal como a caça, com significação, portanto, diferente da que atribuímos hoje à pesca".[14]

---

13   Gioconda Mussolini. "Aspectos da cultura e da vida social no litoral brasileiro". In: *Revista de Antropologia*. São Paulo, vol. 1, n° 2, dezembro de 1953, p. 88-89.

14   Fernando A. Mourão. *Os pescadores do litoral sul de São Paulo*. São Paulo: NUPAUB-USP/Hucitec, 2003, p. 51.

Quanto à embarcação utilizada no arrasto de praia em São Paulo, a canoa construída em um só tronco de árvore, feita com técnica de construção tradicional das comunidades caiçaras, é também utilizada em outros tipos de pesca e tem origem indígena (Figura 9.1).

Figura 9.1. *Canoa caiçara usada por pescadores da Vila de Picinguaba, Ubatuba, SP*
(Foto: Marcelo Afonso, 27/03/2013)

A captura da tainha pela técnica do arrasto de praia no litoral de São Paulo (assim como em outras partes do litoral brasileiro, como no litoral norte do Paraná) é extremamente engenhosa e envolve diversas etapas para que se chegue a um bom resultado. Utilizando as descrições detalhadas de diversos autores, podemos aqui fazer um resumo do processo.[15]

---

15 Carlos Borges Schmidt (1948), Antonio Carlos Diegues (2004), Gioconda Mussolini (1953), Luiz Geraldo Silva (1988), Leonardo Régnier (2010), entre outros autores.

A tainha é pescada, pela técnica do arrasto de praia, entre maio e agosto. Há um acordo temporário, entre aqueles que se envolvem na pesca, que estabelece uma certa divisão do trabalho. "Entre os caiçaras, as equipes de pesca tinham denominação local variada: era a 'companha' no litoral fluminense, a 'sociedade' na Ilhabela, a 'campanha', em Ubatuba, a 'combinação' em Iguape".[16] Além dos donos das redes e das canoas, quase todos os pescadores locais se envolvem, de alguma maneira, na temporada da tainha. Usa-se o sistema de camaradagem, no qual os redeiros "contratam" os camaradas para puxarem e trabalharem com a rede, fazendo a sua lavagem e o recolhimento após a pesca.

Dentre os camaradas, o vigia (ou espia em Ubatuba, ou olheiro na Ilha do Mel, no Paraná), tem uma das funções mais importantes, que é localizar o cardume e dar o aviso. Ele passa dias e noites num local mais alto, uma pedra ou morro, para identificar e calcular o número de peixes dos cardumes. Assim que observa um cardume interessante para o trabalho, ele dá o alarme. Na década de 1940, segundo Mussolini (1953), o vigia tocava um búzio, a *buzina da rede*. "O toque do búzio tem que se dar quando o peixe está a uma distância suficiente para que haja tempo para tudo: puxada da canoa para o mar, embarque, emenda das redes (quando se usam os tresmalhos). E tudo isso com o mínimo de barulho e o máximo de rapidez".[17] Nos dias de hoje, segundo Régnier (2010), esse é o "momento que entra em cena a única inovação tecnológica introduzida no ritual da pesca de tainha desde o seu princípio: os rádios comunicadores. Até há poucos anos os olheiros sinalizavam os pescadores na praia através de bandeiras ou com aceno de camisas, hoje isso é feito com os pequenos radinhos".[18]

---

16 A.C. Diegues. *A pesca construindo sociedades*. São Paulo: NUPAUB/USP, 2004, p. 282.

17 Mussolini, *op. cit.*, 1953, p. 91.

18 Leonardo Medeiros Régnier. *Pescadores de tainha*. Curitiba: Edição do Autor, 2010, p. 17.

Após o aviso, todos vão para a praia, os pescadores tiram as canoas do rancho com os roletes, entram na água e começa a estratégia para fechar o cerco ao cardume, com a ajuda do espia que, da praia, orienta os pescadores com os braços (ou, hoje, com o rádio de comunicação). Na canoa em que está a rede que faz o cerco vão, normalmente, quatro pescadores.

Inicia-se, então, a puxada da rede, feita pelos camaradas, os ajudantes e todas as pessoas que estiverem no local. Após a puxada, o peixe é distribuído pelo redeiro conforme a participação de cada um. A rede é então estendida para secar sobre a vegetação rasteira ou varais feitos de estacas de bambu e, em seguida, são feitos os reparos das malhas, das tralhas, e a guarda no rancho para uso posterior.

A tecnologia de confecção e o material das redes usadas nos diversos tipos de pesca passaram por transformações de 1910 para cá. Até o fim do século XIX ainda se utilizava, em várias localidades do litoral, a fibra do tucum (*Bactris setosa*), palmeira nativa da mata atlântica, para confecção de linhas e redes. A prática de se fazer redes com o uso desta fibra foi citada por Hans Staden, no século XVI, e era utilizada pelos Tupinambás: "Usam também de pequenas redes, feitas de fibras, que tiram de umas folhas agudas e compridas *Tockaun*".[19] Willems, em seu trabalho de campo realizado na década de 1940, constatou que na Ilha de Búzios, no litoral de São Paulo,

> Todos os pescadores que possuem redes nos informaram que eles as teceram com linha de algodão comprada no continente ou na Ilha de São Sebastião. Antigamente os ilhéus fiavam as linhas de fibras de tucum (Bactris setosa Mart.). Essa técnica indígena tor-

---

19 Hans.Staden. *Viagem ao Brasil*. Versão do texto de Marpurgo, de 1557, por Alberto Löfgren, revista e anotada por Theodoro Sampaio. Rio de Janeiro: Officina Industrial Graphica, 1930, p. 138-140.

256 Gildo Magalhães (org.)

nou-se obsoleta, embora muitas mulheres mais velhas da maioria das comunidades caiçaras ainda saibam fiar dessa forma.[20]

Em nota, o autor cita que em "1934 o fio de tucum ainda era fiado e usado pelos caiçaras de Camboriú, Santa Catarina. Ao serem entrevistados, vários homens mostraram-se indignados com a qualidade inferior 'do fio de algodão' e afirmaram jamais o terem usado". Carlos Borges Schmidt, escrevendo em 1947, ainda viu a técnica de fiar com a fibra do tucum no litoral sul paulista.[21]

O tucum, então, deu lugar ao uso de linhas de algodão para a fabricação das redes, até meados do século XX, quando foram substituídas pelas redes de materiais sintéticos, principalmente o náilon (poliamida), patenteado pela DuPont em 1935 e comercializado a partir de 1938. A mesma empresa passou a fabricar, na década seguinte, o monofilamento de náilon que passou a ser muito utilizado na pesca em todo o mundo. No Brasil, o náilon começou a ser mais amplamente utilizado na pesca após a década de 1960.

Segundo Mourão, que fez seus trabalhos de campo no litoral paulista entre 1963 e 1970, o que faz com que os pescadores utilizem um novo tipo de material nas redes é a economia de tempo e de dinheiro, elementos valorizados pelas condições do mercado capitalista:

> A divulgação da rede de náilon, já comprada pronta, deve-se, principalmente, à emergência de uma certa racionalidade de mercado pelos pescadores que operam com embarcações motorizadas. Estes, quando inquiridos sobre a preferência pelas redes prontas, respondem que compensa mais comprar a rede pronta

---

20 Emílio Willems. *Ilha de Búzios: uma comunidade caiçara no sul do Brasil.* São Paulo: NUPAUB-USP/HUCITEC, 2003, p. 65.

21 Carlos Borges Schmidt. "Alguns aspectos da pesca no litoral paulista". In: A.C. Diegues, *Enciclopédia caiçara. Vol. IV - História e Memória Caiçara.* São Paulo: Hucitec-Nupaub/USP, 2005, p. 150.

O progresso e seus desafios   257

do que mandar fazer a algum velho pescador, o que ficaria mais caro e que não fazem, pois demanda muito tempo, tempo esse que aproveitam melhor na pesca.[22]

Mourão comenta que, no tempo de sua pesquisa, ainda se utilizavam redes de espera feitas com algodão e *perlon*, uma fibra sintética. Porém, a rede de algodão precisava ser constantemente lavada em água doce e tingida "quinzenalmente, quando em uso, com tinta de jacatirão, raiz-de-mangue, aroeira e outras que se obtêm nas matas". Além disso, segundo ele, os pescadores dizem que a rede de náilon é mais resistente e "engana melhor o peixe".

O autor verificou, ainda, a existência de alguns poucos donos de redes de arrasto feitas de algodão, que, segundo seus proprietários, eram mantidas devido à grande quantidade de redes já adquiridas, o que tornaria economicamente inviável uma nova aquisição de grande quantidade de redes feitas de náilon.

> Vai mantendo a rede antiga, de algodão, que trata com cuidado, com a ajuda dos camaradas da terra, aplicando os remendos necessários. Em outros pontos da costa, quando a rede do velho arrastão de terra não oferece mais condições de reparos, essa técnica de pesca é simplesmente abandonada. O arrastão de terra não tem mais condições de subsistir, ou porque falta o peixe na costa, em decorrência do arrasto dos barcos pesqueiros, ou porque o resultado não compensa e o dono do arrastão de terra não tem condições de atrair braços para a parada.[23]

Desta forma, Mourão já delimita algumas das causas econômicas da diminuição do uso da técnica de arrasto de praia no litoral paulista,

---

22   Mourão, *op. cit.*, p. 71.

23   Ibid., p. 72.

que, aliadas à criação de unidades de conservação e da legislação ambiental mais restritiva, está, aos poucos, desaparecendo.

Segundo um pescador que encontramos em 2013 na praia de Picinguaba, em Ubatuba,

> Por essas praias aí matavam tainha adoidado. Traziam um monte e você não via o outro lado assim. E hoje em dia isso não é permitido. (...) a gente trabalha com esse tipo de rede [apontando para as redes de emalhe]. Essas redes de puxar pra praia assim, que era antiga, esse tipo de rede acabou, os caras não permitem a gente entrar no mar (...) não é mais permitido, proíbem tudo.[24]

A pesca com redes de emalhe

Grande parte da pesca realizada no litoral de São Paulo hoje é praticada com redes de emalhar. Essas redes capturam o peixe por ele ficar "enroscado" nas malhas. É um tipo de petrecho muito antigo e que foi adaptado para os vários tipos de pesca, principalmente com a utilização de embarcações, e trazido para o Brasil pelos portugueses. Nas pesquisas de campo, foi o tipo de rede mais encontrado no litoral paulista, utilizado tanto pelos pescadores artesanais (Figura 9.2) quanto pelos industriais. É utilizada na pesca de espera, onde a rede pode ficar horas ou dias à deriva ou submersa, executando a captura do pescado, posteriormente recolhido pelas canoas ou barcos. Segundo Mussolini:

> Por certas condições da costa, como também por características de certos peixes, nem sempre é possível o emprego dos "arrastões de praia", tornando-se, então, mais comum o uso das "redes de emalhar" nas quais o peixe, cercado distante da praia, fica preso ou enforcado nas malhas. Estas redes são de origem portuguesa,

---

24 Relato colhido pelo autor em Ubatuba, SP, em 26/03/2013. Quando o pescador comenta que "os caras não permitem a gente entrar no mar", ele se refere aos agentes de fiscalização ambientais estaduais e federais.

O progresso e seus desafios

como se pode verificar confrontando-as com as que até hoje se usam em Portugal e também pela identidade de nomenclatura.[25]

Além das condições ambientais citadas por Mussolini como impedimento do uso do arrasto de praia, hoje podemos incluir também a legislação e a criação de unidades de conservação, que fizeram com que muitos pescadores abandonassem o arrasto e se voltassem à pesca de emalhe ou com cercos fixos e flutuantes.

Várias são as vantagens, para o pescador de hoje, do uso da pesca com rede de emalhe. Segundo Alves (2007), é um petrecho de fácil manuseio e operação. É tecnologicamente simples, de fácil manutenção e pode ser usado em diversos tipos de fundos marinhos ou em água doce, além de que os custos do equipamento e do uso de recursos humanos para operá-lo são relativamente baixos.[26]

---

25 Mussolini, *op. cit.*, 1953, p. 89.

26 Pedro Mestre Ferreira Alves. *Dinâmica da pesca de emalhe do Estado de São Paulo e alguns aspectos biológico-pesqueiros das principais espécies desembarcadas em Santos*. Dissertação (mestrado em Aquicultura e Pesca). Instituto de Pesca, São Paulo, 2007, p. 3-4.

Figura 9.2. *Confecção de rede em monofilamento de náilon na Ilha do Cardoso, SP*
(Foto: Marcelo Afonso, 24/01/2012)

Em São Paulo percebemos, também, que um dos tipos mais utilizados de rede de emalhe é o tresmalho. O nome deriva do uso combinado de três redes paralelas, mas que no Brasil foi adaptado, apesar da denominação ter sido mantida, como pudemos observar nos nossos trabalhos de campo e nos da pesquisadora Gioconda Mussolini, na década de 1940:

> Particularmente interessante é a conhecida e designada em todo o Brasil por tresmalho. Digno de nota é o fato de que aqui esta rede se simplificou em relação ao antigo modelo português. Conservou aproximadamente a mesma forma de manejo em Portugal e também a sua característica de "rede de emalhar", destinando-se, aqui como lá, especialmente à pesca da tainha. Porém, a rede portuguesa é, na realidade, composta de três paredes de rede justapostas (donde o seu nome): duas de malhas

largas, colocadas nas partes exteriores, e uma de malhas finas, colocada de permeio. Houve época em que no Brasil também se confeccionava assim esta rede; recordam-se dela alguns pescadores da costa paulista, onde a rede era conhecida como "rede de português" ou "feiticeira", porque, como me informaram, "o peixe que batia nela não escapava". O que se conhece hoje como tresmalho é uma rede de forma retangular e de comprimento aproximado de 90 metros, composta de uma única parede de malhas uniformes, de tamanho que permita prender o peixe pela cabeça e que, portanto, é ditado pelo porte do peixe a que se destina.[27]

Na praia de Picinguaba, em Ubatuba, durante nossos trabalhos de campo, um pescador mencionou o uso da "feiticeira de fundo", "Tem as redes que pra nós aqui é rede de espera, que são as feiticeiras de fundo e essas redes de boiada, só! Rede de arrasto não tem mais, tinha, mas agora não tem mais".[28]

Antes confeccionada em redes de algodão, a adaptação brasileira ao tresmalho se deu devido à necessidade de uma maior seletividade do tipo de peixe que se quer pescar, fazendo com que peixes menores não fiquem presos na rede, como acontecia no tresmalho português. Assim, no tresmalho brasileiro, o "fazedor" de rede sabe para qual peixe específico ele está confeccionando a rede. Hoje a rede é feita de náilon.

---

27   Mussolini, *op. cit.*, 1953, p. 89.

28   Relato colhido pelo autor em Ubatuba, SP, em 26/03/2013.

O cerco fixo

O cerco fixo (conhecido no nordeste do Brasil como "curral") é uma grande armadilha fixa feita de taquara, bambu ou madeira, usada normalmente em canais e áreas estuarinas, quase sempre próximas a mangues, muito comum em São Paulo, principalmente no litoral sul (Figura 9.3). A origem do cerco ainda não está totalmente esclarecida, mas pode ser uma adaptação portuguesa e brasileira das tapagens feitas pelos indígenas. Gioconda Mussolini cita Gabriel Soares de Souza, que em 1587 escreveu que quando os índios queriam capturar muitos peixes nos rios ou nos canais de água salgada, faziam uma tapagem de varas, batendo no peixe e colocando ervas como o timbó para o anestesiar e facilitar a captura. "A técnica das tapagens, tão condenada pela legislação da pesca como o uso do *timbó*, chegaria até nossos dias, apresentando-se dela uma variante, de feitura mais complicada, os chamados 'currais de peixe', espécie de armadilha também constituída de varas fincadas, formando compartimentos, muito comuns em nossa costa".[29]

---

29   Mussolini, *op. cit*, 1953, p. 86.

O progresso e seus desafios 263

Figura 9.3. *Cerco fixo instalado em Cananeia, SP* (Foto: Marcelo Afonso, 24/01/2012)

Ao que parece, os currais de peixes do nordeste foram inicialmente instalados por portugueses e seus descendentes. Silva acredita que esse tipo de pesca já existia desde o século XVIII e cita que no século XIX já havia regulações sobre a atividade.[30]

Já a pesquisadora de currais paraenses Márcia Cristina da Silva Tavares afirma que os primeiros currais foram estabelecidos no Ceará e que a origem desse tipo de pesca é fenícia e cartaginesa:

> A pesca com armadilhas fixas teria sido exercida primitivamente, no Algarve (Portugal), por colonos fenícios e cartagineses, na época grandes navegadores. Mais tarde surgiram os árabes que atribuíam às armadilhas fixas o nome de Almandravas, do árabe Alma (lugar) e Darab (matar), ou seja, lugar de matança (...). Foi

---

30 Luiz Geraldo Silva (Coord). *Os pescadores na história do Brasil. Volume 1 - Colônia e Império*. Recife: Comissão Pastoral dos Pescadores, 1988, p. 38-42.

em 1869, que imigrantes portugueses, ao se estabelecerem nas cidades cearenses de Acaraú e Camocim, perceberam que o mar tranquilo, a plataforma continental larga e a baixa declividade ofereciam condições ideais para o desenvolvimento da pesca de curral – daí seus praticantes serem conhecidos como "vaqueiros ou cowboys do mar". Em 1915, o comerciante Demétrio Elias Tahim introduziu essa arte pesqueira no povoado de Pontal das Almas, na divisa do Ceará com o Piauí.[31]

De alguma maneira, o uso de cercos fixos no litoral paulista chegou mais tarde, provavelmente trazido por portugueses que já trabalhavam com essa técnica na Europa ou mesmo no nordeste do Brasil. "Em Cananeia, os pescadores (cerqueiros) lembram de um português, morador de Santos (SP), como um dos primeiros a montar um cerco fixo, na metade do século 20. O nome dele era Ranulfo Paiva".[32]

O cerco fixo utilizado em São Paulo, principalmente no complexo estuarino-lagunar de Iguape, Cananeia e Ilha Comprida é hoje voltado à pesca comercial local e o produto da pesca é vendido nos entrepostos e peixarias da região. Vários pescadores de rede também possuem ou executam trabalhos nos cercos fixos instalados no canal formado entre a Ilha Comprida e os municípios de Cananeia e Iguape. Mendonça descreve esse aparelho de pesca em sua tese sobre a gestão dos recursos pesqueiros da região:

> É a principal arte de pesca empregada no estuário, sendo confeccionada com bambus ou taquara-mirim (Phyllostachys aures) e arame (panagem), sustentada por mourões, formando um tipo

---

31 Márcia Cristina da Silva Tavares. *A pesca de curral no estado do Pará.* Dissertação (mestrado em Ciência Animal), Embrapa e Universidade Federal Rural da Amazônia. Belém, 2005, p. 11-12.

32 "Peixes no Curral" - Extraído de matéria jornalística transmitida pela EPTV em fevereiro de 2010. Disponível em http://www.pesca.sp.gov.br/noticia.php?id_not=5801. Visitado em 20/07/2015.

de "curral" instalado à beira do mangue. Possui durabilidade média de três a quatro meses, dependendo de sua resistência ao intemperismo. Quando as taquaras começam a quebrar, confecciona-se nova "panagem" e faz-se a substituição. A distância entre as taquaras da "panagem" varia de acordo com a espécie de peixe almejada e, consequentemente, com a época do ano. Para a captura da tainha, no inverno, as taquaras distam em torno de 5 cm um do outro e para a pesca do robalo, carapeba e do parati, nos meses quentes (setembro a abril), distam 3 cm entre si. É composta pelas seguintes partes: espia, sendo uma cerca de mourões e taquaras, com comprimento variado, atados com arame, dispostos perpendicularmente ao mangue, servindo de barreira aos cardumes que percorrem a costa do mangue; ganchos, formados entre a espia e a casa-de-peixe, servem para dificultar o escape dos indivíduos quando chegam à casa-de-peixe; porta, consta da abertura da casa-de-peixe; e por fim a casa-de-peixe, sendo o local que concentra a captura. No município encontra-se a panagem da casa-de-peixe feita de bambu, taquara, tela de arame ou rede de nylon. As demais partes do cerco são geralmente confeccionadas com bambus ou taquaras.[33]

Inicialmente os cercos eram confeccionados somente com os materiais fornecidos pela própria natureza, como cipós e taquaras. Porém, na região de Cananeia, desde a década de 1990, o cerco passou por algumas adaptações para tornarem-se mais duradouros, que incluíram o uso

---

33 Jocemar Tomasino Mendonça. *Gestão dos recursos pesqueiros do complexo estuarino-lagunar de Cananeia-Iguape-Ilha Comprida, litoral sul de São Paulo, Brasil.* Tese (doutorado em Ciências), Universidade Federal de São Carlos, São Carlos, 2007, p. 78-79.

266   Gildo Magalhães (org.)

de materiais sintéticos como telas galvanizadas, telas plásticas, redes de náilon e taquaras forradas com plástico.[34]

O cerco flutuante

O cerco flutuante foi um tipo de pesca trazido pelos japoneses no início do século XX e introduzido, inicialmente, em Ilhabela, São Paulo. A antropóloga Gioconda Mussolini dedicou alguns de seus estudos ao uso do cerco flutuante no litoral norte e é referência quando se quer entender a sua introdução pelos japoneses, aproximadamente na década de 1920. Segundo ela, os primeiros japoneses apareceram em Ilhabela em 1916 e "ali introduziram um engenhoso meio de pesca, entre a curiosidade e a desconfiança dos moradores locais, a princípio, e a admiração e o ressentimento dos mesmos, depois, quando 'o cerco provou bem' e se mostrou um dos apetrechos mais eficientes na captura do peixe".[35]

Nenhum resquício da nomenclatura japonesa dos elementos constantes na técnica do cerco flutuante remanesceram na cultura caiçara, segundo a antropóloga. Inicialmente, os habitantes de Ilhabela chamavam esse tipo de aparelho de "cerco de japonês", que, com o tempo e a absorção na cultura local, passou a chamar-se apenas de "cerco flutuante" ou "cerco".

> Contudo, nos primeiros tempos, não era apenas cerco de japonês, mas o cerco do japonês: tratava-se do de Kamati. Antes deste, uma primeira tentativa feita por um seu patrício, Matimoto, fora frustrada: a rede por ele construída "não provou bem", como se repete na Ilha, por não ter sido devidamente entralhada, de sorte

---

34   Jocemar T. Mendonça et. al. "Projeto Pesca Sul Paulista - Diagnóstico da atividade pesqueira nos municípios de Cananeia, Iguape e Ilha Comprida". In: A.C. Diegues, Virgílio M. Viana (orgs.). *Comunidades tradicionais e manejo dos recursos naturais da Mata Atlântica*. São Paulo: NUPAUB/HUCITEC, 2004, p. 149.

35   Mussolini, op, cit., 1980, p. 275.

O progresso e seus desafios

267

que vinha à tona com o movimento das águas. Mais tarde, Kuzi Hamab (que o pessoal do local abrasileirou para "Seu Amável", nome sob o qual passou à tradição), já conhecedor desta armadilha de pesca no Japão, conseguiu entralhá-la a contento a expensas de Kamati: foi o primeiro cerco flutuante que ficou na história da pesca no Brasil.[36]

A estrutura de um cerco flutuante, construído basicamente com redes e cordas, consta de duas partes, a *casa* e a *espia* (o *rodo* e o *caminho*, segundo os habitantes de Ilhabela da década de 1940):

> (…) A primeira, que é o reservatório, assemelha-se a um grande coador de café, embora não afunilado e, ficando submersa, assenta-se no fundo, denunciando-se à superfície das águas apenas por uma elipse de gomos de taquaruçu. É construída de malhas de três tamanhos, conforme sua distribuição: a das paredes ou rodo, de 4 cm, de fio nº 9; as do fundo de 5 cm, de fio 12 e as do círculo de despesca, círculo de copiada, cópio ou ensacador de 3 cm, de fio 18.
>
> As faces laterais e o fundo são constituídos por panos perfiados, porquanto o cerco é feito em partes, cabendo ao entralhador o trabalho máximo e final de dar-lhe a forma. A casa possui uma entrada que vai da base à superfície. Nessa, duas paredes de redes da mesma altura que ela, são colocadas lateralmente de modo a produzirem um corredor que vai se afunilando no sentido do

---

36 Ibid., p. 282. Em nota, Mussolini conta que "Kuzi Hamab, natural de Nagasaki (Japão), chegou ao Brasil em 1919. Residiu algum tempo em Cabo Frio (Rio de Janeiro) e ali construiu um cerco flutuante para um patrício, Yuzubaro Yamangata. Mudando-se logo depois para a Ilha de S. Sebastião, construiu ali o primeiro cerco no Sombrio, para Sumkiti Kamati. Segundo suas informações, o introdutor do cerco de Parati aprendeu a arte com ele. Hamab diz que no Japão o cerco 'sempre existiu' e que aprendeu a confeccioná-lo na escola. Atualmente este japonês reside em Ubatuba, onde continua a entralhar cercos". Nota número 19, p. 282.

raio do aparelho. Ao redor da porta, um fiel é destinado a fechá-lo quando puxado, impedindo a saída do peixe por ocasião da despesca. A um dos lados da entrada vem se perfiar a outra parte do cerco - a espia ou caminho - pano de rede retangular, de malhas de 8 cm, de fio nº 9, e que, na outra extremidade, vai se prender ao "costão".

A casa tem de 75 a 90 braças de circunferência e sua altura varia de acordo com o local em que é instalado o aparelho, o que implica em que o entralhador tome conhecimento prévio do sítio em que vai fundeá-lo. Quanto ao caminho, tem ele comprimento variável de acordo com a distância em que se achar o costão (15, 20, 30 braças), enquanto que sua altura depende dos mesmos fatores que determinam a da casa.

O cerco mantém-se fundeado: gomos de taquaruçu amarrados de três em três ao redor de um cabo de juta ou imbé e presos ao fundo por meio de poitas (âncoras), servem de boias às panagens da rede. Esta pode ser retirada sem que se remova aquele sustentáculo: pela tralha que passa ao redor do cerco todo, é ele abotoado nas boias.[37]

Assim, o cerco funciona como uma armadilha, pois quando os peixes se deslocam pela costeira, encontram a *espia* (ou *caminho*), e ao tentarem contorná-la, acabam entrando no *rodo*, onde ficam presos por causa da sua forma afunilada (Figura 9.4).

Os primeiros cercos flutuantes que realmente funcionaram foram confeccionados no Saco do Sombrio, na Baía de Castelhanos, em

---

37 Ibid., p. 276-277. Observe-se que oficialmente, segundo a "Tabela de Medidas Agrárias Não Decimais", do Ministério do Desenvolvimento Agrário, uma braça equivale a 2,20 m. No entanto, para os caiçaras, uma braça equivale a 1,50 m, medida de uma mão a outra, com os braços abertos – cf. Gilberto Chieus Jr., "A Braça da Rede, uma Técnica Caiçara de Medir", in *Revista Latinoamericana de Etnomatemática*, Vol. 2, nº 2, agosto de 2009.

Ilhabela, a partir da técnica e do conhecimento do Sr. Hamab. Em pouco tempo, o local tornou-se um centro de difusão da nova técnica no litoral paulista, o que nos faz lembrar de Leroi-Gourhan, ao analisar os processos de transformação das técnicas desde os povos pré-históricos até os atuais em sua obra *Evolução e Técnicas,* onde cita que "se o vizinho propõe uma solução pronta a usar, ela é logo adotada, pelo que se torna possível traçar progressivamente um mapa das manchas de difusão; se a solução não existe nas vizinhanças, inventa-se, criando assim um futuro centro de difusão"[38].

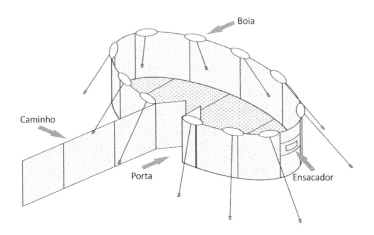

Figura 9.4. *Desenho esquemático do cerco flutuante* (ilustração: Luciano Regalado)

Assim, o cerco flutuante transformou a vida dos moradores do Saco do Sombrio e o local chegou a atrair habitantes de outras localidades para ali se dedicarem exclusivamente à confecção e manutenção dos cercos no local, o que ocorreu até a Segunda Guerra Mundial, quando os japoneses saíram da região. Depois disso, apesar do Saco do Sombrio não mais manter sua produtividade, outros locais da costa paulista absorveram o uso do

---

38 Leroi-Gourhan, *op. cit.* Vol. II – *O meio e as técnicas,* p. 326.

270 Gildo Magalhães (org.)

cerco flutuante, que se tornou, em algumas regiões e por determinados períodos, a principal técnica de pesca utilizada. No início da década de 1970, por exemplo, segundo Noffs, era a atividade econômica mais importante praticada no Toque-Toque Pequeno, em São Sebastião.[39]

O conhecimento da construção do cerco flutuante passou de geração para geração, a partir da técnica trazida pelo Sr. Hamab (que chegou a construir, praticamente sozinho, 28 cercos) por toda a costa paulista, em algum momento de sua história. Passando por adaptações nos diferentes locais onde foi utilizado, o cerco, hoje, é praticamente todo feito de redes de material sintético, principalmente o náilon. Os gomos de taquaruçu citados por Mussolini são hoje substituídos por boias ou canos de PVC.

Apesar de muitos entraves legais para o uso do cerco (uma das razões para o seu gradual desaparecimento), algumas iniciativas realizadas por instituições de pesquisa vêm sinalizando sobre as vantagens ambientais do uso desse tipo de pesca, pois se trata de um aparelho de pesca seletiva, assim como o cerco fixo, que possibilita a escolha dos peixes que serão capturados e a soltura de outras espécies não permitidas ou não comercializáveis, incluindo tartarugas. Um dos últimos construtores de canoa caiçara do litoral norte de São Paulo nos contou que passou a infância brincando de canoa e visitando cercos e endossa o que os pesquisadores vêm afirmando, que a pesca com cerco flutuante não é uma pesca de alto impacto por ser potencialmente seletiva.

Com o tempo, a introdução de outros tipos de pesca e do barco a motor (principalmente da traineira), de legislações mais restritivas e da transformação de boa parte da área costeira e marinha do litoral paulista em unidades de conservação, essa técnica de pesca passou a ser menos praticada, restando hoje poucos cercos flutuantes ainda em funcionamento em Ubatuba, São Sebastião e Ilhabela.

---

39 Paulo da Silva Noffs. *A disputa pela hegemonia do espaço na Baía dos Castelhanos.* 2007. Tese (Doutorado em Geografia Humana). FFLCH, Universidade de São Paulo, São Paulo, 2007.

Considerações finais

Após um século de evoluções nos petrechos e técnicas de pesca, percebemos inicialmente dois resultados, observados tanto por pescadores quanto por pesquisadores: a diminuição da quantidade de peixes capturados na atividade pesqueira e a degradação do meio ambiente marinho.

Dados do Instituto de Pesca de São Paulo, coletados com mais precisão a partir da década de 1960, revelam que apesar do aumento da frota, do aprimoramento tecnológico das embarcações, das inovações nas técnicas e petrechos e das políticas de controle e fiscalização, a quantidade de pescado capturado vem diminuindo a cada ano e o volume de pesca, em 2011, foi o menor dos últimos 45 anos no estado.[40]

Segundo os pescadores, isto está ocorrendo justamente devido à pesca excessiva, realizada por embarcações industriais com maior capacidade de carga e com melhores aparatos tecnológicos de identificação dos cardumes. Porém, alguns pesquisadores afirmam que a soma das atividades pesqueiras dos próprios pescadores artesanais, que também vêm aumentando o seu poder de captura, é outro fator, apesar de ter menor impacto, que vem influenciando esses dados. Além disso, a degradação dos ecossistemas marinhos próximos a áreas densamente povoadas poderia explicar a diminuição da quantidade de peixes capturados no litoral paulista, aliada à introdução de espécies exóticas provenientes, inclusive, da água de lastro[41] utilizada por navios de carga que é despejada

---

40 Dados estatísticos de pesca adquiridos no site do Instituto de Pesca de São Paulo: *http://www.pesca.sp.gov.br.*

41 ONG Água de Lastro Brasil. *A água de lastro e os seus riscos ambientais.* São Paulo: Associação Água de Lastro Brasil, 2009, p. 12. A água de lastro é despejada no mar conforme a quantidade de carga do navio e pode conter diversas espécies de seres vivos provenientes dos locais onde ela foi coletada, causando, com isso, a disseminação de animais e organismos exóticos, isto é, não nativos da costa brasileira, podendo ocasionar graves problemas ambientais no caso da introdução de espécies competidoras com as espécies nativas.

em nosso litoral. Estudos mais aprofundados de prospecção marinha e pesqueira deveriam ser realizados para analisar quais as reais causas da diminuição do pescado na costa paulista.

Outro indício da degradação do meio ambiente marinho ocasionada pela evolução da pesca nos últimos cem anos é a enorme quantidade de petrechos de pesca abandonados, perdidos ou descartados no mar, situação que deu origem a diversos projetos, no Brasil e no resto do mundo, voltados ao recolhimento e ao estudo desse material.

Pelo que percebemos, as transformações técnicas na pesca paulista, no decorrer do século XX, foram mais intensas principalmente no advento de novos materiais de fabricação dos petrechos, nas embarcações com motores mais possantes e com maior capacidade de carga e nas tecnologias de navegação e captura do pescado. Especificamente na pesca caiçara, o que ocorreu foi a adaptação de técnicas antigas, herdadas dos indígenas e dos portugueses, aos novos materiais e a introdução de algumas técnicas trazidas de fora, como os cercos flutuantes e alguns tipos de redes. Ao mesmo tempo, o caiçara não se manteve alheio às evoluções das embarcações, introduzindo para seu uso os motores de centro e de popa e aumentando o tamanho e a capacidade de seus barcos de pesca. Alguns se tornaram pequenos e médios armadores, inserindo-se na pesca semi-industrial, mas continuando a morar em seus locais de origem e não abandonando suas tradições, mantendo o uso da canoa em algumas atividades de pesca. Outros, motivados por razões econômicas, abandonaram suas comunidades quando foram recrutados para a pesca industrial ou passaram a trabalhar em atividades como a construção civil. Porém, a maior parte dos caiçaras que conseguiram permanecer em seus locais de origem trabalha hoje com atividades das mais variadas, sendo o turismo a principal e mais rentável, pelo que nos foi dito nos depoimentos.

O caiçara, assim como o mar, não gosta de ficar parado e durante todo o século XX encontrou as mais variadas formas de se manter, passando por atividades que variaram desde a roça até o turismo. Porém, pelo que percebemos, a maior parte das mudanças na pesca surgiu a par-

O progresso e seus desafios   273

tir de iniciativas individuais ou de pequenos grupos, uma característica histórica da evolução técnica dos caiçaras. A comunidade espera para ver se o novo método ou petrecho está funcionando e, se for comprovado que ele dá bons resultados, uma parte dos pescadores passa a aceitá-lo e utilizá-lo, até o surgimento de uma outra nova técnica (trazida por indivíduos de fora, ONGs, governo etc.), que passará pelo mesmo processo. Isso gerou uma gama variada de tipos de pescadores, alguns trabalhando simultaneamente com técnicas diferentes. Gerou, também, diferenças sociais internas nas comunidades caiçaras e conflitos entre grupos e indivíduos que passaram a exercer uma espécie de competição, o que vem contribuindo para uma falta de união nos momentos necessários para se buscar apoios e parcerias com as instituições que possuem programas de inclusão social e desenvolvimento econômico.

A falta de uma discussão organizada sobre o papel do Estado e das unidades de conservação também vem trazendo sérios entraves ao convívio social entre os caiçaras. Desentendimentos locais são frequentes, dificultando a formação de grupos e lideranças que poderiam reivindicar mais intensamente os interesses dos caiçaras, que até hoje não são oficialmente considerados como população tradicional. É necessário um melhor entendimento do conceito de "meio ambiente" pelas próprias instituições de gestão ambiental, já que algumas delas não percebem que o ser humano está inserido diretamente nessa questão e que não adianta somente criar unidades de conservação e colocar uma cortina encobrindo as casas dos moradores desses locais (como nos ilustrou um pescador de Picinguaba ao se referir à criação do Parque Estadual da Serra do Mar).

A introdução incentivada de novas técnicas de pesca por instituições de pesquisa, ONGs ou pelo poder público, seja visando à conservação ambiental, seja buscando o aumento da produtividade, deve levar em conta os diversos elementos que fazem parte de um sistema complexo em que essa atividade está inserida.

> É norma geral que se busque a inovação tecnológica quando algum meio de produção (recurso, capital ou trabalho) se torna escasso. Quando o meio escasso é o recurso, como via de regra acontece em atividades extrativistas de bens naturais renováveis, o perigo está em permitir-se criar uma defasagem, geralmente entre gerações, em que os benefícios são apropriados por alguns, no presente, e os custos serão assumidos pela sociedade, no futuro. A pesca é uma atividade que não possui parâmetros claros para comparar benefícios e custos sociais. Torna-se necessário avançar em estudos abrangentes de biologia, sociologia e economia pesqueiras, desenvolvendo as técnicas necessárias para que o gerenciamento pesqueiro seja abrangente, levando em conta não somente o espaço direta ou indiretamente envolvido com a atividade, mas também a dimensão temporal, salvaguardando o que por direito pertence às gerações futuras.[42]

A elaboração de mais estudos sobre a história das técnicas caiçaras, sejam as relativas à pesca e à construção de embarcações ou as voltadas aos seus variados usos e costumes (alimentação, habitação etc.), é fundamental para o fortalecimento da identidade caiçara e para a construção de uma base de conhecimento de origens ancestrais, cujo acesso poderia servir de chave para todo e qualquer trabalho que se quisesse fazer com e sobre essas populações, sejam eles de ordem social, econômica, ecológica ou ambiental.

Pelo que vimos, algumas pesquisas realizadas por instituições acabaram endossando aquilo que o pescador caiçara já sabia há décadas, demonstrando que, além das áreas naturais que hoje tanto se quer preservar, o conhecimento tradicional caiçara das populações da costa

---

42 Roberto da Graça Lopes. "Gerenciamento pesqueiro". In: Hélio Ladislau Stempniewski (Org.). *Retrospectiva dos serviços de pesca da Secretaria de Agricultura e Abastecimento e o Jubileu de Prata do Instituto de Pesca*. São Paulo: Instituto de Pesca, 1997, p. 81-82.

paulista também deveria ser estudado, preservado e divulgado. Além das "unidades de conservação ambiental", deveriam ser criadas "unidades de conservação da cultura caiçara", já que o conhecimento dessa população está, aos poucos, desaparecendo.

Antropologia e etnografia em debate: o Brasil e o Congresso Internacional dos Americanistas (1888)

Adriana Keuller

Introdução

O interesse pelos estudos americanistas se originou na Europa no final dos anos 60 do século XIX. Voltado para o estudo do Novo Mundo e do homem americano, o americanismo procurava contribuir com os estudos etnográficos, linguísticos e históricos.[1]

O primeiro Congresso Internacional de Americanistas foi fruto da iniciativa de cientistas franceses como Ch. E. Brasseur de Bourbourg (1814-1874) e Leon de Rosny (1834-1914), e realizou-se em Nancy, na França, em 1875. Mas não só os franceses participavam deste evento. O americanismo enquanto movimento repercutiu em vários países.[2] Foram sedes do evento, depois da França, os seguintes países: Luxemburgo (1877), Bélgica (1879), Espanha (1881), Dinamarca (1883), Itália (1886), até ser acolhido pela Alemanha em 1888.[3]

---

1   *Congrès International des Américanistes. Compte-rendu de la première session.* Nancy, 1875, p. 7.

2   C. Laudrière, "La discipline s'acquiert en s'internationalisant. L'exemple des congrès internationaux des américanistes (1875-1947)". In: *Revue Germanique Internationale. La fabrique international de la science. Les congrès scientifiques de 1865 à 1945.* Paris: CNRS Éditions, 2010/2, p. 72.

3   O Congresso ocorria a cada dois anos e somente a partir de 1895 ocorreu na América. Ver: J. Comas, *Cien Años de Congresos Internacionales de Americanistas.* México: Instituto de Investigaciones Históricas, 1974.

278 Gildo Magalhães (org.)

Trilhando os caminhos desenvolvido por Almeida (2006)[4] e Suppo (2003)[5], que exploram o tema dos congressos científicos na história das ciências, pretendo refletir sobre o papel desempenhado pelo Brasil no Congresso Internacional dos Americanistas de 1888 neste novo campo de estudos em constituição. Utilizamos a noção de campo científico de P. Bourdieu que o definiu como espaço de luta política em que se disputa o monopólio da autoridade.[6]

Os estudos americanistas começaram também no Brasil no final dos anos de 1860 do séc. XIX e aos poucos ganharam adeptos e se organizaram por aqui. A importância da participação do Brasil em tal evento nos permite conhecer um pouco da rede de relações científicas constituída entre os cientistas e suas instituições.

Sediar este evento em Berlim demonstra a forte presença de cientistas alemães nos estudos americanistas. Recordo inclusive, as diversas expedições de campo desenvolvidas pelos alemães no continente americano no século XIX. Carl F. P. von Martius (1794-1868) e J. B. von Spix (1781-1826) viajaram do Rio de Janeiro ao Amazonas entre 1817-1820 pesquisando e coletando espécimes botânicos, zoológicos e mineralógicos, além de registar aspectos etnográficos e linguísticos dos povos indígenas, o que resultou na obra de três volumes *Reise in Brasilien* publicado em Munique em 1823. Outra importante exploração foi a realizada por K. von den Steinen (1855-1929) em 1884, que viajou de Cuiabá pela nascente do rio Xingu descendo até sua foz no Pará. Realizou uma segunda viagem entre 1887-1888 nos afluentes do rio Xingú. Suas análises antropológicas e etnográficas foram publicadas em duas obras, *Durch Zentral-*

---

4   M. Almeida, "Circuito aberto: ideias e intercâmbios médico-científicos na América Latina nos primórdios do século XX". In *História, Ciência, Saúde – Manguinhos*, v. 13, nº 3, 2006, p. 733-757.

5   H. R. Suppo, "Ciência e Relações Internacionais: o Congresso de 1905". In *Revista da SBHC*, vol. 1, nº 1, 2003. p. 8-20.

6   P. Bourdieu, "Campo Científico". In: R. P. Ortiz, *Bourdieu*. São Paulo: Ática, 1983. p.18.

O progresso e seus desafios 279

Brasilien - Expedition zur Erforschung des Schingú em 1886 e *Unter den Naturvölkern Central-Brasiliens* em 1894. [7]

Abordaremos neste estudo as principais temáticas desenvolvidas nas seções científicas do Congresso. Desta maneira, é possível conhecer o debate científico e identificar os seus principais atores. Em seguida, faremos uma breve análise dos trabalhos apresentados pelo/sobre Brasil.

E, por último, faremos uma exposição sobre os estudos americanistas no Brasil e seu campo de atuação procurando demonstrar como a participação neste evento foi importante para os estudos antropológicos e etnográficos do Brasil no final do século XIX.

O Debate Científico no Congresso dos Americanistas em Berlim

O evento em Berlin ocorreu no grande salão do Hotel da Cidade, que recebeu o comitê do Congresso dos Americanistas e suas mulheres, seus delegados e seus representantes, além de diversos convidados. Entre eles, o corpo diplomático, os altos funcionários "militares e civis além da elite do mundo das ciências, das letras e das artes.[8] Homenagearam o representante de Berlim no Congresso dos Americanistas de 1878, o pintor Anton von Werner (1843-1915) e destacaram a importância dos estudos dos irmãos Humboldt – Alexander e Wilhelm – para o americanismo.

Os Congressistas tiveram a oportunidade de visitar várias instituições científicas alemãs. Foram convidados a conhecer o Instituto Geológico, a Academia de Agricultura, o Museu de Ciências Naturais, a Biblioteca Real, a Escola Politécnica, os Museus Reais, o Palácio Real de

---

7   H. Baldus, "Introdução", in K. Martius & J. Spix, *Viagem pelo Brasil (1817-1820): excertos e ilustrações*. São Paulo: Melhoramentos, 1968; E. Schaden, "Pioneiros alemães da Exploração Etnológica do Alto Xingu". In: V. P. Coelho (org.). *Karl von den Steinen: um século de Antropologia no Xingu*. São Paulo: EDUSP, 1993, p. 109-130.

8   *Congrès International des Américanistes. Compte-rendu de la dexiéme session.* Berlin, 1888, p. 3.

Potsdam, a Sociedade de Geografia de Berlim, os Institutos Patológico e Anatômico, e o Museu de Etnologia.[9]

Foi destaque a inspeção realizada pelos convidados da coleção de crânios antropológicos do Instituto Patológico, dirigido pelo médico e antropólogo R. Virchow (1821-1902). O Museu de Etnologia de Berlin, sob a direção de W. Reiss (1838-1908), foi também visitado pelos congressistas. Sua coleção americana era considerada então "uma das mais ricas da Europa", segundo o geógrafo italiano Guido Cora (1851-1919). Este Museu, criado por A. Bastian (1826-1905), possuía uma larga coleção com objetos da África, Ásia e Oceania. Do continente americano, os congressistas conheceriam "os tesouros trazidos do Peru por W. Reiss e A. Stübel (1835-1904), do Brasil por K. von den Stein e por Moritz Richard Schomburgck (1811-1891), da América Central por A. Bastian, do México por Carl Adoph Uhde e da costa noroeste – costa do Pacífico e Alasca, da América do Norte, os trabalhos etnográficos e etnológicos de Johan Adrian Jacobsen (1853-1947) e de Aurel Krause (1848-1908)."[10]

De acordo com o Comitê Organizador, foram propostas algumas questões para cada seção do Congresso. Na seção intitulada Geografia, História e Geologia, foram discutidas as temáticas em torno da descoberta da América, das viagens de Cristóvão Colombo, os povos existentes antes da invasão dos Astecas na América Central, história e migração de povos antes do Império Mexicano. Na seção de Arqueologia, foram debatidos os assuntos relativos à América Pré-Colombiana como arquitetura, objetos cerâmicos, objetos religiosos, ornamentos, urnas funerárias, ornamentação de tecidos e os sambaquis. Os trabalhos tratavam especificamente do México, Costa Rica, Peru e Brasil. Na seção de Antropologia e Etnografia, a preocupação dizia respeito a: classificações das raças, nomenclatura dos povos antigos, províncias geográficas da América, estu-

---

9   "Réceptions, Fêtes et Excursions". *Congrès International des Américanistes*. 1888, p. 793-795.

10   *Idem*, p. 43.

O progresso e seus desafios   281

dos craniológicos, estudos de cabelo, raças de animais, plantas cultivadas entre os índios, sacrifício humano e cremação na América. Na seção intitulada Linguística e Paleografia, vários estudos tratavam das analogias e diferenças linguísticas dos povos americanos.[11]

De fato, as preocupações centrais destes trabalhos se referiam à problemática da origem do homem, cujo debate estava centrado em duas vertentes principais. Os defensores do monogenismo, dominantes até meados do século XIX, congregavam diversos autores que, em conformidade com as escrituras bíblicas, acreditavam que a humanidade era una. Segundo esta ideia, o homem teria se originado de um único par, sendo "os tipos humanos apenas um produto da maior degeneração ou perfeição do Éden".[12] A outra vertente acreditava no poligenismo, hipótese esta predominante a partir de meados do século XIX. Em virtude do contato cultural entre europeus e não-europeus, do desenvolvimento das ciências biológicas e da publicação do livro de C. Darwin, *A Origem das Espécies,* em 1860, difundiu-se a informação da diversidade humana. Os autores poligenistas acreditavam na existência de vários centros de criação, que corresponderiam por sua vez às diferenças raciais observadas. As raças humanas apresentavam diferenças pela forma de crânio, eram consideradas espécies separadas que descendiam de mais de um Adão.[13]

Os estudos biológicos davam suporte para as análises dos comportamentos humanos. Seguindo esta tendência, nasceram os estudos frenológicos e antropométricos. Tais teorias passavam a interpretar a capacidade humana levando em consideração o tamanho e a proporção do cérebro de diferentes povos. Com o uso da craniologia, passavam a medir o índice cefálico (criado pelo antropólogo suíço Andrés Retzius, 1786-

---

11 "Programme provisoire". *Congrès Internationale des Américanistes.* 1888, p. 7-10.

12 A. Quatrefages, 1857. Apud: G. Stocking Jr., *Race, culture and evolution: essays in the history of anthropology.* New York : The Free Press, 1968.

13 S. Gould. *A falsa medida do homem.* São Paulo: Martins Fontes, 1999.

282 Gildo Magalhães (org.)

1860), de forma a promover estudos comparativos sobre as variedades do cérebro humano.

Os trabalhos desenvolvidos pelo cientista norte-americano Samuel G. Morton (1799-1851) nesta área merecem atenção ao comparar as populações dos EUA (1839) e do Egito (1844), em seus aspectos físicos e morais. Discípulo do naturalista suíço L. Agassiz (1807-1873), radicado nos EUA nos anos de 1840, Morton fundou a "Escola Americana de Poligenia".[14]

Foi na França onde tais estudos ganharam impulso com os trabalhos desenvolvidos pelo médico e anatomista Paul Broca (1824-1880) e pela Sociedade de Antropologia de Paris, criada em 1859. Os estudos antropológicos ganharam atribuições específicas à prática de pesquisa desenvolvida por ele e seus discípulos, como o médico P. Topinard (1830-1911). O termo antropológico passou a designar o estudo da história natural da humanidade entendido como uma ou mais espécies físicas do mundo animal.[15]

Neste contexto, tornam-se relevantes as preocupações apresentadas no Congresso em conhecer os primeiros habitantes da América antes da chegada de Colombo, bem como os estudos que procuravam compará-los com os grupos indígenas do século XIX. Discutia-se assim sobre o estudo dos cabelos e a sua relação com a unidade ou pluralidade da raça americana; ou mesmo se a raça americana do período quaternário era a mesma do século XIX: se as deformações do crânio da raça americana eram encontradas também entre os povos da Ásia, da Europa ou do Pacífico; ou se os objetos cerâmicos encontrados entre os primeiros habitantes eram semelhantes aos da Europa no mesmo período. As comparações anatômicas e linguísticas tornavam-se ponto de partida para o

---

14 L. M. Schwarcz. *O espetáculo das raças*. São Paulo: Cia. das Letras, 2001, p.48-53.

15 L. C. Faria. "Paul Broca e a fundação da Sociedade de Antropologia de Paris – uma etapa na formação do conhecimento em morfologia comparativa". In: *Antropologia – escritos exumados 1*. Rio de Janeiro: Tempo, 1998, p. 261-285.

O progresso e seus desafios 283

estudo dos tipos raciais, de maneira a reconstruir também os aspectos culturais de cada povo. O "homem primitivo" tinha uma mente que deveria ser meticulosamente estudada.

Os estudos antropológicos do século XIX estavam pautados na ideia de que as diferenças culturais são um produto direto das diferenças raciais, de sua natureza física, por isso a importância de se caracterizar os aspectos antropofísicos, morfológicos e fisiológicos dos indivíduos. Sob a heterogeneidade dos grupos sociais subsistem troncos puros de características biológicas, como a cor da pele, o formato do crânio, a cor dos olhos, bem como relações entre a conformação do crânio e a tipologia da face, defendidas no final do século XIX por P. Topinard.

Na Alemanha, os estudos antropológicos estavam também associados ao domínio das ciências naturais. A Sociedade Antropológica da Alemanha, fundada em 1869 em Berlim pelo médico anatomista Rudolf Virchow, foi muito importante neste contexto. Várias outras sociedades foram fundadas em outras cidades da Alemanha neste período chegando a totalizar 25. R. Virchow foi também o criador do Museu de Antropologia de Berlim e teve como seu discípulo Franz Boas (1858-1942) que se radicou nos EUA anos mais tarde. A Sociedade Berlinense de Antropologia, Etnologia e Pré-História congregou também médicos, produziu importantes pesquisas em regiões fora da Europa e teve entre seus membros, além do próprio Virchow, Adolph Bastian e Johannes Ranke (1836-1916).[16]

Neste conjunto de cientistas e instituições foi formado o Comitê Organizador do Congresso, composto pelos seguintes cientistas: W. Reiss, da Sociedade Berlinense de Antropologia, Etnologia e Pré- História; R. Virchow, da Academia de Ciências; A. Bastian do Museu Etnológico; Barão F. von Richthofen (1833-1905), da Sociedade de Geografia; e outros como F. von Luschan (1854-1924), Johannes Ranke, K. von den

---

16 A. Zimmerman. *Anthropology and anti-humanism in Imperial Germany.* Chicago: The University of Chicago Press, 2001, p. 5.

Stein, Max Uhle (1856-1944) e J. J. Von Tschudi (1818-1889). A Tabela 10.1 apresenta os nomes de congressistas mais destacados e seus países de origem; a Tabela 10.2 contém os nomes e funções dos delegados brasileiros e a Tabela 10.3 os totais das delegações dos países.

Tabela 10.1 – Lista de Congressistas em destaque em Berlim – 1888

Franz Boas	EUA
G. Bruhl	EUA
E. S. Morse	EUA
Principe Michel Gortschakow	Rússia
Principe Roland Bonaparte	França
E. Hamy	França
L. Rosny	França
H. Saussure	Suiça
G. Fritisch	Alemanha
F. von Luschan	Alemanha
A. Bastian	Alemanha
E. Fischer	Alemanha
R. Virchow	Alemanha
W. Reiss	Alemanha
K. von den Steinen	Alemanha
M. Uhle	Alemanha
G. Cora	Itália
H. F. C. Ten Kate	Holanda

O progresso e seus desafios

Tabela 10.2. Delegação Brasileira em Berlim

H. von Ihering	Naturalista do Museu Nacional do Rio de Janeiro
Barão de Jauru	Ministro do Brasil na Alemanha
Ladislau Netto	Delegado do Governo, Diretor do Museu Nacional, Representante do Instituto Histórico e Geográfico Brasileiro, Membro da Sociedade de Geografia do Rio de Janeiro

Fonte: Congrès International des Américanistes. Berlin,1888

Tabela 10.3. Lista dos países e membros participantes

Países	Nº de Participantes
Alemanha	268
Argentina	7
Áustria	6
Bélgica	5
Bolívia	1
Brasil	4
Canadá	1
Chile	9
Colômbia	2
Costa Rica	2
Dinamarca	6
Egito	1
Espanha	7
EUA	22
Finlândia	2
França	18
Holanda	6
Inglaterra	3
Itália	7
Java	1

México	4
Nicarágua	2
Noruega	1
Peru	2
Portugal	1
Rússia	5
Suécia	1
Suíça	2
Uruguai	3
Venezuela	1

Fonte: Congrès International des Américanistes. Berlin,1888

Reflexões sobre o Brasil no Congresso de 1888

A antiguidade do continente americano e de seus habitantes foi o tema apresentado no Congresso de Berlim. Entre os representantes da delegação brasileira, L. Netto apresentou seu estudo sobre as antiguidades cerâmicas da Ilha de Marajó, no Amazonas, e também sobre a nefrite e a jadeíte, objetos em pedra, que foram debatidos com R. Virchow, V. Grossi e A. Bastian na seção de arqueologia.[17]

O primeiro trabalho de L. Netto foi um resumo de seu estudo publicado no volume consagrado à Exposição Antropológica Brasileira no periódico *Archivos do Museu Nacional*. A coleta de material para a realização da Exposição Antropológica e suas incursões em campo demonstravam o entusiasmo de L. Netto ao divulgar o tema na imprensa desde 1867, de "uma ciência que não era de minha especialidade". O seu empenho em reunir material em benefício do Museu Nacional, o qual dirigia, estava também direcionado para que o incremento da coleção fornecesse base ao estudo dos primitivos habitantes do solo brasileiro. Segundo ele,

---

17 L. Netto. "Sur les antiquités céramiques de l'Île de Marajó. Sur la nephrite et la jadeíte". In: *Congrès Internationale des Américanistes*, 1888, p. 201-205.

> Por mim quase nada mais fiz do que reunir e coordenar as riquezas que pude colher, semelhante ao mergulhador que desce ao fundo dos mares em busca de pérolas, cuja importância só mais tarde é discutida e contrastada pelos que lhes conhecem as diversas qualidades e competente valor.[18]

No decurso de suas investigações, Netto comentava que encontrou pontos controversos de discussão, principalmente no que se refere ao monogenismo e poligenismo. Dizia que sempre se ateve em reserva ao debate, mas forneceu argumentos contrários à escola autóctone-poligenista americana, que tinha em L. Agassiz seu mais respeitável representante.

Os objetos cerâmicos encontrados na ilha de Marajó eram dos antigos habitantes da Colina do Pacoval (bananal) desta região. Esta colina apresentava a forma de um jabuti, que era um animal popular no vale e considerado pelas lendas como a mais importante individualidade.

O exame detalhado dos detritos acumulados do Pacoval, região que sofria enchentes periódicas, levavam-no a crer que ali se estabelecera os primeiros *mound builders* amazonenses. Acreditava serem semelhantes aos toltecas, aos maias e aos *mound builders* dos EUA; ou antepassados dos belicosos e navegadores caraíbas. Eles tinham qualidade de navegantes e, provavelmente, realizaram migrações tanto para a região sul e como para o norte do Amazonas.

O trabalho cerâmico demonstrava que eles possuíam elevada capacidade e que, tal como os desenhos, tinham fisionomias diferentes e variados costumes, o que poderia indicar serem de inúmeras tribos. Ou era uma nação mesclada ou resultado da fusão de muitos povos. Ou ainda, uma nação que, proveniente de outras regiões e climas, peregrinou até chegar ao vale do Amazonas.

---

18 L. Netto. "Investigações sobre a Archeologia Brasileira - Advertencia". In: Archivos do Museu Nacional, v. 6, 1885, p. 257 e 259.

288 Gildo Magalhães (org.)

Figura 10.1. *Figuras cerâmicas de Marajó*. Fonte: Congresso Internacional dos Americanistas de Berlim (1888)

Netto realizou comparações dos caracteres simbólicos encontrados nestes objetos com os de outras nações, como México, China, Egito

O progresso e seus desafios

e Índia. Essas inscrições simbólicas permitiam fazer comparações entre as culturas, levando-o a concluir que os habitantes do Pacoval poderiam ter migrado da Ásia para os EUA pelo estreito de Behring, até chegarem ao Amazonas. Segundo ele, as formas dos *mounds*, a louça encontrada, as crenças religiosas, e outras práticas atestavam esta semelhança.[19] Como exemplo, afirmava que encontrou exemplares de machados de diorito, uma rocha que não existia na região.

A atualidade do tema apresentado por Netto pode ser demonstrada pela bibliografia de que faz uso para escrever o trabalho. Além de referir-se aos estudos apresentados em Congressos de Americanistas dos anos de 1870, como o de P. Gaffarel[20], era conhecedor de obras produzidas nos EUA, de franceses como Brasseur de Bourbourg, de alemães como R. Virchow e R. Lallemant e de sul-americanos como o peruano Tschudi Rivero e o argentino F. Ameghino.

No Congresso de Berlim, Netto acrescentava que o Pacoval podia servir como necrópole bem como a casa principal daquele povo, local de culto. Destacou os objetos que apresentavam gravuras femininas em forma de vaso e sua importância etnológica, tendo levado alguns exemplares para serem expostos na ocasião.

Tratou ainda de um segundo tema no Congresso dos Americanistas, abordando as nefrites e jadeítes entre os índios americanos. Segundo ele, a jadeíte era um objeto pouco encontrado na América, enquanto que a nefrite era comum em todos os lugares do continente, do Alasca até o

---

19 *Idem ibidem*, p. 417.

20 Professor da Faculdade de Letras de Dijon, publicou vários estudos sobre a América, inclusive sobre o Brasil, no fim do século XIX. Entre eles: *Histoire du Brésil française au seizième siècle* (1876); *Voyages des Français au Canada, dans l'Amérique Centrale et au Brésil dans les premières années du XVIe siècle* (1890); *Découvertes des Portugais en Amérique au temps de Christophe Colomb* (1892); reedição comentada (1878) do livro de André Thevet, *Les singularitez de la France Antarctique* de 1557 e da obra de Jean de Léry *Histoire d'un voyage faict en la terre du Brésil* de 1578 (1880).

vale do Prata. Depois do uso de análise microscópica, foi possível avaliar suas diferenças. Netto analisou amuletos e ornamentos dos povos americanos feitos com essas pedras e observou que tais fragmentos fazem parte de determinados tipos de rochas que em contato com chuvas e enchentes se desgrudam e rolam para dentro dos rios, sofrendo a ação do tempo. Portanto, esses fragmentos não eram encontrados somente na China e nem vieram com os conquistadores, como se pensava até então.[21]

Outro trabalho apresentado no Congresso de Berlim foi do alemão G. H Müller sobre os sambaquis do Brasil.[22] Sobre este congressista não encontrei mais informação, mas devemos lembrar que as observações de campo eram realizadas por outros naturalistas de menor prestígio e moradores da região. Assim, como forma de solidariedade e para manter os laços com a pátria de origem e suas instituições, eles realizavam tais tarefas. Eram eles que remetiam o material coletado e as anotações para o Museu de origem onde estavam vinculados. É o caso do Museu de Berlim, pois R. Virchow lembrou o antropólogo Castro Faria, que realizou importantes trabalhos sobre os sambaquis brasileiros nos anos de 1870, tanto na região de São Paulo como na de Santa Catarina. Mas a realização final destes estudos só foi possível por meio de relatórios escritos pelos naturalistas alemães que empreendiam o estudo de campo.[23] De fato, a Sociedade Berlinense de Antropologia, Etnologia e Pré-História se dedicou muito neste período ao tema. Além de Virchow, outros cientistas alemães se dedicaram também ao estudo, como K. von den Steinen, F. J.

---

21 L. Netto, "Sur les antiquités céramiques de l 'île de Marajó" et "De la nephrite et de la jadeite chez les indigenes américains"". In: *Congrés International des Américanistes*, Berlin, 1888, p.201-206.

22 M. H. Müller, "Sur le débris de cuisine (Sambaquis) du Brésil". In: *Congrès Internationale des Américanistes*, 1888, p. 459-461.

23 L. C. Faria, "Virchow e os sambaquis brasileiros". In H.M.B. Domingues (org.), *A recepção do Darwinismo no Brasil*. Rio de Janeiro: Ed. Fiocruz, 2003, p. 125-143.

Carlos Rath (1802-1875) e C. Wiener que se dedicaram ao assunto, além do próprio H. Von Ihering e de Fritz Müller (1821-1897).[24]

O tema sambaquis era também conhecido na Europa como *Kjökkenmöeddinger* e nos EUA como *shell mounds*. São montes de conchas, onde se encontram em abundância também restos de peixes e ossos de diversos animais terrestres, bem como um número apreciável de esqueletos humanos e artefatos. Naquele tempo, se discutia muito se eles eram jazidas artificiais ou naturais; se eram monumentos funerários, como defendia Netto; ou se eles eram lugares de práticas canibalescas. Novas investigações seriam feitas para elucidar algumas destas questões.

O Americanismo no Brasil no final do século XIX: o advento dos estudos antropológicos

Ladislau de Souza Netto (Figura 10.2), naturalista e botânico, demonstrou interesse pelo estudo dos primeiros habitantes da América no final dos anos de 1860. Em 1864, terminou seus estudos na França, quando vivenciou os rumores que se seguiram à descoberta de ossadas humanas por J. Boucher de Perther (1788-1868).[25] Desde então, Netto se preocupou com as questões sobre a origem do homem e as discussões sobre a sua temporalidade, que dilatavam o tempo e o espaço para o prenúncio da pré-história.

---

24 F. Muller, "On Brazilian kitchen middens", in *Nature,* 80, 1876, p. 304-305; C. Wiener,. "Estudos sobre os sambaquis do sul do Brasil". In: *Archivos do Museu Nacional* I, 1876, p. 1-20; C.J. F. Rath, "Notícia etnológica sobre um povo que já habitou a costa do Brasil, bem como o seu interior, antes do dilúvio universal". In: *Revista do Instituto Histórico e Geográfico Brasileiro,* 34, 1874, p. 287-298; H. Ihering, "Ueber die vermeintliche Errichtung der Sambaquis durch den Menschen". In: *Verh. der Berliner Anthropol. Gesellschaft,*1898, p. 455-460; K. v. d. Steinen, "Sambaquis de Santa Catarina. Viagens", *Jornal do Commercio,* Rio de Janeiro, 19 agosto 1885.

25 L. Netto, "Prefácio". *In Archivos do Museu Nacional,* vol. I. Rio de Janeiro: Typ. E. Lith. Economica, 1885, p. IX.

Figura 10.2. *Ladislau de Souza Netto (s/d)* Fonte: Museu Nacional (s/d)

Funcionário do Museu Nacional do Rio de Janeiro desde 1866, L. Netto tornou-se diretor da instituição em 1876, ano em que realizou uma reforma nos estatutos da casa, instituindo os estudos antropológicos ao lado das ciências naturais.[26] "Estava no interesse intelectual do Brasil e era seu dever", dizia Netto, promover os estudos antropológicos.[27] Acompanhando as novas concepções deste campo de conhecimento na Europa, L. Netto colocou a antropologia junto à zoologia, anatomia e paleontologia, imprimindo ao campo os fundamentos empregados pela Sociedade de Antropologia de Paris, que entendia esta atividade como a história natural do homem.

---

26   Museu Nacional do Rio de Janeiro. *Decreto nº 6.116*, de 9 de fevereiro de 1876.

27   Netto, *op. cit.*, 1885, p. IX e X.

O progresso e seus desafios

A prática antropológica ficou a cargo de João Baptista Lacerda (1846-1915) e de Jose Rodrigues Peixoto, que desenvolveram vários estudos nesta área. Foi Lacerda quem ministrou o primeiro curso de Antropologia no Brasil em 1877.[28]

Entre médicos, advogados e engenheiros que concluíam seus cursos superiores no Brasil, o Museu Nacional formava na própria casa os profissionais em ciências naturais. Poucos de seus cientistas eram diplomados no exterior, como o caso do próprio L. Netto e de outros naturalistas estrangeiros que trabalhavam ali.

O naturalista-viajante tinha uma função em que se fazia excursão científica para incremento da coleção da instituição além de auxiliar na classificação e nos trabalhos técnicos da seção. Entre vários naturalistas deste período, figurava o médico e antropólogo alemão Hermann von Ihering (1850-1930), que fixou residência no Rio Grande do Sul em 1880 e passou a trabalhar como naturalista-viajante do Museu Nacional até 1891. Ihering foi aluno de R. Virchow e desenvolveu alguns estudos sobre craniometria em seu início de carreira, além de desenvolver alguns trabalhos de etnologia e etnografia.[29]

A ênfase nos conhecimentos anatômicos e fisiológicos da prática antropológica atraiu jovens médicos da Faculdade de Medicina neste período, conferindo a predominância de médicos–antropólogos em sua atividade científica.[30] Além de Lacerda e Rodrigues Peixoto, outros mé-

---

28 J. B. Lacerda, "Curso de Antropologia". In: *Archivos do Museu Nacional*, v. II. Rio de Janeiro: Imp. Nacional, 1877.

29 A. T. A. M. Keuller. *Os estudos físicos de Antropologia no Museu Nacional.* Humanitas (e-book), 2012.

30 Ver Schwarcz, *op. cit.*; G. Seyferth, "A antropologia e a Teoria do branqueamento da raça no Brasil: a tese de João Baptista Lacerda". In: *Revista do Museu Paulista,* XXX, São Paulo, 1985; M.Côrrea, *As ilusões da liberdade: a escola de Nina Rodrigues e a antropologia no Brasil,* São Paulo: CDAPH, 1999; R. V. Santos, "Mestiçagem, degeneração e a viabilidade de uma nação: debates em antropologia física no Brasil (1870-1930). In: *Homo Brasilis,* São Paulo: FUNPEC, 2002.

dicos se incorporaram ao grupo mais tarde, como J. Trajano de Moura e E. Roquette-Pinto (1884-1954).

Lacerda e Peixoto desenvolveram vários estudos antropológicos sobre o homem dos sambaquis, sobre os Botocudos e o homem de Lagoa Santa, com primorosa análise descritiva dos crânios que compunham o acervo da seção antropológica do Museu Nacional.[31] Esses trabalhos eram referências na área de estudo, sendo citados por vários outros estudiosos.[32] Por isso havia interesse em ampliar a coleção de crânios em várias lugares, como o fez S. G. Morton (1799-1851) nos EUA com o *Crania Americana*, bem como A. Quatrefages (1810-1892) e E. Hamy (1842-1908) com o *Crania Etnica* no Museu de História Natural na França, e a própria coleção do R. Virchow no Instituto de Patologia e Anatomia na Alemanha.

O problema da origem do homem americano levou o diretor do Museu, L. Netto, a realizar trabalho de campo na região Norte do Brasil. Nesta época era comum as pesquisas serem feitas em gabinete, cabendo aos naturalistas–viajantes o trabalho de coletar os objetos em expedição. L. Netto, entretanto, decidiu fazer duas viagens exploradoras. Em 1877 ele se dirigiu a Alagoas para coleta arqueológica na região e mais tarde, entre 1881 e 1882, empreendeu uma expedição ao Norte auxiliado por quatro naturalistas do Museu Nacional - Domingos Soares Ferreira Penna (1818-1888), Orville A. Derby (1851-1915), Francisco da Silva Castro e Vicente Chermont de Miranda e Assis. Na ilha de Marajó, no Amazonas, Netto explorou necrópoles, urnas funerárias e objetos cerâmicos. Dirigiu-se também com sua equipe para o vale do Rio Capim, procurando vestígios dos primeiros habitantes da região, os Tupis, nas aldeias Tembé e Turinara existentes na região.[33]

---

31 J. B. Lacerda & J. R. Peixoto, "Contribuição para o estudo antropológico das raças indígenas do Brasil". In *Archivos do Museu Nacional* vol. I, 1876, p. 47-53.

32 H. Vignaud, 'La question de l 'antiquité de l 'homme américain". In: *Journal de la Société des Américanistes,* t. 10, nº 1, 1913, p. 15-23.

33 Keuller, *op. cit.* p.93.

O interesse de L. Netto pelo americanismo resultou no desejo de realizar uma Exposição Antropológica Brasileira no Museu Nacional. No ofício enviado ao Ministério da Agricultura em 1881, L. Netto explicou que

> o homem americano, não somente quanto á sua origem antropológica, senão também em relação ás evoluções físicas e morais por que há passado na adaptação dos climas e das necessidades dos países que habitou ou na fusão e contágio dos vários povos que provavelmente lhe disputarão o solo pátrio em épocas anteriores á invasão europeia, e parecendo ser o grande guarano-tupi, habitante da América austra cisandina, a que maior interesse deve despertar ao mundo científico, por menos estudada que tenha sido até o presente pelos americanistas (...) rogo a V. Exma. se digne, atendendo a que somente pelo estudo dos esqueletos dos nossos aborígenes ou pelo exame de seus artefatos e idiomas é possível obter sobre tais homens conhecimento cabal de sua natureza e de seu desenvolvimento físico (...).[34]

Dentre os preparativos para o evento foram expedidas circulares com instruções apropriadas aos presidentes de província. Foi encaminhada também a listagem dos objetos de interesse para a Exposição e que seriam remetidos ao Museu Nacional para compor a coleção. De várias partes do Brasil foram enviados objetos de cerâmica e de fósseis por parte de governos locais, instituições e particulares.

O evento aconteceu em 1882 no antigo prédio do Museu Nacional, no Campo de Aclamação. Foram organizadas oito salas que homenageavam importantes cientistas da área, entre eles: P. Lund (1801-1880), Alexandre Rodrigues Ferreira (1756-1815), C. F. Von Martius (1794-1868), Pero Vaz de Caminha (1450-1500) etc

---

34 *Idem ibidem*, p. 101.

296 Gildo Magalhães (org.)

No discurso de abertura, L. Netto dirigindo-se a Sua Majestade Imperial, comentou a importância do evento para as ciências, para o Museu Nacional e para o Império do Brasil:

> Senhor.
>
> Este é o certamen mais nacional que as sciencias e as letras poderiam, congratuladas, imaginar e realizar no fito de soerguer o Imperio do Brazil ao nivel da intellectualidade universal, na maxima altura a que pôde ella attingir além do Atlantico e nas extremas luminosas ao norte do continente americano. (...)
>
> Este certamen é uma simples tentativa, ou, melhor, é o primeiro ensaio de um emprehendimento, para o qual vejo que se dilatam amplos e attractivos horizontes, donde novas e mais largas conquistas nos estão convidando a mais seguidos e porventura a mais arriscados commettimentos

Destacou também a antropologia entre as ciências naturais e relembrou o mérito das pesquisas desenvolvidas pelo naturalista dinamarquês P. Lund em Lagoa Santa, Minas Gerais, onde foram encontradas as primeiras ossadas humanas antigas.

Entre os objetos exibidos na seção de Antropologia foram expostos: diversos crânios, ossos, esqueletos de indígenas; fragmentos de mandíbula e maxilar, de sambaquis; múmia; fotografia dos índios Botocudos do rio Doce, tirada pela Comissão Geológica do Império (Figura 10.3); além dos diplomas comemorativos da Exposição Antropológica de Paris, de 1878, concedidos a J. B. Lacerda e a J. Rodrigues Peixoto por seus trabalhos na área.[35] Destacando o caráter etnográfico da exposição, foram também exibidos na ocasião, uma família de índios Botocudos do

---

35 *Guia da Exposição Antropológica Brasileira realizada pelo Museu Nacional do Rio de Janeiro.* Rio de Janeiro: Typ. De G. Leuzinger & filhos, 1882.

Espírito Santo e três Cherentes. Com eles Lacerda e Peixoto realizaram os primeiros estudos antropológicos em índios vivos.[36]

O antropólogo L. Castro Faria referiu-se ao evento como grandioso, o que permitiu aumentar a importância do Museu Nacional e do próprio Estado Imperial. O autor observou que a realização de um evento deste porte foi feito somente três anos depois da fundação do primeiro museu etnográfico francês, o Museu do Trocadéro (fundado em 1877 por E. T. Hamy (1842-1908), sucessor de J. L. A. de Quatrefages (1810-1892) na cadeira de antropologia do Museu de História Natural de Paris, e também um dos fundadores da Sociedade dos Americanistas de Paris, criada posteriormente em 1896).

Figura 10.3. *Fotografia por Marc Ferrez dos Artefatos e Aspectos da Vida Indígena, da Exposição Antropológica Brasileira.* Fonte: Acervo Biblioteca Nacional

---

36 Mello Morais Filho, *Revista da Exposição Anthropológica Brazileira*. Rio de Janeiro: Typ. de Pinheiro & C, 1882.

298 Gildo Magalhães (org.)

A visibilidade da realização desta Exposição permitiu um maior intercâmbio entre o Museu e outras instituições congêneres. Netto chegou a anunciar o projeto de uma Exposição Antropológica Americana associada ao Congresso Internacional de Americanistas.

> Derivou de tão elevado pensamento aquella, de todos e por toda a parte, applaudida festa cientifica, e foi este o fito que tive em mente levando a effeito o primeiro certamen de que em proficuidade de tão importante assumpto ainda foi realizado tão completo e em tão curto prazo – fato este que ainda hoje, e mais do que então, me conduz animado de esperança e de enthusiasmo a um novo commettimento, mil vezes mais complexo e mais vasto que o primeiro. O novo certamen, para cuja realisação conto com o civismo dos homens mais cultos do Imperio do Brazil e de todas as nações do Novo Mundo, deve comprehender a America inteira, e ter por indispensavel complemento um congresso de americanistas em trabalhos simultaneos com a exhibição dos thesouros anthropologicos de nosso immenso continente.[37]

Foi neste contexto que L. Netto recebeu o convite da Sociedade de Berlim, recomendado pelo próprio R. Virchow em carta, para participar do Congresso dos Americanistas naquela cidade. Isto explica a escolha de seu nome entre os Vice-Presidentes do Congresso, ao lado de G. Cora (Itália – 1851-1917), A. M. Fabié (Espanha – 1797-1871), E. S. Morse (EUA – 1838- 1925), P. Gaffarel (França – 1843-1920) e E. Schmidt (Alemanha – 1837-1906).

No discurso de inauguração do Congresso, L. Netto, como representante do Instituto Histórico Geográfico Brasileiro, do Museu Nacional do Rio de Janeiro e da Sociedade de Geografia do Rio de Janeiro e de Sua Majestade Imperial D. Pedro II, enfatizou a importância do desenvol-

---

37 Filho, M. M. *Revista da Exposição Anthropológica Brazileira*. Rio de Janeiro: Typ. de Pinheiro & C, 1882, p. 77-78.

O progresso e seus desafios

vimento científico do Brasil, que segundo ele, estava em primeiro nível na América Latina. Netto participou ativamente nos debates do evento. Dentro os livros presenteados no Congresso, L. Netto encaminhou alguns exemplares como: os *Archivos do Museu Nacional*, a *Revista Agrícola do Imperial Instituto Fluminense de Agricultura*, seus livros *Observação sobre a Teoria da Evolução* e a *Conferencia feita ao Museu Nacional em 1884* e a *Revista da Exposição Antropológica Brasileira*, dirigida por Mello Morais Filho. Uma boa amostragem dos trabalhos científicos desenvolvidos no Brasil, do qual ele fazia parte, para a comunidade científica internacional que estava se formando.

Conclusão

Os estudos americanistas surgiram no final dos anos 1860 na Europa por iniciativa dos franceses, mas logo se expandiram e ganharam adeptos em outros nações e continentes. O Presidente do Congresso de Berlim, Reiss, observou que as atas do Congresso refletiam por si só o progresso do campo. Para ele as pesquisas estão "mais metódicas e mais científicas, com mais colaboradores."[38]. Seguindo a expansão deste campo de conhecimento, percebe-se que em 1888 um grande número de nações europeias e americanas tinham o mesmo propósito de estudar a origem do homem americano. Conforme a tabela abaixo, além da Alemanha, os EUA e a França possuírem o maior número de congressistas inscritos, o interesse já aparecia também no Egito e em Java. Pautado no estudo das ciências naturais, o americanismo consistia, segundo o delegado do Governo Espanhol em 1888, Fabié, no "conhecimento das raças e das civilizações do novo continente anteriores à sua descoberta"[39], por isso sua afinidade com os estudos antropológicos.

---

38 *Congrés International des Américanistes*, 1888, p. 47.

39 *Idem*, p. 50.

Com uma delegação pequena, mas ativa, o Brasil teve uma importante participação em todo o evento. O *Jornal do Commercio do Rio de Janeiro* noticiou em 10 de outubro de 1888 sobre o congresso em questão, num artigo intitulado *"Ladislau Netto e Pedro II"* que L. Netto, vice-presidente do Congresso, foi um dos três membros estrangeiros que discursaram. Segundo o *Jornal*, ele saudou em nome do Brasil e "do seu sábio Imperador, membro do Congresso" a Sociedade Berlinense, recebendo "a saudação com as mais vivas mostras de reconhecimento". O jornal descreve toda a atuação de L. Netto nas sessões do evento. Na solenidade de encerramento, S. M. Imperador D. Pedro II, recebeu votos de reconhecimento assim como alguns outros soberanos da Europa pelo interesse nos estudos americanistas.[40]

O trabalho de L. Netto sobre as antiguidades da Ilha de Marajó demonstrava o caminho desenvolvido pelo Museu Nacional e seus funcionários nas investigações sobre o estudo das raças americanas e sobre os sambaquis brasileiros, cujos trabalhos eram publicados no periódico institucional *Archivos do Museu Nacional*. Sob a sua direção, as investigações antropológicas ganharam destaque e espaço dentro da casa e fora dela, ampliando a rede de contatos de cientistas e instituições com o Museu e divulgando o desenvolvimento da ciência do Império do Brasil no exterior.

---

40   Apud *Boletim da Sociedade de Geografia do Rio de Janeiro*, t. IV, nº 4. Rio de Janeiro: Typ. Perseverança,1888, p. 316-319.

Abolindo a lógica racial? Arthur Ramos e sua concepção de atraso da cultura negra

Luana Tamano

Introdução

Médico por formação acadêmica, o alagoano Arthur Ramos (1903-1949) incursionou por várias áreas do conhecimento ao longo de sua vida, deixando escritos sobre antropologia, folclore, higiene mental, psicologia social e psicanálise.[1] Iniciando sua carreira em 1927, começou seus trabalhos como médico legista no Instituto Médico Legal Nina Rodrigues, além de assumir o cargo de psiquiatra no Hospital São João de Deus, ambos na Bahia. Nesse momento, entrou em contato com os trabalhos do médico maranhense Nina Rodrigues (1862-1906), interessando-se pelas obras e pesquisas desenvolvidas por este médico, principalmente aquelas voltadas para o estudo das populações negras.[2]

---

[1] Sobre Arthur Ramos, ver Luitgarde O. C. Barros, *Arthur Ramos e as dinâmicas sociais do seu tempo* (Maceió: EDUFAL, 2005); Maria José Campos, *Arthur Ramos: luz e sombra na antropologia brasileira. Uma versão da democracia racial no Brasil nas décadas de 1930 e 1940* (Dissertação de mestrado em Antropologia, Faculdade de Filosofia, Letras e Ciências Humanas da Universidade de São Paulo, 2002); Luana Tieko Omena Tamano, *Arthur Ramos e a mestiçagem no Brasil* (Maceió: EDUFAL, 2013).

[2] A respeito do interesse de Ramos pelos trabalhos de Nina Rodrigues no âmbito racial, ver Mariza Raimundo Corrêa, "Nina Rodrigues e a 'garantia da ordem social'", *Revista USP* (São Paulo: EDUSP, nº 68, 2005-2006, p. 130-193. No que concerne à chamada Escola Nina Rodrigues, capitaneada pelo médico em estudo

302 Gildo Magalhães (org.)

A mudança para a capital do país, em 1933, possibilitou a projeção de sua imagem no cenário nacional e internacional. Foi para o Rio de Janeiro a convite de Anísio Teixeira (1900-1971), na época secretário de educação da prefeitura, para assumir o cargo de chefe do Serviço de Ortofrenia e Higiene Mental (SOHM).[3] Continuando sua carreira, agora acadêmica (Figura 11.1), ingressou como docente da cadeira de Psicologia

---

na década de 1930, ver Mariza Raimundo Corrêa Corrêa, *As ilusões da liberdade: a Escola Nina Rodrigues e a Antropologia no Brasil.* (Bragança Paulista: Editora da Universidade São Francisco, 2001).

3   O SOHM foi criado no ano de 1933, começando a atuar em janeiro de 1934, como um dos pilares da reforma educacional do Distrito Federal capitaneada por Anísio Teixeira. Estava ligado ao Instituto de Pesquisas Educacionais (IPE), findando em 1939. Atuava nas chamadas escolas experimentais (ao total de seis: Escolas Argentina, Bárbara Ottoni, Estados Unidos, General Trompowski, Manoel Bonfim e México) e tinha como objetivo *prevenir* desajustes de futuros adultos, daí o foco ser a criança; quando já desajustada, ainda na infância, devia prestar assistência visando o seu (re)ordenamento para o convívio social. Este Serviço passou a investigar também as condições sócioeconômicas da família das crianças assistidas e de suas relações familiares. Isso porque Ramos entendia que os fatores de desajustamento das crianças englobavam toda a estrutura familiar, para além do indivíduo-aluno. Sobre este assunto ver os trabalhos de Juliana Vital Abreu David, *Pela criança, pela família: a intervenção científica no espaço privado através do Serviço de Ortofrenia e Higiene Mental (1934-1939).* (Dissertação de Mestrado em Educação, Faculdade de Educação, Universidade Estadual do Rio de Janeiro, 2012); Ronaldo Garcia, *A educação na trajetória intelectual de Arthur Ramos: higiene mental e criança problema. Rio de Janeiro, 1934-1939* (Tese de Doutorado em Educação, Faculdade de Educação,Universidade Federal de São Carlos, 2010); Marcelo Rito, *O aluno-problema e o governo da alma: uma abordagem foucaultiana* (Dissertação de Mestrado em Educação, Faculdade de Educação, Universidade de São Paulo, 2009); Adir da Luz Almeida, *Viajando pelo agridoce toque da ciência - o Serviço de Ortofrenia e Higiene Mental no Rio de Janeiro de 1930: seus efeitos na Escola, Família, Comunidade* (Tese de Doutorado em Educação, Faculdade de Educação, Universidade de São Paulo, 2010); Cátia Regina Papadopoulos, *Arthur Ramos e a criança-problema como criança-escorraçada: psicanálise, civilização e higiene mental escolar no antigo*

O progresso e seus desafios

Social na Universidade do Distrito Federal (UDF) em 1935, perdurando no cargo até 1939 quando a UDF foi extinta e seus cursos transferidos para a Universidade do Brasil (UB). Nesta Universidade assumiu a cátedra de Antropologia e Etnografia. Cada vez mais voltado para a antropologia e o estudo da cultura negra, foi ganhando notoriedade interna e externa, o que pode ser evidenciado pela rede de contatos que estabeleceu com autoridades nos mais diversos países e campos do conhecimento.[4]

Em decorrência de seus trabalhos antropológicos e da sua atuação política antirracista, foi convidado por Jaime Bodet (1902-1974), então diretor da Unesco, para chefiar seu recém-criado Departamento de Ciências Sociais. Sua breve atuação nesta função, haja vista ter falecido dois meses após tomar posse, em agosto de 1949, contribuiu para a vinda do chamado "Projeto Unesco" para o Brasil na década de 1950, cujos desdobramentos foram cruciais para a mudança de compreensão a respeito das relações raciais no país.[5]

Distrito Federal, 1934-1939 (Dissertação de Mestrado em Educação, Faculdade de Educação, Pontifícia Universidade Católica do Rio de Janeiro, 2011).

4   Sua rede de contatos pode ser evidenciada no inventário analítico de seu acervo, pertencente à Fundação Biblioteca Nacional (FBN), cf. Vera Lúcia Miranda Faillace (org.). *Arquivo Arthur Ramos: inventário analítico* (Rio de Janeiro: Fundação Biblioteca Nacional, 2004).

5   Com relação ao Projeto Unesco e sua relação com Ramos, ver o trabalho de Marcus Chor Maio, *A história do projeto Unesco: estudos raciais e ciências sociais no Brasil* (Tese de Doutorado em Ciência Política, Instituto Universitário de Pesquisas, Universidade Estadual do Rio de Janeiro, 1997).

Figura 11.1 *Arthur Ramosem seu gabinete, Rio de Janeiro, 07/07/1942*. Fonte: Acervo Arthur Ramos, Universidade Federal de Alagoas.

Os estudos antropológicos

Quando começou a lecionar a disciplina de Antropologia e Etnografia na Faculdade Nacional de Filosofia, Ramos passou a ser visto como um antropólogo propriamente dito. Porém, seu interesse, estudos e publicações relativas à área, consubstanciadas sobre a vida material e imaterial do negro, já começaram bem antes. Dizia ele que seu interesse pelo estudo do negro tinha duas origens: a primeira, que ele considerava a legítima, datava de suas impressões de infância, dos contatos que travou com os trabalhadores negros de engenho e com as mucamas de casa; a segunda, os trabalhos de Nina Rodrigues, aquele que "morreu debruçado sobre o problema da raça negra no Brasil".[6] E foi esse contato com os

---

6 Arthur Ramos. "Convidando uma geração a depor". *O Jornal*, 14/04/1935. Entrevista concedida a Rosário Fusco. Arquivo pessoal, seção de manuscritos,

O progresso e seus desafios 305

escritos de Rodrigues que permitiu o início de seus estudos a respeito da população negra, levando-o aos terreiros em Salvador, o que lhe proporcionou estabelecer contatos com seus frequentadores e com a religião. Em jornais e revistas da capital baiana publicou trabalhos sobre o tema, porém seu primeiro livro - *O negro brasileiro* - data de 1934 quando já residia no Rio de Janeiro. Dentre as obras que abordam esta problemática, destacam-se, além do supracitado, *O folclore negro no Brasil* (1935), *As culturas negras no Novo Mundo* (1937), *O negro na civilização brasileira* (1939/1956)[7], *A aculturação negra no Brasil* (1942) e *Introdução à antropologia brasileira* (vols. 1 e 2, 1943 e 1947).

A década de 1930 é considerada um marco nos estudos relativos ao negro no Brasil. Primeiro porque, de fato, houve uma proliferação de estudos e publicações sobre o assunto no país, além de eventos organizados a fim de reunir especialistas e discutir a questão;[8] segundo, porque o período é apreciado como o momento da entrada do pensamento do antropólogo alemão Franz Boas (1858-1942) em solo nacional. Este segundo ponto merece atenção, pois está posto na historiografia como uma espécie de ruptura com os estudos pautados no biologismo determinan-

---

Fundação Biblioteca Nacional.

7 Originalmente publicado em inglês em 1939, foi traduzido para o português em 1956.

8 Evidenciados pelos dois Congressos Afro-Brasileiros ocorridos, respectivamente, em 1935 e 1937. O primeiro sediado em Recife, sob organização de Gilberto Freyre; e o segundo na cidade de Salvador, liderado por Edson Carneiro, Aydano do Couto Ferraz e Reginaldo Guimarães. Sobre o assunto ver Arthur Ramos, "Prefácio", in *Novos Estudos Afro-Brasileiros. Trabalhos apresentados ao 1° Congresso Afro-brasileiro do Recife,* segundo tomo (Rio de Janeiro: Biblioteca de Divulgação Científica; Ed. Civilização Brasileira, 1937, p. 11-14) e Sarah Calvi Amaral Silva, *Africanos e Afrodescendentes nas origens do Brasil: raça e relações raciais no II Congresso Afro-brasileiro de Salvador (1937) e no III Congresso Sul-Rio-Grandense de história e geografia do IHGRS (1940)* (Dissertação de Mestrado em História, Instituto de Filosofia e Ciências Humanas, Universidade Federal do Rio Grande do Sul, 2010).

te. De fato, houve uma refutação, por parte de muitos intelectuais, do determinismo biológico como fundamentação teórica à análise do povo brasileiro. Porém, é preciso perceber que outras vias interpretativas, para além da cultura, foram acionadas por pensadores brasileiros, e anteriores ao decênio de 1930, tal como a higiene, educação ou o sanitarismo.

É igualmente importante atentar para o fato de que o discurso racial, mesmo quando refutado, permaneceu em suas falas. O antropólogo Roquette-Pinto (1884-1954) e o médico Manoel Bonfim (1868-1932) afirmaram que o homem brasileiro precisava apenas ser educado e não substituído; Monteiro Lobato (1882-1948) transformou o Jeca Tatu de fadado ao fracasso em indivíduo sadio e forte, com os ideais sanitários; porém, embora tenham mudado o motivo, ainda conservaram o discurso racial operante. Oliveira Vianna (1883-1951), por sua vez, manteve no período de 1930 a raça como base sustentadora das mazelas do país, avistando no branqueamento uma saída. Ou seja, estes homens estavam construindo ideias, costurando teorias, criando pensamentos, buscando soluções que fugissem da fatalidade racial, muitas vezes caindo em outras, discutindo e auferindo concordâncias e discordâncias entre si, demonstrando, com isso, que não havia uma única direção interpretativa ou uma via monolítica de posicionamento.

No que concerne a Ramos, tanto a higiene, quanto a educação, eram vistas como molas propulsoras para o desenvolvimento do país, sobretudo como vias alternativas para sair do determinismo biológico, ainda que depois tenha afirmado ser a cultura a única a conseguir tal feito. Em seus trabalhos desenvolvidos junto ao Serviço de Ortofrenia e Higiene Mental (SOHM) enfatizava que, por meio da higiene mental e da educação, era possível corrigir desvios mentais e comportamentais, implicando na constituição de brasileiros adultos saudáveis. No que tange aos desvios acima mencionados, considerava sua existência uma decorrência das condições sociais (via de regra a pobreza) e das chamadas constelações familiares (relações pessoais), em nada associadas à categoria de raça.

O progresso e seus desafios   307

Aqui vale chamar a atenção para dois pontos: primeiro para o discurso eugênico que ganhava cada vez mais espaço entre a intelectualidade brasileira. A Liga Brasileira de Higiene Mental (LBHM) foi criada em 1923, disseminando a ideia de higiene atrelada, num primeiro momento, à melhoria da assistência aos alienados, ao estudo das causas e, posteriormente, ao princípio de prevenção de doenças mentais. E foi desta forma que a infância passou a ser uma preocupação essencial para os programas de higiene mental, sendo o SOHM um representante destes, porém com uma orientação voltada para os aspectos culturais e sociais, distanciando-se do fator hereditário central para a Liga. O segundo ponto é atentar para a refutação de raça como marcador de diferença, o que foi feito por Ramos.

No âmbito da educação, pautado em Lévy-Bruhl (1857-1939), o autor alagoano acreditava que nenhum trabalho neste campo seria profícuo caso não se procurasse "conhecer a própria estrutura dinâmico-emocional da nossa vida coletiva".[9] Com isto, queria colocar seu ponto de vista quanto à necessidade de analisar o inconsciente para compreender os resquícios da mentalidade primitiva no homem civilizado, fazendo uso dos métodos psicanalíticos.

A cultura também era percebida pelo personagem em estudo como via alternativa ao determinismo biológico. Como visto mais acima, ele negou a raça como fator determinante para o desenvolvimento ou decadência de um povo, e creditava à cultura o meio pelo qual o brasileiro poderia desenvolver a nação. Para ele, o atraso do país residia na herança da mentalidade pré-lógica (como explicitado mais abaixo), basicamente de origem negra africana, que legou aos brasileiros crendices, superstições, formas de pensamento arcaicas; além da forte presença da cultura negra entre nós, vista por ele como atrasada (e atrasada justamente

---

9   Arthur Ramos. *O negro brasileiro*. Rio de Janeiro: Graphia, 2001, p. 31. Todas as referências de trabalhos de Ramos que sejam posteriores a 1949, ano de sua morte, são das reedições e correspondem àquelas utilizadas por nós.

308 Gildo Magalhães (org.)

por ser a mentalidade do negro primitiva). Desta forma, o estudo desta mentalidade era imprescindível para compreender o brasileiro; e de igual maneira o estudo do processo aculturativo. O que antes estava fadado ao imutável, baseando-se na raça; agora era plausível de mudança e melhora, usando a cultura como chave interpretativa. O contato mais aprofundado com os estudos culturalistas, principalmente os do antropólogo norte-americano Melville Herskovits (1895-1963), foi paulatinamente distanciando-o daquelas teorias. No final dos anos 1930 ele já trabalhava com o conceito de aculturação, o que fica evidente em *As culturas negras no Novo Mundo*, de 1937, e em *A aculturação negra no Brasil*, de 1942.

Destarte, é preciso entender o pensamento de Ramos acerca do estudo das culturas, em especial a negra, bem como a sua diferenciação entre culturas atrasadas e adiantadas. E mais, verificar como aquelas poderiam se tornar adiantadas, em uma espécie de processo evolutivo, porém não numa concepção evolucionista *linear* como será visto mais adiante. Um dos pilares que podem apontar para este entendimento é a análise das teorias que utilizou e como se apropriou delas. Alguns desses pontos serão abordados a seguir.

Embasamentos teóricos: da mentalidade primitiva à aculturação

A psicanálise esteve presente nos escritos de Ramos desde sua formação, quando estudante, com a publicação de artigos nos jornais de Salvador e revistas acadêmicas, e também incluindo sua tese de doutoramento (como eram chamados os trabalhos de conclusão de curso), *Primitivo e Loucura* em 1926. Esta ciência influenciou de forma marcante os seus trabalhos, sejam aqueles voltados para educação, higiene ou para a antropologia. É frequente o seu uso como metodologia de análise em quase todos os seus textos, gerando duras críticas, como as de Gilberto Freyre, rebatidas no apêndice de *O negro brasileiro*, de 1940.

Além de utilizá-la como base interpretativa, ele mesclou a psicanálise a outras áreas do conhecimento, como ocorreu com a psicologia social e também com outras teorias, como a da mentalidade primitiva de Lévy-Bruhl. Acreditava não haver qualquer impedimento para a mescla teórica, desde que pertinente.[10] Assim, defendia o uso tanto da psicologia quanto da psicanálise no estudo do folclore negro no Brasil ou da religião, dança, música ou possessão (encarando-a como distúrbio emocional). Para ele, o método histórico-cultural não dava conta de compreender a "fusão das religiões pela simples interpenetração de culturas diversas", e isso porque existiam "fatores psicológicos muito profundos que estão na base, na estrutura deste trabalho". Daí a necessidade de se estudar a psicologia do negro para assim entender sua alma primitiva; nela o inconsciente avultava como ponto focal.

A mentalidade primitiva foi uma das teorias mais acionadas pelo autor alagoano, rendendo-lhe várias críticas. Criada pelo filosofo e sociólogo francês Lévy-Bruhl, era tida como própria dos povos que não estavam inseridos na civilização ocidental. Essa mentalidade possuiria uma lógica particular, impregnada pela interferência direta e constante das potências invisíveis que regiam suas vidas e mortes.[11] No caso da religião negra no Brasil, segundo Ramos, as crenças fetichistas confirmavam a ação desta mentalidade sobre os negros.

As representações de ideias deveriam ser apreendidas com base na objetividade, vistas como fenômenos intelectuais, porém não eram compreendidas desta forma pela mentalidade primitiva, pois o lado emocional impregnava suas concepções de mundo e de tudo que lhes cercava. A ligação entre as representações era percebida e realizada por

---

10 Arthur Ramos. *O folclore negro no Brasil.* 3ª ed. São Paulo: Martins Fontes, 2003ª; id., *Introdução à psicologia social.* 4ª ed. São Paulo/Florianópolis: Casa do Psicólogo/ Conselho Federal de Psicologia, 2003b; id. *op. cit.* 2001; id., *As culturas negras no Novo Mundo.* São Paulo: Ed. Nacional, 1979; id., *A aculturação negra no Brasil.* Rio de Janeiro: Cia Editora Nacional, 1942.

11 Lucien Lévy-Bruhl. *A mentalidade primitiva.* São Paulo: Paulus, 2008.

eles por intermédio do que Lévy-Bruhl chamou de *lei de participação*, ou seja, tudo (objetos, seres, fenômenos etc) podia emitir "forças, qualidades, ações místicas, sem por isso, deixarem de ser o que são". A mentalidade pré-lógica não significava anterioridade no tempo, ou ilógica, mas tão somente abstração de contradição. Era por esta razão que um organismo, fosse do reino animal ou vegetal, e até mesmo um mineral, podia, ao mesmo tempo e no mesmo espaço, ser dois seres.

Para Ramos, o uso da categoria de primitivo de Lévy-Bruhl não correspondia ao homem primitivo da escala evolucionista dada pela escola antropológica inglesa, como defendia Edward Tylor (1832-1917). Como afirma no apêndice de *O negro brasileiro*, a palavra foi empregada por ele no sentido psicológico-cultural e não racial, enfatizando que a mentalidade primitiva podia (e era) encontrada em negros e brancos. Isso porque ficava presente no inconsciente, podendo aparecer a qualquer momento, a exemplo do carnaval, quando, segundo ele, ocorria uma "catarse coletiva". O carnaval seria apenas um pretexto para o despertar de todos "os sentimentos, crenças e desejos, não tolerados na vida comum" por meio de um trabalho "surdo de recalques contínuos". Porém, embora o inconsciente folclórico persistisse em brancos e negros, nos primeiros (civilizados) ocorria a explosão "de uma vida instintiva reprimida", ao passo que no primitivo (negros) "apenas se mostra(ria) na sua espontaneidade de origem".

Ademais, esta mentalidade "é uma categoria psicológica móvel, que não é absolutamente o apanágio de raças chamadas 'primitivas'".[12] Teceu críticas com relação à escola inglesa, uma vez que ela "concebia o progresso humano num sentido linear: *gradual, unilateral, uniforme e universal*".[13] Ele não descartava o evolucionismo, em seus "critérios de sobrevivência, atrofia, complexidade e perfeição", o que fica evidente em seus trabalhos concernentes à cultura negra. A crítica incidia sobre o evo-

---

12   Ramos, *op. cit.*, 2001, p. 333.

13   Ramos, *op. cit.*, 1979, p. 20.

O progresso e seus desafios

lucionismo linear, contra o qual propõe o estudo da evolução de estruturas, uma vez que "as culturas como organismos, sobrevivem, atrofiam-se ou se tornam complexas e se aperfeiçoam; e o homem com elas".[14] Não à toa, acreditava que o contato (processo aculturativo) das culturas negras, então atrasadas, com as adiantadas, desenvolveria as primeiras, mas com a possibilidade da relação inversa, como ocorreu com as danças "chamadas 'civilizadas' (que se) deforma(ram) sob a influência decisiva do negro".[15] Fica evidente que, ainda que repudie a ideia de raça e de sua hierarquização, Ramos mantém os negros num patamar de inferioridade.

A mentalidade primitiva persistia no inconsciente do grupo coletivo, o que não permitia que a mentalidade civilizada, como asseverava, estivesse livre da influência daquela. Ramos bebeu em Lévy-Bruhl para esta afirmação e na psicanálise como método de análise válido para compreender estes resquícios, que se apresentavam no homem civilizado por meio dos sonhos, arte, fantasias, folclore, loucura, neuroses e psicoses. O pensamento simbólico seria, então, uma sobrevivência na mente deste último. Por meio do estudo comparado com a mente primitiva, seria possível esclarecer os problemas psicológicos apresentados no civilizado.

Até se voltar mais para a antropologia cultural, Ramos buscou acomodar várias teorias dentro da *lei de participação* de Lévy-Bruhl. Foi desta forma que ele pensou a *onipotência das ideias* formulada por Freud, onde existe a noção de contato, ou seja, a sensação de poder que o indivíduo julga possuir de influenciar, por meio de sua vontade, as forças exteriores. Para Lévy-Bruhl, segundo nossa personagem, esse contato seria explicado pela lei de participação; e para os psicanalistas, seria este uma função do seu narcisismo, da onipotência das ideias.

A sua ida aos Estados Unidos em 1941 possibilitou um contato maior com a antropologia cultural, inclinando-o a estudar e analisar a cultura negra, antes fortemente alicerçada sobre a tese da menta-

---

14 Ramos, *op. cit.*, 2003b, p. 265.

15 Ramos, *op. cit.* 2003a, p. 113

312 Gildo Magalhães (org.)

lidade pré-lógica, pela ideia de aculturação, porém sob a lógica do "melhoramento" cultural.

Desde *O negro brasileiro* (1934) ele trabalhava com o conceito de sincretismo. Trazia os nomes de Nina Rodrigues e Manuel Querino (1851-1923) como precursores do estudo do sincretismo da religião negra no Brasil com o catolicismo, espiritismo e cultos ameríndios. Acreditava ser quase impossível encontrar o que era de original na religião negra, dado o processo sincrético entre as religiões que se mostrava complexo e largo. Em sua concepção, a mescla religiosa operada permitiu a fundição de umas sobre as outras, com "as mais adiantadas absorvendo as mais atrasadas, originando uma verdadeira *simbiose* ou *sincretismo* religioso".[16]

Essa mescla advinda do contato cultural era dada por ele como harmônica, com a assimilação da cultura mais adiantada pelo negro. Quando estudou as consequências da escravidão na vida do negro, considerou suas proibições e imposições, mas não deixou de tratar o sincretismo como harmônico. Considerava o sistema escravista como um *condicionante* ao esfacelamento da cultura negra. Para ele, não foi a escravidão, por si só, que "diluiu, esfacelou ou apagou as culturas negras no Brasil e no Novo Mundo, em geral"; mas, sobretudo, a separação dos indivíduos de seu grupo de cultura e o processo aculturativo. Além do mais, a escravidão, como aludiu em *Introdução à antropologia brasileira* (1947), de fato, legou aos negros perdas "de muitos dos seus valores culturais e sociais primitivos", em contrapartida legando-lhes "a aquisição de novos traços ao contato com outras culturas". Portanto, apesar da violência, houve dois resultados positivos advindos com a escravidão: "o sincretismo religioso, no plano das culturas religiosas [...]; e as transformações da magia em 'feitiçaria', bem como o enxerto do totemismo e outros traços culturais nas festas populares de origem peninsulares".[17]

---

16 Ramos, *op. cit.*, 2001, p. 114.

17 Apud Campos, *op. cit.*, p. 190-191.

O progresso e seus desafios 313

Essa harmonia cultural que advinha da ausência de conflitos raciais no Brasil, herança portuguesa segundo Ramos, viria a ser a mola mestra para a sua defesa da democracia racial na década de 1940. Ele via a mestiçagem racial atrelada à cultural, afirmando que uma não poderia ser estudada sem a outra, por serem "faces inseparáveis de uma mesma questão básica: o contato dos povos".[18] A mistura será analisada no âmbito cultural, intimamente ligada ao racial. O elogio à mestiçagem que Ramos fez estava conectado à raça, demonstrando o quão forte esta categoria ainda era após1930.

Nossa personagem foi um dos intelectuais brasileiros que participaram da transformação da mestiçagem de algo negativo para algo bom, positivando-a e tratando-a como uma particularidade nacional. Isso esteve bastante presente em sua fala e em alguns escritos (*Guerra e relações de raça*, *A aculturação negra no Brasil*, *A mestiçagem no Brasil*, *Introdução à antropologia brasileira*) nos anos 1940, fortemente influenciados pela estadia nos Estados Unidos entre 1941-1942. Afirmou que o Brasil ofereceu ao mundo a solução "[...] mais justa, a mais liberal, a *mais científica*", no trato racial. Como afiançou Campos, "[...] A preocupação em transpor o resultado positivo do mestiçamento para o plano da reflexão sobre a cultura passa a ser um dos fios condutores de Arthur Ramos no período seguinte (1940)".[19]

Um exemplo do processo sincrético de que falávamos mais acima seria a "ilusão de catequese".[20] Para o autor alagoano, essa "ilusão" foi a

---

18 Ramos, *op. cit.* 1942, p. 199.

19 Campos, *op. cit.* 2002, p. 134.

20 Expressão de Nina Rodrigues para se referir à ação dos missionários católicos que, ao ensinar o catecismo aos negros, acreditavam ter conseguido convertê-los ao catolicismo. Ramos afirmará em *O negro brasileiro* que a obra lenta da cultura pode conseguir o que a catequese não alcançou. Segundo ele, este é "um trabalho demorado de várias gerações, visando a substituição dos elementos místicos e pré-lógicos da mentalidade primitiva por elementos racionais, novas formas de pensamento, onde o logro, a abusão, os fantasmas ... fiquem sepultados no do-

314 Gildo Magalhães (org.)

resultante da ação do sincretismo que, neste caso, demonstrava a "incapacidade psicológica de abstração" do negro, proveniente de sua mentalidade pré-lógica. "Na incompreensão, portanto, do monoteísmo, ele incorporou o catolicismo ao seu sistema mítico-religioso [...]".[21] Seria este, então, o motivo do sincretismo dos santos católicos com os orixás como afirma em *O negro brasileiro*. Porém, em *A aculturação negra no Brasil*, Ramos afirmou que essa analogia entre santos católicos e orixás adveio do processo aculturativo e que respondia ao temor da perseguição e violência nos tempos da escravidão e, posteriormente, da polícia; o que veio a dar vida à realização em segredo das práticas religiosas de origem africana.

Quando retornou dos EUA, intensificou o estudo da aculturação, injetando-a, cada vez mais, na análise da cultura negra. Foi buscar em Nina Rodrigues uma espécie de fio condutor em tais estudos, mesmo que a palavra aculturação não estivesse presente nos escritos do médico maranhense, o que, aliás, não era problema para Ramos que sempre buscava "atualizar" teoricamente o referido mestre. Eis uma das críticas apontadas a ele, a de tentar, a todo custo, "corrigir" Nina Rodrigues, buscando uma atualização de seus escritos. O africanista maranhense escreveu em um período histórico particular, trabalhando com teorias de sua época que davam respaldo às suas afirmações. Trocar conceitos, como propôs, modifica o sentido de uma fala e seu alcance, como originalmente proposto, torna-se inatingível. Em *A aculturação negra no Brasil*, seu autor reivindicou para Rodrigues a primazia nos estudos referentes à aculturação negra na América, afirmando que "a nomenclatura e a orientação metodológica podem variar, surgindo com roupagens novas, mas a essência do método no estudo da aculturação está na obra do mestre baiano". E, neste caso, seria "nosso esforço [...] *ajustar* à nova nomenclatura os processos de aculturação descritos pelo grande africanólogo

---

mínio do subjetivo e não cavalguem a realidade, participando das suas funções" (Ramos, *op. cit.*, 2001, p.152).

21 Ramos, *op. cit.* 2001, p. 122-123.

O progresso e seus desafios

brasileiro".[22] Mais adiante, no mesmo livro, afirmou que se nos trabalhos de Nina Rodrigues "substituirmos os termos raça e mestiçamento por aculturação, as suas concepções adquirem completa e perfeita atualidade". É lógico que não era possível esta atualidade. A mesma passagem é encontrada em *A mestiçagem no Brasil* de 1952.[23]

Arthur Ramos usou o conceito de aculturação conforme proposto pelo *Sub-Committee of the Social Science Research Council* em 1936, formado pelos professores Robert Redfield, Ralph Linton e Melville Herskovits. Segundo este grupo, aculturação seria o "fenômeno que resulta quando grupos de indivíduos de diferentes culturas chegam a um contato, contínuo e de primeira mão, com mudanças consequentes nos padrões originários de cultura de um ou de ambos os grupos". A resultante do processo aculturativo poderia se dar em três campos: aceitação, que seria a "apropriação da maior porção de outra cultura, e perda da maior parte da herança cultural mais velha"; adaptação (a que ele preferiu chamar de sincretismo) que se verificaria quando "ambas as culturas, a original e a estranha, combinam-se intimamente, num mosaico cultural, num todo harmônico", a exemplo do ocorrido entre santos católicos e os orixás; e reação, quando surgem "movimentos contra-aculturativos, ou por causa da opressão, ou devido aos resultados desconhecidos de aceitação dos traços culturais estranhos", como ocorrido com os malês na Bahia, que não aceitaram traços culturais nem dos brancos e nem dos outros negros. Ramos lamentava que o mecanismo psicossocial da aculturação não fosse levado em consideração; e como tal perspectiva de análise era fundamental para ele, propôs em seu curso de aperfeiçoamento de Antropologia e Etnologia, "pequenos acréscimos" ao quadro

---

22 Ramos, *op. cit.* 1942, p. 28-29, grifo nosso.

23 As críticas a essa "correção" podem ser encontradas nos trabalhos de Campos (*op. cit.*, p. 209) e Corrêa (*op. cit.*).

316 Gildo Magalhães (org.)

de estudo indicado pelo referido Comitê, "principalmente no que tange aos mecanismos psicológicos".[24]

Os trabalhos de Ramos atinentes à cultura apontam sempre na direção do sincretismo, aculturação, cultura do compromisso, mosaico cultural. São palavras constantemente repetidas em seus textos, conceitos acionados para compreender a cultura brasileira. Vale ressaltar que essa cultura de compromisso de que ele fala não significa trocas de culturas equivalentes e isso porque ele trabalhava com uma hierarquização cultural. Pensar em culturas como atrasadas e adiantadas, apesar de negar o aspecto racial, não o deixou imune das críticas de seus revisionistas.

Culturas atrasadas e adiantadas

Como apontado, para a verdadeira compreensão do Brasil, segundo Ramos, era necessário entender a psicologia do seu povo. E a melhor maneira de se fazer isso era por meio da religião, pois ela levaria diretamente "a esses estratos mais profundos do inconsciente coletivo, desvendando-nos essa base emocional comum, que é o verdadeiro dínamo das realizações sociais".[25] As religiões afro-brasileiras, com ênfase ao culto ioruba, apresentavam para ele as características próprias da mentalidade primitiva, com todo um arcabouço mítico, em que havia a predominância da emoção, da crença nos fetiches, no valor dado ao oculto e místico e a confusão entre o subjetivo e o objetivo.

A religião negra era vista como inferior por pertencer a uma cultura atrasada; porém o contato com as mais adiantadas a transformaria, assimilando-a ou suplantando-a; e o que permanecesse ficaria no inconsciente folclórico. A cultura ioruba era apresentada pelo autor de *O negro brasileiro* como superior à de origem banto, o que explicaria a absorção

---

24 Ramos, *op. cit.* 1942, p. 34-39; *idem, op. cit.* 1979, p. 245.

25 Ramos, *op. cit.*, 2002, p. 28-29.

desta última pela primeira. Estas transformações ocorriam pelo contínuo processo do sincretismo, que impedia a permanência da pureza original.

Em vários de seus textos alusivos à cultura negra, Ramos tratou de sua pureza. A procedência destas culturas e de seus representantes na África foi uma preocupação constante para ele. Esta era a razão para a sua insistência quanto à necessidade do estudo etnográfico. Na busca pela construção de uma cultura nacional, acreditava ser preciso saber o que era puro, logo original, o que era sobrevivência e o que era produto final da confluência das culturas no Brasil. Ele trabalhava com a dicotomia pureza e mistura. Para Ramos, o paradigma do sincretismo coexistia com o paradigma da pureza.[26] E como afirmou Campos, "[...] De modo paradoxal, o momento de procura da pureza é o momento de reafirmação do processo de mistura, de rearticulação dos elementos diferenciais que o compõem".[27]

A cultura era apresentada por ele como o meio pelo qual se podia substituir os elementos pré-lógicos que residiam no inconsciente do brasileiro, por outros mais racionais. Refutou a categoria de raça como responsável por estes resquícios pré-lógicos, logo imutáveis; porém promoveu a de cultura, cujo trabalho lento, a *verdadeira cultura*, como chamava, "consegue modificar e aperfeiçoar tipos de mentalidades, substituir categorias psicológicas, transformar uma representação coletiva em formas mais adiantadas de pensamento".[28]

O estudo da procedência dos negros africanos era primordial em sua visão, um trabalho iniciado por Nina Rodrigues, a quem louvava o feito e procurava dar continuidade. De igual maneira, buscava traçar as culturas originais de cada um desses povos, para compreender a estrutura pré-lógica de cada uma, no momento em que se baseava na teoria da mentalidade primitiva; e, posteriormente, lançando mão do concei-

---

26 Motta, *op. cit.*, p. 65.

27 Campos, *op. cit.*, p. 137.

28 Ramos, *op. cit.* 2001, p. 123.

318 Gildo Magalhães (org.)

to de aculturação e suas variantes (aceitação, adaptação e reação), para entender como se deu o processo aculturativo e em qual das variantes citadas se encontravam. Procurava as sobrevivências culturais negras, mas acreditava ser este um trabalho infrutífero, uma vez que quase nada poderia ser encontrado em decorrência do sincretismo ocorrido e que continuava a se realizar. Destarte era cada vez mais difícil "distinguir o que é islamismo, o que é ritual jeje-nagô ou banto, o que é superstição do catolicismo popular do negro e do mestiço".[29]

Diria ainda este autor que tudo o que submergiu no trabalho de assimilação passou ao inconsciente folclórico. Por esse motivo, o folclore foi outro objeto de estudo do médico alagoano, sobre o qual se debruçou para encontrar as sobrevivências das culturas originais negras. Publicou em 1935 o livro *O folclore negro do Brasil*, que era, segundo ele, a continuação dos estudos iniciados com *O negro brasileiro* (1934), porém agora focando o folclore e não mais a religião negra. Tal qual feito com a publicação de 1934, a pesquisa demopsicológica, ou seja, da psicologia de um povo, era essencial para o estudo do folclore negro do Brasil; e, mais uma vez, afirmava a coerência e necessidade de conciliar metodologias de pesquisa, sem se prender a ortodoxias teóricas.

Ramos definiu o folclore como uma sobrevivência emocional, sendo "a conservação de elementos pré-lógicos que persistem no esforço das culturas pela sua afirmação conceitual").[30] Os mitos africanos no Brasil adaptaram-se à sociedade encontrada, deformaram-se, fragmentaram-se e passaram para o folclore. Assim, ele estudou nesta obra as sobrevivências mítico-religiosas, históricas (com os congos e quilombos), totêmicas (autos e festas populares, com destaque ao ciclo do boi), as danças, músicas e contos populares de animais (fazendo também sua psicanálise) e do quibungo,

---

29 *Idem, ibidem*, p. 84.

30 *Idem, op. cit.*, 2003a, p. 23.

O progresso e seus desafios   319

Das míticas que adentraram o Brasil com os africanos, ele destacou duas: sudanesa e banto. Pelo método etnográfico, ele já havia estudando ambas em *O negro brasileiro*. Em *O Folclore negro* ele buscou mostrar como essas criações mitológicas se fragmentaram e passaram para o folclore. Afirmava que havia duas formas para se alcançar tal objetivo: o primeiro seria conhecer tais mitos em sua pureza primitiva entre os povos de origem (evidência da coexistência, para ele, do sincretismo e da pureza); e o segundo seria coletar os fragmentos ainda existentes no Brasil.

Além das religiões e do folclore, as danças e músicas de origem africana transplantadas para o Brasil eram vistas por Ramos como uma espécie de meio de comunicação entre os homens praticantes e as suas divindades, entrando aí o simbólico, o mágico, o sobrenatural. No Brasil, elas não puderam se manter como em suas terras originárias, dada a proibição no período escravocrata, obrigando-as a se adaptarem, porém tais cerimônias não desapareceram, sobreviveram no folclore. As danças e músicas originais poderiam ser encontradas disfarçadas nos autos populares, como nos reisados, maracatus, ranchos, congos etc Seriam o resultado da mescla entre o que trouxeram da África com os autos peninsulares e as festas populares ameríndias. Ao abordar os congos e os quilombos, sobrevivências históricas, afirmou que uma vez transplantados para o Brasil, assimilaram "rapidamente os autos peninsulares e trouxeram o seu contingente – símbolo de uma aliança racial oposta à *linha de cor* norte-americana". Vale o destaque de como para Ramos a futura democracia racial estava alinhada com o sincretismo cultural que, não por acaso, era visto por ele como harmonioso.

A preocupação com o futuro do país era disseminada entre a intelectualidade nacional e, diante da necessidade de se mostrar viável, era preciso pensar saídas para o fatalismo racial. Tal inquietude projetou novas causas para as mazelas nacionais que pudessem negociar com a categoria de raça, se não a abolindo, ao menos retirando dela o peso até então depositado. Foi assim com as doenças, a higiene, educação e cultura que passaram a ser operadas como reais causas para os problemas do país. Cada um destes elementos explicativos traria consigo a regeneração. Assim, haveria a possibilidade de melhora. E a ideia de regeneração foi fortemente acionada nos anos 1930-1940, potencializada pelo discurso eugênico. Neste mesmo período as teorias raciais começavam a ser questionadas e a prática da mestiçagem aceita.

A cultura foi projetada como uma base explicativa para o Brasil. Pensar em culturas atrasadas e adiantadas não foi uma particularidade de Ramos, basta ler *Casa grande & senzala* de Freyre. Porém, enquanto este último pensava e falava baseado em uma perspectiva sociológica, o primeiro se pautava na psicológica. Tanto que dizia fazer uso do método psicológico-cultural. Tal uso é facilmente percebido em seus escritos sobre o tema. Pensar a cultura teve uma dupla função para Ramos: explicar o atraso nacional e solucioná-lo. Explicou quando afirmou não ser a raça e sim a cultura o fator de atraso e solucionou quando vislumbrou na aculturação uma maneira de progredir.

Ao negar a raça como fator determinante para o desenvolvimento (ou não) do país, e, sobretudo, ao negar e criticar as teses (de fundo biológico) que definiam os não-brancos como inferiores, Ramos rompeu com aquela lógica racial que depositava nela a responsabilidade pelo nosso "atraso". Neste aspecto foi bastante enfático. Ele aboliu a concepção racial, pensando em estruturas culturais. Com isso, ampliou a discussão a respeito da história nacional; e operou mudanças na perspectiva sobre o país, ainda que viesse a ser, no futuro, questionado, principalmente quando os estudos sociológicos, na década de 1950 no Brasil, ganharam impulso e passaram a criticar as análises feitas até então, que prezavam um conteúdo mais etnográfico.

Tropeços institucionais: as campanhas de Mário Barata por um curso superior de história da arte no Brasil

Danielle Amaro

Introdução

No Brasil, são oferecidos atualmente cinco cursos de graduação em história da arte, todos em universidades públicas. Quatro deles foram inaugurados há apenas alguns anos atrás, entre 2009 e 2012: os bacharelados em história da arte das Universidades Federais de São Paulo, do Rio de Janeiro e do Rio Grande do Sul, e o bacharelado em teoria, crítica e história da arte da Universidade de Brasília. O mais antigo e único durante quase meio século é aquele hoje mantido pela Universidade do Estado do Rio de Janeiro (UERJ), mas cuja criação, em 1963, remete à história do extinto Instituto de Belas Artes (IBA).[1]

O Curso Superior de História da Arte foi criado oficialmente em 1963, na estrutura do Instituto de Belas Artes (também citado como Instituto Municipal de Belas Artes, Instituto de Belas Artes do Distrito Federal, Instituto de Belas Artes do Estado da Guanabara). Fundado em 1950, o IBA era uma espécie de escola de arte pública, mantido pelo governo do Estado da Guanabara, onde eram oferecidos cursos livres. A

---

1 Dediquei um artigo particularmente ao assunto – cf. Danielle Rodrigues Amaro, "Acerca de "almas penadas": debates sobre criação e regulamentação do primeiro Curso Superior de História da Arte (1961-1978)". In: Paloma Porto Silva e Betânia Gonçalves Figueiredo (org.). *Anais Eletrônicos do 14º Seminário Nacional de História da Ciência e da Tecnologia – 2014.* Belo Horizonte: UFMG/SBHC, 2014.

fusão dos Estados da Guanabara e do Rio de Janeiro no ano de 1975 e, por consequência, uma série de mudanças estruturais na Secretaria de Educação e Cultura, conduziram à extinção do Instituto de Belas Artes e à fundação, em seu lugar, da Escola de Artes Visuais. Em meio a tais acontecimentos, o Curso Superior de História da Arte encontrava-se numa situação frágil: não era ainda reconhecido pelos órgãos competentes e, por isso, os diplomas de conclusão não possuíam qualquer valor legal. Diante de tais circunstâncias, o primeiro diretor da nova escola, o artista Rubens Gerchman (1942-2008), não via outra alternativa que não a extinção. Depois de três anos de embate entre Gerchman e os defensores da existência do curso, este foi transferido definitivamente para a UERJ em 1978.

Apesar dos números, a criação de cursos superiores de história da arte é considerada uma demanda incontornável por muitos especialistas da área já há algumas décadas. Nesse sentido, o presente artigo versa sobre os debates em torno dessa reivindicação, ocorridos a partir dos anos 1950, com destaque para a atuação de Mário Barata (1921-2007). A fim de reconstruir o ambiente de discussão de uma época, pretende-se ainda identificar pontos de convergência entre as campanhas em favor da história da arte empreendidas por Barata e o discurso acerca do lugar da história da arte no Brasil proferido por outros importantes atores da cena artística nacional a ele contemporâneos, como Mário Pedrosa (1900-1981) e Walter Zanini (1925-2013). Ressalta-se que o artigo apresenta parte dos primeiros avanços de pesquisa de doutorado em andamento, cujo objetivo principal é investigar a institucionalização da história da arte no país e a formação do historiador da arte nas universidades públicas brasileiras, particularmente nas graduações.

O progresso e seus desafios 323

Uma campanha em vários títulos: os artigos publicados no Diário de Notícias entre 1955 e 1959

Durante nove anos, o crítico, historiador da arte e também museólogo Mário Barata colaborou no extinto *Diário de Notícias*. Ingressou em 1952 como responsável pela coluna "Artes Plásticas" e, a partir de 1954, foi convidado a escrever uma seção diária, à qual se dedicou até o fim de sua passagem pelo periódico.[2] Em 1956, tomou posse da cátedra de História da Arte na Escola Nacional de Belas Artes (ENBA) da Universidade do Brasil,[3] posição que já ocupava interinamente desde o ano anterior, em virtude da aposentadoria compulsória do professor José Flexa Pinto Ribeiro (1884-1971). Do entrelace de sua atuação acadêmica e jornalística resultou uma série de artigos que reivindicam a criação de um lugar institucional para a formação de historiadores da arte.

Em outubro de 1955, Barata publicou o artigo "Curso Superior de História da Arte".[4] Iniciou seu argumento afirmando que "na sua história de quase século e meio, a ENBA soube fortalecer-se com a criação de novos cursos, na medida em que outros se tornavam autônomos". Cita como exemplos a criação dos cursos de "Professorado de Desenho" e o de "Artes Decorativas" e comenta o caso do desligamento dos cursos de Arquitetura e de Música. Prossegue afirmando que seria esse "um dos motivos pelos quais os membros da Congregação e da Administração

---

2 Seus substitutos foram José Roberto Teixeira Leite e, mais tarde, Frederico Morais. Cf. Secretaria Especial de Comunicação Social do Rio de Janeiro. *Diário de Notícias: a luta por um país soberano. Cadernos da Comunicação*. Série Memória. Prefeitura da Cidade do Rio de Janeiro: 2006, p. 62.

3 Com a reforma universitária ocorrida durante os anos 1960, a Universidade do Brasil passou a se chamar Universidade Federal do Rio de Janeiro (UFRJ). No início da década de 1970, a ENBA também mudou de nome: tornou-se Escola de Belas Artes (EBA).

4 Mário Barata, "Curso Superior de História da Arte". *Diário de Notícias*. Letras e Artes: Suplemento Literário, Ano XXVI, Nº 10.107, 16/17 de outubro de 1955, p.5.

da Escola Nacional de Belas Artes encaram com simpatia a necessidade de criar, futuramente, um Curso Superior de História da Arte, nesse Instituto da Universidade". Observa ainda que "*seria curso de aperfeiçoamento* para pintores, escultores e gravadores interessados em desenvolver seus conhecimentos da matéria e, *ao mesmo tempo, de formação de especialistas*, pesquisadores e professores de história da arte" [*grifos nossos*]. Além de indicar as particularidades da forma de ingresso (via vestibular, exigindo-se o certificado de curso colegial), Barata aproveita o ensejo e esboça aquele que poderia ser o currículo. Proposto em quatro anos, se estruturaria da seguinte forma:

Proposta de currículo para o projeto de Curso Superior de História da Arte na Universidade do Brasil apresentado por Mário Barata, entre 1955 e 1956, no Diário de Notícias	
1º ano	• Introdução à História da Arte (metodologia e problemas principais) • Arte da Pré-história. Artes Primitivas e Artes Populares (1º semestre) | História da Arte da Antiguidade Egípcia e Oriental (1º semestre) • História da Arte da Antiguidade Clássica • Arqueologia brasileira e americana • História do Desenvolvimento Material e Cultural do Brasil
2º ano	• Estética e Ciência da Arte • História da Arte de Idade Média • História da Arte do Renascimento • História da Arte no Brasil (séculos XVI e XVII)
3º ano	• Estética e Ciência da Arte • História da Arte dos séculos XVII e XVIII • História da Arte no Brasil (século XVIII) • História da Cultura (Antiguidade, Idade Média e Renascimento)

O progresso e seus desafios

4º ano	• Sociologia e Psicologia aplicadas à arte
	• História da Arte dos séculos XIX e XX
	• História da Arte no Brasil (séculos XIX e XX)
	• História da Cultura (Idade Moderna e Contemporânea)

Tendo em vista ainda sua proposta curricular, Barata registra as seguintes ressalvas:

> A cadeira de História da Cultura, de caráter comparativo, estudará a evolução da literatura, da música, da filosofia e outros aspectos culturais, através de cada época. Nas de História da Arte da Idade Média e da Idade Moderna, serão incluídas, resumidamente [grifo nosso], as artes Mulçumana, Hindu, Chinesa e Japonesa. No estudo de artes primitivas fica entendido de que o tema será tratado de maneira a não duplicar o exame da arqueologia do continente americano.

Encerra o artigo ponderando que a criação de um curso superior de história da arte na ENBA seria uma contribuição para "o desenvolvimento da cultura do Brasil", ao atender "às necessidades urgentes do ensino e da expansão da história da arte no país".

Em setembro de 1959, (ou seja: quase quatro anos depois do artigo citado anteriormente), Barata publica o artigo "Ensino de História da Arte".[5] O texto é praticamente uma reapresentação do anterior, com a reescrita apenas do parágrafo no qual se refere ao caráter de "aperfeiçoamento" do curso, voltado para artistas interessados em desenvolver seus conhecimentos de história da arte, bem como para a formação de especialistas na área. No novo artigo, Barata afirma que o curso "*nasceria independentemente dos cursos de aperfeiçoamento* já previstos para

---

5   Mário Barata, "Ensino de História da Arte". In: *Diário de Notícias*. Letras e Artes. Suplemento Literário", Ano XXX, Nº11.292, 06/07 de setembro de 1959, p.8.

326 Gildo Magalhães (org.)

pintores, escultores e gravadores e outros interessados em desenvolver seus conhecimentos da matéria" [*grifo nosso*], reforçando assim sua importância em formar profissionais em história da arte para a pesquisa e o ensino. Observa-se um avanço significativo em relação à compreensão do objetivo do ensino e pesquisa em história da arte: se antes o curso era proposto, em primeiro lugar, como uma extensão à formação artística; num segundo momento, é promovido à lugar de formação de especialistas na própria disciplina. A história da arte teria assim um espaço para desenvolvimento mais autônomo e menos limitado, tornando-se mais independente do caráter de subserviência à formação e às mais diversas práticas artísticas.

A estrutura da proposta curricular apresentada exatamente da mesma forma por Barata nas duas ocasiões expõe um grande conjunto de disciplinas voltadas ao estudo cronológico da produção artística e cultural a partir de um ponto de vista claramente eurocêntrico: "História da Arte da Antiguidade Clássica"; "História da Arte de Idade Média"; "História da Arte do Renascimento"; "História da Arte dos séculos XVII e XVIII"; "História da Arte dos séculos XIX e XX". Barata esclarece em nota que seriam incluídos "*resumidamente*" em algumas disciplinas conteúdos referentes às "artes Mulçumana, Hindu, Chinesa e Japonesa" [*grifo nosso*].

Chama atenção o fato de serem reunidas em uma mesma disciplina "Arte da Pré-história", "Artes Primitivas", "Artes Populares" e "História da Arte da Antiguidade Egípcia e Oriental". O propositor preocupa-se ainda em alertar que em "Artes Primitivas" não se pretende duplicar os conteúdos já tratados na disciplina "Arqueologia brasileira e americana". Considerando que as produções concernentes à África e a outras regiões do globo (como a Oceania, por exemplo) não são abarcadas por nenhuma das nomenclaturas, acredita-se que estejam subentendidas no item "Artes Primitivas". Um olhar retrospectivo sobre o discurso do "primitivo" entre os séculos XIX e XX pode lançar luz e tornar mais compreensível o aglomerado proposto por Barata. Segundo Perry, desde o século XIX, "o termo 'primitivo' foi usado [...] para diferenciar as sociedades europeias contemporâneas e suas culturas de outras sociedades e culturas que se consideravam então menos civilizadas". No entanto, se em meados do XIX, "foi usado também para descrever as obras de arte italianas e flamengas dos século XIV e XV"; ao fim do século, a acepção de "primitivo" "estendeu-se às culturas antigas do Egito, Pérsia, Índia, Java, Peru e Japão, aos objetos das sociedades que se considerava que estavam 'mais próximas da natureza' e ao que muitos historiadores denominaram como arte tribal da África e da Oceania".[6]

Outro aspecto que se sobressai no artigo é o conjunto de disciplinas voltadas exclusivamente à análise da produção artística e cultural do contexto brasileiro: "História da Arte no Brasil (séculos XVI e XVII)"; "História da Arte no Brasil (século XVIII)"; "História da Arte no Brasil (séculos XIX e XX)". Como hipóteses, pode-se pensar que ao fenômeno local é dada uma importância particular, reservando no currículo uma quantidade suficiente de horas para a formação de um historiador da arte brasileiro sensível ao seu contexto, àquilo que lhe é mais próximo. Por outro lado, pode também revelar o pressuposto de que na história da arte ocidental, não haja lugar para o Brasil. Sendo assim, a única forma de analisá-la seria como um apêndice, como um caso isolado, na expectati-

---

6   Gill Perry. In: Charles Harrison/ Francis Frascina/ Gill Perry (eds.), *Primitivismo, Cubismo y Abstración: los primeros años del siglo XX* (Madrid: Akal, 1998), p. 9. Ainda sobre a ideia de "primitivo", o antropólogo Adam Kuper (1941-), no prefácio à edição brasileira de "A reinvenção da sociedade primitiva: transformações de um mito", afirma que "sociedades primitivas – ou, ainda melhor, povos primitivos – são resultados da imaginação ocidental. Isso não implica que as noções de primitivo não têm nenhum propósito. Como nos mundos alternativos da ficção científica, as ideias sobre a sociedade primitiva nos ajudam a pensar a nossa própria sociedade. O primitivo, o bárbaro, o selvagem são os nossos 'opostos'. Eles nos definem, enquanto nós os definimos. [...] Quando sentirmos que tenhamos mudado de alguma maneira significativa, muito naturalmente ajustamos a nossa imagem sobre o que é 'ser primitivo'. [...] Para cada nação, para cada tempo, os seus próprio bárbaros" – Adam Kuper. *A reinvenção da sociedade primitiva: transformações de um mito* (Recife: Ed. Universitária da UFPE, 2008), p.11-13.

va de que em algum momento seja possível traçar uma correspondência com o (euro)centro. Ambas as hipóteses, de alguma forma, convergem para o reforço do discurso do nacionalismo, de uma identidade nacional. A diferença entre ambas as hipóteses talvez esteja na forma como é construída a relação entre a produção nacional e a conjuntura internacional (ou seja, Europa e, no máximo, os Estados Unidos): de independência, de subserviência ou de diálogo.

É importante frisar de antemão que essas características (ou discursos) do currículo proposto por Barata podem também ser observadas no currículo do Curso Superior de História da Arte oferecido pelo Instituto de Belas Artes e, posteriormente, pela UERJ. As similaridades demonstram que os discursos expressos em ambos estão relacionados ao imaginário de uma época e, por isso, não devem ser lidos como casos isolados. Esclarece-se assim o ponto de vista a partir do qual aqui são analisados os projetos de formação em história da arte geridos no contexto brasileiro: pensa-se, como afirma Apple, que a construção de um currículo envolve o controle de significados. Em outras palavras: a eleição de alguns conteúdos como legítimos, como indispensáveis a todos, "confere legitimidade cultural ao conhecimento de grupos específicos". Logo, um currículo nunca é neutro, mas sempre está comprometido com uma determinada agenda. Fundamentada em disputas de poder, a construção de um currículo demonstra que "a capacidade que um grupo tem de converter seu conhecimento em 'conhecimento para todos' é proporcional ao poder desse grupo na arena política e econômica mais ampla".[7]

---

7   Em "Ideologia e currículo", o educador Michael Apple (1942-) analisa a forma como a escola reproduz e refina a estrutura ideológica e as formas de controle social e cultural das classes dominantes, apresentando dois argumentos. "Em primeiro lugar, considera a escola presa a um nexo de outras instituições – políticas, econômicas e culturais – que são basicamente desiguais. Ou seja, a escola existe mediante sua relação com outras instituições mais poderosas, as quais se combinam de tal modo que geram desigualdades estruturais de poder e acesso aos recursos. Em segundo lugar, essas desigualdades são reforçadas e reproduzidas

O progresso e seus desafios 329

A presença particular de algumas disciplinas faz-nos cogitar a possibilidade de que a formação de Mário Barata como museólogo, obtida no Curso Técnico de Museus oferecido pelo Museu Histórico Nacional,[8] tenha influenciado sua forma de conceber a estrutura e os conteúdos que um curso superior de história da arte deveria contemplar. Barata concluiu o curso em 1940 e, segundo Siqueira, foi o primeiro aluno a assumir uma disciplina: "começou a ministrar, em caráter interino, a disciplina História da Arte Brasileira, ainda nos idos de 1940, ou seja, à época em que concluíra o Curso".[9] Além disso, aponta que Mário Barata teria par-

---

pela escola (embora, evidentemente, não somente por elas). Por meio de suas atividades curriculares, pedagógicas e avaliativas na vida cotidiana na sala de aula, a escola desempenha um significativo papel na conservação, se não na geração, destas desigualdades". Prossegue advertindo que esses argumentos interpretam a escola de um modo diferente daquele que frequentemente os educadores o fazem. "Em lugar de interpretá-la como 'um grande motor da *democracia*' (ainda que haja um elemento de verdade nisso)", a escola é observada como uma instituição não necessariamente progressista, cuja operação pode ajudar alguns grupos e servir de barreira a outros. Cf. Michael W. Apple, *Ideología y currículo* (Madrid: Akal, 1986), p.88-89.

8   O Curso Técnico de Museus é considerado o primeiro na área no país e também o mais antigo da América do Sul. A ideia de sua criação remontaria à fundação do Museu Histórico Nacional, inaugurado em 1º de outubro de 1922, ano marcado por comemorações do primeiro centenário da Proclamação da Independência. Apesar do curso não ter sido implantado de imediato na fundação do museu, conceitualmente constituiu uma espécie de embrião do Curso Técnico de Museus, criado em 1932. Tendo passado por diversas transformações, em 1979 foi finalmente transferido para a Universidade Federal do Estado do Rio de Janeiro (UNIRIO), onde permanece alocado até os dias de hoje, vinculado à Escola de Museologia.

9   Tendo em vista sua atuação no campo da Museologia, além de professor do referido curso, Mário Barata "foi aprovado no concurso de 1942 para a carreira de conservador, tendo atuado no MHN (*Museu Histórico Nacional*), no MNBA (*Museu Nacional de Belas Artes*) e no IPHAN (*Instituto do Patrimônio Histórico e Artístico Nacional*) - cf. Graciele Karine Siqueira, *Curso de Museus - MHN, 1932-1978. O*

330 Gildo Magalhães (org.)

ticipado do grupo de trabalho constituído com intenção de transformar o Curso Técnico de Museus em uma Faculdade de Museologia, logo após a última reforma curricular de 1966. Conclui-se, com isso, que Barata vivenciou quase todos os currículos, como aluno ou como professor, sendo a única exceção aquele em vigor entre 1932 e 1933, período anterior ao seu ingresso como aluno. Essa é uma questão que, nesse espaço, não será possível dissertar com detalhes, mas que se considera importante.

Dando continuidade ao levantamento das campanhas empreendidas por Mário Barata, entre 1955 e 1959 ele retoma a discussão em vários momentos. No artigo "A História da Arte e o Ensino Superior", publicado na edição nº10.399 do DN, em 30 de setembro/01 de outubro de 1956, fundamenta seu argumento citando um discurso de 1948 de Julian Huxley (1887-1975), o primeiro diretor-geral da UNESCO[10].

Segundo Barata, o discurso de Huxley tinha como tema "A UNESCO e o Ensino Superior". Logo no início do trecho selecionado por Barata, Huxley indica que tratará em seu discurso "de alguns dos aspectos mais gerais do novo papel da Universidade no mundo moderno". Após visitar 19 países em cinco meses, muitos problemas se tornaram para ele evidentes sob "ângulo inteiramente diferente", entre os quais o "descuido" com relação às artes.

---

perfil acadêmico-profissional. Dissertação de Mestrado (Rio de Janeiro: UNIRIO/MAST, 2009), p. 31; 122. Por fim, salienta-se sua participação na criação do ICOM (*International Council of Museums*, associado à UNESCO), em 1946.

10 Mário Barata, *A História da Arte e o Ensino Superior,* in: *Diário de Notícias,* Suplemento Literário "Letras E Artes", Ano XXVII, Nº 10. 399, p. 5. Deve-se lembrar que o ano de 1956 marcava o aniversário de 10 anos de criação da UNESCO como uma resposta imediata à Segunda Guerra, que findara pouco mais de um ano antes e partia do pressuposto que "uma vez que as guerras se iniciam nas mentes dos homens, é nas mentes dos homens que devem ser construídas as defesas da paz" (*Constituição da Organização das Nações Unidas para a Educação, a Ciência e a Cultura*).

Teve-se, e tem-se, lastimavelmente, ainda, tendência demasiada a intelectualizar-se o ensino, o que frequentemente induz ao triunfo do ponto de vista da ciência e do intelecto sobre o da estética e da imaginação criadora. Poucas Universidades incluem escolas de arte. (Entre elas podemos citar - interrompendo Huxley - a do México, a do Chile). [...] A pessoa que ignora as ciências, a história e os clássicos é dita sem nenhuma cultura; mas um estudante pode terminar seus estudos numa Universidade moderna, e nada saber de Purcell ou de Giotto, da arquitetura ou da arte moderna. A função das artes, que é de criar e de exprimir, possui seguramente, na educação, importância igual à do conhecimento científico, que interessa às faculdades intelectuais.

Barata cita ainda o documento "Conferência Preparatória dos representantes de Universidades", segundo ele também publicado pela UNESCO em 1948, no qual é recomendado às universidades "ligar-se mui particularmente à educação geral, aos progressos espirituais e à cultura artística de seus estudantes".

Não existe Universidade [...] que possa permitir-se negligenciar o desenvolvimento estético e moral de seus estudantes. A educação do estudante não é completa se este último não sabe apreciar o lado estético da vida. Necessitar-se-ia igualmente consagrar esforços maiores e fundos mais importantes às pesquisas de ciências sociais e aos trabalhos originais próprios a enriquecer o conhecimento do homem. Não é exagerado afirmar que o futuro do mundo [...] e talvez a sobrevivência da civilização dependam tanto destes estudos quanto do progresso das ciências exatas e naturais

Após citar a postura da UNESCO com relação às artes, Barata faz uma breve explanação do lugar a partir do qual escreve. Afirma que a história da arte já possuiria uma "posição bem firme no seio da Universidade do Brasil" e que já estaríamos às vésperas de uma "grande

332   Gildo Magalhães (org.)

expansão de seu ensino, exigida pela cultura contemporânea" (já iniciada na Europa e nos Estados Unidos). É assertivo e otimista com relação à importância atribuída à disciplina naquele momento do contexto brasileiro: "nunca se deu tanto valor à história da arte, como em nossos dias. Todos desejam aprendê-la". Conclui seu argumento afirmando ser a história da arte "um testemunho da grandeza e da autenticidade humanas", um "dos maiores e mais válidos setores da cultura", situando "o estudo ou as interpretações da história da arte (...) entre as criações mais fundamentais do nosso tempo".

Alguns anos mais tarde, em agosto de 1959, Barata apresenta literalmente sua "Campanha pela História da Arte".[11] Voltando seu olhar para o exterior, a fim de traçar um panorama internacional dos progressos da história da arte naquelas últimas décadas, o autor exalta o desenvolvimento de métodos e o levantamento de informações, "graças à seleção e à crítica da documentação histórica, à objetividade do estudo dos monumentos de pintura, arquitetura ou escultura, valores de método que caracterizam hoje esta disciplina". Evidencia que no contexto europeu e norte-americano, onde "os problemas fundamentais da metodologia do estudo da história da arte" já estariam "estabelecidos em bases firmes" e exalta a existência de "manuais que divulgam os rigorosos critérios de pesquisa e de apresentação dos documentos artísticos ou do exame dos textos".[12] Fala ainda da importância dos estudos das características formais e do desenvolvimento cronológico das obras de arte, bem como da atribuição de autorias, que deveriam ser "estabelecidas segundo as principais fontes escritas existentes" ou, "na falta destas", de acordo com os

---

11   Mário Barata, *Campanha pela História da Arte*. In: *Diário de Notícias*, Suplemento Literário "Letras E Artes", Ano XXX, Nº.11.280 23/24 de agosto de 1959, p.8.

12   Barata cita em especial a obra *Introduction aux Etudes d'Archeologie et d'Histoire de l'Art*, publicada em 1946, cuja autoria é de Jacques Lavalleye (1900-1974), historiador da arte e professor da Universidade Católica de Louvain. Na ocasião da "Campanha pela História da Arte", segundo Barata, já teria sido anunciada a segunda edição do manual.

O progresso e seus desafios   333

métodos adequados.[13] Por fim, adverte citando palavras do historiador da arte francês André Michel (1853-1925): "após anotarmos as formas e os fatos, veremos a sua significação".

Ao tratar dos "limites das condições brasileiras", aponta como problema para o desenvolvimento da história da arte nesse contexto a existência deficiente de "documentação", também chamada de "indicações bibliográficas" ou fontes "manuscritas" para um estudo aprofundando e original sem "perda de tempo". Daí a necessidade de "bibliotecas modernas e suficientemente aparelhadas para esse estudo", "instrumento de trabalho insubstituível para o progresso da cultura especializada" e "ainda insuficientes para as necessidades da História da Arte, no Brasil". Ainda do ponto de vista da demanda por equipamentos culturais qualificados, Barata reclama da insuficiência de instituições museológicas, o que dificultaria "de modo imenso o estudo de parte do programa da Cadeira de História da Arte nas Universidades". Para ele, os acervos são preciosos na medida em que possibilitam "o surto dos estudos sérios e rigorosos da nossa disciplina nos dias que correm". Trata ainda das expectativas de investimentos "para a intensificação e ampliação do caráter sério e científico desses estudos em vários setores, universitários ou não". A partir dessa avaliação e "na qualidade de professor catedrático de História da Arte e Estética da Escola Nacional de Belas Artes da Universidade do Brasil", indica três medidas consideradas por ele necessárias para o desenvolvimento da área:

> a) Intensificação da atividade de pesquisa no Seminário de Pesquisas e Estudos de História da Arte já existente na Escola Nacional de Belas Artes, com o futuro trabalho de alguns bolsistas estagiários, que serão possivelmente subvencionados por

---

13   Barata cita particularmente os métodos desenvolvidos por Giovanni Morelli (1816-1891) e Bernard Berenson (1865-1959, pseudônimo de Bernhard Valvrojenski).

alguma instituição que coopere com a pesquisa universitária, neste setor.

b) Futura criação de Curso Superior de História da Arte, com cargos de professores catedráticos, objeto de tese por mim apresentada ao I Congresso Brasileiro de Arte, em Porto Alegre, onde foi aprovado por unanimidade.

c) Criação, na Universidade do Brasil, de Instituto de Pesquisas de História da Arte, que desenvolverá a atividade pesquisadora, hoje indispensável, com a profissionalização dos especialistas no assunto, em vista das atuais necessidades brasileiras neste campo de estudo.

Considera ainda indispensável, imprescindível e urgente a criação de um "Instituto de Pesquisas de História da Arte Brasileira e Portuguesa" no Rio de Janeiro, voltado a estudos e pesquisas da produção artística do Brasil e de Portugal (e de outros países que com a primeira se relacionem). E conclui: "esse Instituto será uma primeira etapa, prática e imediatamente realizável, de futuro Instituto de outro tipo".

Saliente-se que, em relação às publicações anteriores no Diário de Notícias, este é o primeiro texto em que Mário Barata apresenta uma agenda complexa e pragmática, na qual percebe-se claramente a indissociabilidade entre ensino e pesquisa. Tantos seus argumentos como sua trajetória profissional nos fazem deduzir que seu projeto para o desenvolvimento da história da arte no Brasil esteja pautado em sua recente experiência como Professor Catedrático da Escola Nacional de Belas Artes, cargo assumido oficialmente em 1956.

A campanha em outros campos de batalha

Ainda no mesmo artigo "Campanha pela História da Arte", Barata cita uma proposta de criação de um curso superior de história da arte, apresentada em 1958 no 1º Congresso Brasileiro de Arte, realizado no

O progresso e seus desafios

Instituto de Belas Artes de Porto Alegre (RS).[14] Realizado na ocasião do cinquentenário da instituição sede do evento, o Congresso tinha por objetivo a discussão de problemas relativos ao campo das artes de modo geral, como ensino e difusão, direitos e deveres. O Congresso compunha-se assim de cinco seções: a) arquitetura e urbanismo; b) artes plásticas – desenho, escultura, gravura e pintura; c) letras; d) música; e e) teatro. Artistas, historiadores e críticos de arte, assim como outros especialistas nas áreas citadas, nas seções apresentavam suas "teses" (segundo Bohmgahren, "algo semelhante às atuais comunicações apresentadas em Colóquios e demais eventos do gênero") a fim de serem debatidas pelo grande público.[15]

Mário Barata propõe a apresentação de três teses, todas aprovadas pela organização e incluídas nos debates do evento: "Da criação de um Curso Superior de História da Arte no Brasil", "Da necessidade de colocar a História da Arte como disciplina optativamente no ensino secundário brasileiro" e "Da necessidade urgente da criação de um Instituto de Pesquisas de História da Arte na Universidade do Brasil ou no Ministério da Educação e Cultura".

Tendo em vista a estrutura do Congresso, Barata havia explicado num texto anterior que, após a apresentação das teses, a "conclusão resultante do estudo dos assuntos debatidos e aprovados em plenário" constituiria "o corpo das decisões do conclave".[16] Segundo Bento, nem todas as teses apresentadas durante o 1º Congresso Brasileiro de Arte foram aceitas, ora "por fugirem ao espírito do Congresso" ou "por deficientes de

---

14 Atual Instituto de Artes da Universidade Federal do Rio Grande do Sul.

15 Cíntia Neves Bohmgahren, *A modernidade nos murais de Aldo Locatelli e de João Fahrion na Universidade Federal do Rio Grande do Sul e o Cinquentenário do Instituto de Belas Artes, 1958*. Dissertação de mestrado em Artes Visuais. Universidade Federal do Rio Grande do Sul, Instituto de Artes, Programa de Pós-Graduação em Artes Visuais, 2013, p.72.

16 Mário Barata, "1º Congresso Brasileiro de Arte". In: *Diário de Notícias*, Suplemento Literário, Ano XXVIII, Nº 10.868, 20/21 de abril de 1958, p.8.

conteúdo". Outras ainda foram "transformadas em recomendações conforme parecer do respectivo relator aprovado pela assembleia".[17] Assim, considerando o "Noticiário" da RIHGB de abril-junho de 1958, nos parece que as três proposições de Barata foram, ao fim, aprovadas.[18]

No "Noticiário" de artigo da RIHGB, as teses são publicadas com a seguinte nota após o título: "Indicação aprovada no 1º Congresso Brasileiro de Arte realizado em Porto Alegre por Mário Barata". Nele, Barata aborda e adensa argumentos apresentados (anterior e posteriormente) no Diário de Notícias, com algumas referências mais específicas ao tema, de forma a aprofundar o debate. Possivelmente, isso ocorre em virtude das particularidades do público para o qual a revista era produzida e dos ambientes nos quais circularia, muito diferente dos leitores ordinários do jornal.

Na tese sobre a necessidade da criação de um Instituto de Pesquisa em História da Arte, além de mais uma vez citar o contexto europeu e norte-americano, Barata faz referências a experiências bem sucedidas na América Latina, como o Instituto de Arte Americano y Investigaciones Estéticas da Universidad de Buenos Aires; o Instituto de Investigaciones Estéticas da Universidad Nacional Autónoma de México; e o Instituto de Extensión de Artes Plásticas da Universidad de Chile. Os exemplos reforçam a situação de "retardo" do Brasil: "devido à incompreensão existente entre nós em torno do valor da pesquisa na História da Arte e na Estética, estamos aí, praticamente na estaca zero", lamenta Barata. Sobre o que considera como "dificuldades intransponíveis" que inviabilizam "uma rápida expansão" da disciplina, "em bases científicas, no Brasil", destaca como o maior problema "a ausência de quadros para a pesquisa

---

17   Antônio Bento, "Balanço do I Congresso Brasileiro de Arte". *Diário Carioca*, Ano XXX, Nº 9.144, 7 de maio de 1958, p.6.

18   Mário Barata. "Noticiário. Congresso Brasileiro de Arte". In: *Revista do Instituto Histórico e Geográfico Brasileiro*. Volume 239. Rio de Janeiro: Departamento de Imprensa Nacional, abril-junho 1958, p.389-395.

O progresso e seus desafios 337

e o ensino de História da Arte". Sustenta que "para conseguir-se a especialização crescente de profissionais é indispensável a criação de cargos ou funções correlatas entre si, permitindo que as novas gerações venham a dedicar-se integralmente a este ramo essencial do saber humano". E acrescenta que "abandonar a pesquisa, em escolas de nível universitário, é condená-las, paulatinamente, à esterilização: doença grave de que sofre parte da educação brasileira". Após este parecer, Barata apresenta quase integralmente o texto que, um ano depois, será publicado em sua coluna no Diário de Notícias como "Campanha pela História da Arte". O único trecho inédito é o parágrafo final. Após a apresentação das três medidas necessárias para o desenvolvimento no Brasil da história da arte, descreve as ações que seriam desenvolvidas pelo proposto Instituto de Pesquisas de História da Arte:

> Teria arquivo fotográfico e de outros tipos de documentação, sala de exposições e um corpo de pesquisadores. Futuramente, editaria documentos originais e trabalhos de caráter científico. Realizará intercâmbio cultural com o Instituto Brasileiro de Bibliografia e Documentação e outros órgãos de pesquisa e documentação.

Na tese sobre a necessidade de a história da arte tornar-se disciplina optativa no ensino secundário brasileiro, descreve como comovente o interesse "espontâneo" que o público do Rio de Janeiro manifestou na ocasião da exposição "De Caravaggio a Tiepolo" (1954) e pela mostra oriunda do Museu de Arte de São Paulo, exibida no Museu Nacional de Belas Artes (1958).[19] Nas palavras de Barata, "em qualquer sala em que

---

19 Sobre a exposição "De Caravaggio a Tiepolo", Barata descreve-a com detalhes. "Quatro mil visitantes por dia na última semana, desfilando ante as obras, ininterruptamente, das 12 às 22 horas, conferências à noite com o salão nobre repleto de pessoas aglomeradas à porta de entrada, 300 catálogos (a Cr$30,00) vendidos diariamente honraram a exposição 'De Caravaggio a Tiepolo', que, pela primeira vez, abriu-se à noite, no centro do Rio, com sucesso inesperado. De passagem

338 Gildo Magalhães (org.)

um monitor levantasse a voz, afluíam dezenas de pessoas, ávidas de cultura estética, ansiosas por saber mais alguma coisa sobre os quadros, os artistas, a época das obras de arte exibidas". Justifica a citação do ocorrido em ambas exposições por considerá-lo como exemplo representativo "de um estado de espírito que ocorre em todas as grandes cidades do país". Defende que "a sede de saber e aprender que o nosso público revelou" não seria unicamente o resultado do "grande surto das artes plásticas e dos museus no mundo moderno", mas se relacionaria à "completa falta de ensino da história da arte no sistema de educação médio e na sua quase inexistência no nível superior". Como forma de demonstrar a lamentável situação brasileira, pondera: "médicos, advogados, engenheiros, professores, por exemplo, ignoram a mais elementar das definições do barroco, num país em que esse conceito estilístico deveria ser parte usual e um dos fundamentos do mínimo exigível de cultura, de um cidadão". Por fim, sentencia: "chegou a hora [...] de preencher essa lacuna. [...] Mesmo matéria facultativa, ela não pode deixar de ser lecionada às novas gerações do país".

Na terceira e última tese, na qual disserta sobre a necessidade de criação de um curso superior de história da arte no Brasil, Barata retoma (como ele próprio afirma) considerações de 1955, apresentando em linhas gerais a organização do referido curso, conforme já descrito no início. Um adendo: a mesma tese foi publicada mais uma vez em finais de 1958, na Revista Brasileira da Academia Brasileira de Letras.[20]

---

podemos acentuar que o sistema didático da referida exposição, em virtude desse entusiasmo, funcionou perfeitamente. Trinta alunos da Escola Nacional de Belas Artes se apresentaram, espontaneamente, para realizar as visitas guiadas diárias que, de três ao princípio, se multiplicaram para 8 e 10, devido ao próprio 'elan' [ou: élan, elã: emoção, calor, vivacidade] dos jovens que repetiam o circuito comentado em horas não programadas, sempre com êxito".

20 Mário Barata, "Museu de Arte de São Paulo, Instituto de Pesquisas, Livros sobre o Aleijadinho". In: Revista Brasileira, nº 23-24. Rio de Janeiro: Academia Brasileira de Letras, julho-dezembro 1958, p.195-212.

O progresso e seus desafios

Alguns anos depois, seria publicado novo artigo de Barata na Revista do Instituto Histórico e Geográfico Brasileiro. Sob o título "Perspectivas da história da arte no Brasil, importância da disciplina e de sua bibliografia especializada", o texto originou-se de uma conferência por ele proferida em maio de 1962, na ocasião de sua posse na cadeira de Sócio Honorário do Instituto Histórico e Geográfico Brasileiro.[21] Em seu discurso, Barata interpreta a atribuição do título de Sócio Honorário como "uma homenagem à cátedra de História da Arte" por ele ocupada na Universidade do Brasil. Após citar o nome de várias pessoas e instituições contribuintes ao desenvolvimento da história da arte no Brasil, o autor retoma os problemas estruturais que dificultariam o desenvolvimento da disciplina na país: "falta de bibliotecas especializadas, de cursos monográficos, de publicações de livros e revistas e de Instituto de Pesquisas, falta que constitui o maior obstáculo ao surto possível e necessário dessa disciplina em nosso país". Apesar de reafirmar as adversidades conjunturais, Barata preocupa-se em elencar todos os esforços realizados na área, destacando publicações especializadas. O autor preocupa-se, ainda, com uma revisão historiográfica da arte internacional, citando nomes referenciais como Benedetto Croce (1866-1952), Arnold Hauser (1892-1978), Erwin Panofsky (1892-1968), entre outros. Na parte final do artigo, Barata destaca a "conscientização crescente da necessidade de abordá-la [*a história da arte*] com métodos científicos e uma visão segura de sua situação no contexto histórico geral". No que tange aos métodos, ressalta "a maior honestidade intelectual e o apego ao fato histórico-artístico e a sua situação face aos estudos feitos anteriormente sobre ele". Adverte assim que nunca se deve deixar de citar as "fontes e obras originais" (aquilo que se refere à obra) e as "fontes bibliográficas" (aquilo que se refere ao

---

21 Mário Barata, "Perspectivas da História da Arte no Brasil, importância da disciplina e de sua bibliografia especializada". In: *Revista do Instituto Histórico e Geográfico Brasileiro*. Rio de Janeiro: Departamento de Imprensa Nacional, Vol. 257, outubro-dezembro 1962, p.31-42.

340 Gildo Magalhães (org.)

estudo da obra). Tudo isso a fim de que "se evite refazer individualmente estradas já percorridas".

Um projeto popular: os Concursos de História da Arte

Os esforços de Mário Barata em favor da popularização da História da Arte não se resumiram à publicação de seus argumentos em jornais e revistas especializadas. O debutar de suas atividades na coluna Artes Plásticas do Suplemento Literário do *Diário de Notícias* foi marcado não apenas pela publicação do artigo "Começo de crítica", em maio de 1952, mas também pelo início dos "Testes Artísticos" semanais e das notas do "Dicionário Elementar". [22]

No "Dicionário Elementar", Barata explicava em pequenas notas alguns conceitos próprios do universo das artes plásticas, tais como: composição, guache, veladura e glacis, cor, claro escuro, fauvismo, ritmo, luz, cores complementares. Sua existência foi breve, restringindo-se apenas a nove publicações na seção de Artes Plásticas (da edição n° 9.058 de maio à de n° 9.153, de agosto/setembro de 1952.

Com uma vida mais longa, os "Testes Artísticos" constituíam-se de questionários compostos por três perguntas, cujas respostas eram publicadas juntamente com o questionário seguinte, e assim por diante. Os "Testes Artísticos" não eram uma novidade para Barata: na ocasião de sua participação como redator de artes plásticas do jornal *Última Hora*, em 1951, já se faziam presentes na seção na qual atuava, intitulada "Música e Artes Plásticas". A única diferença é que naquele era apresentada uma única questão. Mais importante do que ter certeza se foi ele ou não o autor da proposta, é conjecturar o quanto essa forma de diálogo com os

---

22 As primeiras palavras de Barata são: "assumindo a responsabilidade da crítica de arte do *Diário de Notícias*, neste momento de renovação das artes plásticas, inicio tarefa difícil, que me é grata, porém" – cf. "Começo de Crítica; Teste Artístico; Dicionário Elementar: composição". In: *Diário de Notícias*, Suplemento Literário, Ano XXII, N° 9.058, 11/12 de maio de 1952, p.2.

O progresso e seus desafios 341

leitores pode ter-lhe parecido atraente e potencial no que diz respeito à formação de públicos em história da arte. Contribui para a confirmação dessa hipótese o lançamento, em 1953, dos "Concursos Populares de História da Arte", os quais nada mais eram do que uma versão elaborada dos "Testes Artísticos".

No convite à participação nos concursos, Barata esclarecia que o objetivo era "estimular o estudo da história da arte brasileira e universal". O concurso era estruturado da seguinte forma: a cada semana, eram apresentadas quatro perguntas, cujos temas abarcavam tanto a produção artística brasileira quanto estrangeira (Figura 12.1). Não era obrigatório ao concorrente responder a todas, mas o prazo era inegociável: sendo o questionário publicado na edição de domingo/segunda-feira, as respostas deveriam chegar ao Diário de Notícias até a sexta-feira seguinte, devidamente identificadas com o nome e endereço dos participantes. A seleção das respostas mais acertadas seria feita pelo redator da seção de Artes Plásticas (ou seja, o próprio Barata) e pelo diretor do Suplemento Literário. Entre aqueles que conquistassem as primeiras colocações, seria sorteada uma gravura artística.

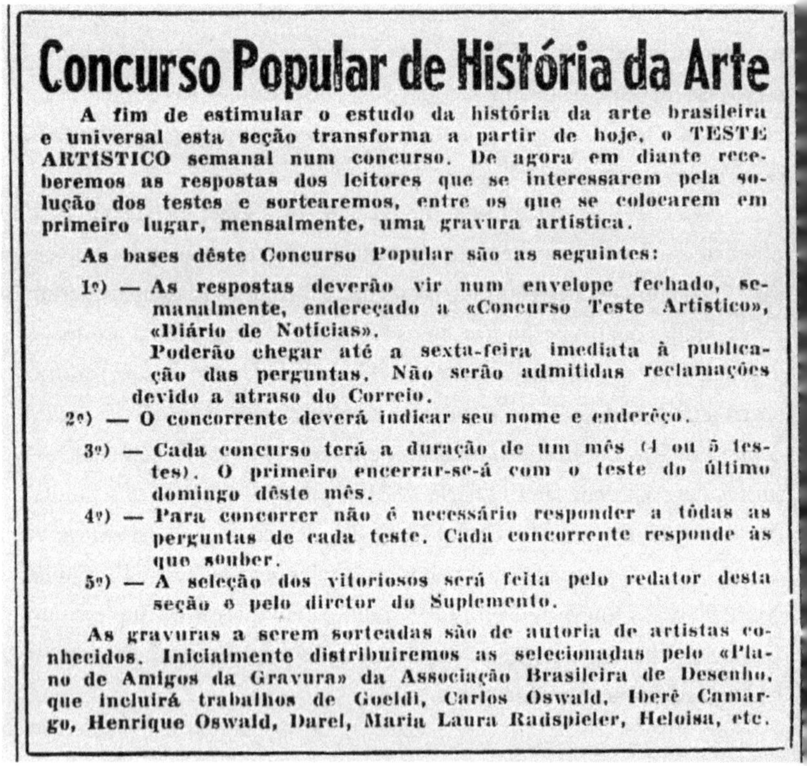

Concurso Popular de História da Arte

A fim de estimular o estudo da história da arte brasileira e universal esta seção transforma a partir de hoje, o TESTE ARTÍSTICO semanal num concurso. De agora em diante receberemos as respostas dos leitores que se interessarem pela solução dos testes e sortearemos, entre os que se colocarem em primeiro lugar, mensalmente, uma gravura artística.

As bases dêste Concurso Popular são as seguintes:

1º) — As respostas deverão vir num envelope fechado, semanalmente, endereçado a «Concurso Teste Artístico», «Diário de Notícias».
Poderão chegar até a sexta-feira imediata à publicação das perguntas. Não serão admitidas reclamações devido a atraso do Correio.

2º) — O concorrente deverá indicar seu nome e enderêço.

3º) — Cada concurso terá a duração de um mês (4 ou 5 testes). O primeiro encerrar-se-á com o teste do último domingo dêste mês.

4º) — Para concorrer não é necessário responder a tôdas as perguntas de cada teste. Cada concorrente responde às que souber.

5º) — A seleção dos vitoriosos será feita pelo redator desta seção e pelo diretor do Suplemento.

As gravuras a serem sorteadas são de autoria de artistas conhecidos. Inicialmente distribuiremos as selecionadas pelo «Plano de Amigos da Gravura» da Associação Brasileira de Desenho, que incluirá trabalhos de Goeldi, Carlos Oswald, Iberê Camargo, Henrique Oswald, Darel, Maria Laura Radspieler, Heloisa, etc.

Figura 12.1 *Convite publicado no Diário de Notícias durante a realização das três edições do Concurso Popular de História da Arte.*

No total, foram realizadas três edições dos "Concursos Populares de História da Arte", cada uma delas com duração aproximada de um mês, traduzidas no mesmo número de testes a serem respondidos. O primeiro concurso teve início em 8 de março e encerrou-se em 29 de março de 1953, totalizando quatro testes. O segundo e mais longo, com cinco testes, começou em 5 de abril, sendo finalizando em 3 de maio. Por fim, a última edição estendeu-se de 10 de maio a 31 de maio de 1953, abarcando quatro testes.

De modo geral, as perguntas eram bastante objetivas, como: "Qual o primeiro nome do pintor Di Cavalcanti?"; "Em que Estado nasceu Portinari?"; "Quem pintou 'A Batalha do Avaí'?"; "Em que museu está a tela Batalha do Riachuelo, de Vitor Meireles?" (I Concurso). Mas também havia outras mais complexas: "Que é abstracionismo em artes plásticas?"; "Qual a ligação, do ponto de vista humano, entre Rafael e Van Gogh?" (II Concurso); "Que caracteriza o realismo na arte contemporânea?" (III Concurso Popular).

Com a conclusão do I Concurso Popular de História da Arte, Barata avalia que a repercussão superou a expectativa. Segundo ele,

> O mundo de respostas foi grande, proveniente de todas as classes sociais e de vários Estados do país. Entre os bairros do Rio destacaram-se Botafogo, Copacabana, Vila Isabel, São Cristóvão, Realengo e Encantado. De fora do Rio a maior quantidade de soluções veio de Belo Horizonte, de onde é um dos premiados de Niterói.[23]

Entre respostas mais eruditas e sintéticas, Barata destacou o caso de uma concorrente que, "apesar de lapsos e enganos", esforçou-se em responder todos os testes e de outro que, mesmo tendo "pouco meses de estudos" e estando em tratamento de saúde, propôs-se a participar. No fim, além do primeiro e mais cobiçado prêmio, a gravura "Os Retirantes" (Figura 10.2), de Henrique Oswald (1918-1965), foram distribuídos livros aos que se sobressaíram em suas performances.

---

23 Mário Barata, "Concurso Popular de História da Arte; Concurso Popular: Teste Artístico". In: *Diário de Notícias*, Suplemento Literário, Ano XXIII, Nº 9.328, 29/30 de março de 1953, p.5.

Figura 10.2 *Gravura "Os Retirantes", de Henrique Oswald (1918-1965), prêmio do I Concurso Popular de História da Arte*

Na matéria sobre o encerramento e a apuração das respostas do II Concurso Popular de História da Arte, que teve como prêmio a gravura "Passantes" (Figura 10.2), de Oswaldo Goeldi (1895-1961), Barata afirmou que este "revelou o interesse cada vez maior pelas artes plásticas que existe no país". Destacou, como antes, casos de alguns participantes e afirmou que, além do aumento no número de concorrentes, cresceu também o número de respostas exatas. A partir disso, apresenta em tom de lamentação pela primeira vez uma de suas teses aqui já citadas:

> É uma pena que a história da arte não seja ensinada no curso colegial. Essa necessidade transforma-se, em nossos dias, numa exigência inadiável da nossa cultura. Há mais sede de conhecimento do que possibilidade de obtê-los. Vários concorrentes se referiram a isso e, um deles [...], solicitou a esta redação até a

indicação de um manual de história das artes plásticas após o renascimento.[24]

Figura 10.3 *Gravura "Passantes", de Oswaldo Goeldi (1895-1961), prêmio do II Concurso Popular de História da Arte.*

A tese é reiterada na terceira e última edição do Concurso. Ressalta "o interesse crescente do público pelos assuntos de história da arte" e o nível superior dos concorrentes em relação às duas primeiras edições do evento. E conclui: "sente-se um desenvolvimento da cultura artística do país, apesar das dificuldades financeiras e de tempo de muitos interessados, e de falta do ensino de história da arte no curso colegial".

---

24 Mário Barata, "Concurso Popular de História da Arte; II Concurso Popular: Teste Artístico; Resultados do Concurso do Teste Artístico". In: *Diário de Notícias*, Suplemento Literário, Ano XXIII, N° 9.339, 12/13 de abril de 1953, p. 1-5.

346 Gildo Magalhães (org.)

É possível que a realização dos Concursos Populares de História da Arte tenha contribuído para o amadurecimento e a elaboração das teses que seriam apresentadas poucos anos depois. Merece destaque o caráter didático da atuação de Mário Barata, seja no Diário de Notícias ou em outros meios de comunicação e divulgação científica. Em diversas frentes de ação e formas de abordagem, Barata pretende dialogar com os mais diferentes públicos, constituindo assim um espaço de educação informal em história da arte.[25]

Um desconhecido reitera a discussão: as reportagens especiais de Clemente de Magalhães Bastos para o *Diário de Notícias*

Em meio ao levantamento por nós realizado, chamou particularmente atenção a publicação, ao longo de 1956, de uma série de reportagens especiais constituída por entrevistas com personalidades do contexto artístico nacional da época. Do conjunto, destacamos aquelas realizadas com Quirino Campofiorito (1902-1993), Abelardo Zaluar (1924-1987), Ubi Bava (1915-1988), Fernando Pamplona (1926-2013), José Nolasco Albano (?-?), Anna Letycia Quadros (1929) e Inimá de Paula (1918-1999). Assinadas por um tal Clemente de Magalhães Bastos, foram todas repro-

---

25 Segundo definição apresentada por Park e Sieiro, "educação informal é toda a gama de aprendizagens que realizamos (tanto no papel de ensinantes como de aprendizes), e que acontece sem que haja um planejamento específico e, muitas vezes, sem que nos demos conta. [...] Fazem parte deste rol de aprendizagens e conhecimentos a percepção gestual, moral, comportamentos, provenientes de meios familiares, de amizade, de trabalho, de socialização, midiática, nos espaços públicos em que repertórios são expressos e captados de formas assistemáticas. Tais experiências e vivências acontecem, inclusive, nos espaços institucionalizados, formais e não formais, e a apreensão se dá de forma individualizada, podendo, posteriormente, ser socializada" (Margareth Brandini Park; Renata Sieiro Fernandes; Amarildo Carnicel (orgs.). *Palavras-chave em educação não-formal*. Holambra/Campinas: Editora Setembro/ Unicamp / CMU, 2007, p.127-128.

duzidas junto à coluna "Artes Plásticas" do *Diário de Notícias*, na época sob a responsabilidade de Mário Barata. Em todas as ocasiões aqui enumeradas, Bastos sempre consultava a opinião do entrevistado a respeito da necessidade de criação de um curso superior em história da arte e do ensino da mesma no colegial, com o detalhe de que absolutamente todos os respondentes se mostraram favoráveis às propostas.[26]

Quirino Campofiorito, professor da cátedra de Arte Decorativa na Escola Nacional de Belas Artes, ao ser questionado sobre quais seriam "as medidas prementes para o desenvolvimento das artes no país", aponta, em primeiro lugar, a presença imprescindível da "educação artística na escola primária e no ginásio", argumentando que não se deve esperar que só na idade adulta essa contato aconteça. A consciência artística adviria assim da experiência em aulas de desenho, de história da arte, de música, de balé. Em sua opinião, o aluno deveria ser livre para optar por suas preferências e que "o estudo da história das artes podia então ampliar-se de modo a não só informar sobre artes plásticas". Em segundo lugar, indica a criação de museus em todos os municípios, "em edificações modestas e padronizadas, capazes de comportar um acervo de artes plásticas, e um recinto onde pudessem ser ministradas aulas de história da arte, realizadas conferências, audições e representações de 'ballet'". Por fim, quando levantada a questão sobre "a necessidade de um curso superior de história da arte e sobre o ensino da matéria, em caráter facultativo, no último ano do colegial", Campofiorito responde:

> Absolutamente oportuna [...] a criação de um curso superior de História das Artes. O ensino dessa importante matéria toma ago-

---

26 Um adendo faz-se necessário: as entrevistas com os nomes indicados foram levantadas em pesquisa no acervo *online* da Hemeroteca Digital Brasileira, da Fundação Biblioteca Nacional, tendo como referência as duas questões a respeito da formação em história da arte. Sendo assim, algumas entrevistas foram descartadas por não abordarem o tema. Nesse sentido, não é desconsiderada a possibilidade da existência de outras em correlação ao recorte proposto.

ra grande impulso com o novo catedrático da Escola Nacional de Belas Artes, da Universidade do Brasil. [grifo nosso] [...] A carência de estudo da História das Artes e da Estética tem constituído empecilho para a boa evolução artística no país, pois se o público as desconhece inteiramente, os próprios artistas tiveram, na quase totalidade, uma formação precária no assunto. Muita atitude conservadora ou reacionária artisticamente é fruto do desconhecimento da História da Arte e dos problemas eternos da Estética.[27]

É notável a defesa de Campofiorito de uma "História das Artes" no plural e, por isso, não restrita apenas às artes visuais. Mesmo nos dias de hoje, outras formas de expressão artística são mínima ou raramente contempladas nos currículos das graduações em história da arte. Deve-se lembrar ainda que há apenas poucos anos foi aprovada a proposta da obrigatoriedade na educação básica (educação infantil, ensino fundamental e ensino médio) do ensino não só das artes visuais, mas igualmente da dança, da música e do teatro.[28]

Há um outro detalhe em evidência. Quando se coloca enfaticamente favorável à "criação de um curso superior em História das Artes", destaca o ingresso de um novo professor catedrático na Escola Nacional de Belas Artes como um "grande impulso" para "o ensino dessa importante matéria". É certo que Campofiorito se referia a Mário Barata que, na ocasião da posse da Cátedra de História da Arte (ocorrida no mesmo

---

27 Clemente de Magalhães Bastos, "Arte no Brasil. Quirino Campofiorito e o ambiente artístico", *Diário de Notícias*, Suplemento Literário, Ano XXVI, n° 10.178, 8 de janeiro de 1956, p.4-5.

28 Segundo matéria publicada no Jornal da Câmara (Ano 15, n° 3.101, p.6) de 6 de novembro de 2013, "a Comissão de Educação da Câmara aprovou proposta que estabelece como disciplinas obrigatórias da educação básica: as artes visuais, a dança, a música e o teatro. O texto altera a Lei de Diretrizes e Bases da Educação Nacional, que, entre os conteúdos relacionados à área artística, prevê a obrigatoriedade somente do ensino da música".

O progresso e seus desafios

ano da entrevista), foi saudado pelo primeiro. Tanto o discurso de boas-
-vindas proferido por Campofiorito em nome da Congregação, quanto
o discurso de posse de Barata intitulado "Caracteres da Universidade
e Necessidade da Pesquisa no Ensino Superior da História da Arte" foram publicados em separata na edição de 1956 dos "Arquivos da Escola
Nacional de Belas-Artes".

A avaliação de Abelardo Zaluar sobre "a possibilidade de ser organizado um Curso Superior de História da Arte" no Rio de Janeiro é,
tal como a de Campofiorito, positiva: em sua opinião, prestigiaria "o
estudo da matéria em caráter especializado, decorrendo disso a consequente formação de professores especializados para maior disseminação
cultural das coisas de arte, concorrendo assim para a natural melhoria do
nível de cultura artística do nosso povo". Já sobre a inclusão facultativa da
história da arte no currículo do último ano do Colegial, afirma não estar
certo do êxito de tal medida, argumentando que "tudo que é 'facultativo'
reveste-se do caráter de desnecessário, supérfluo". Defende que, se inclu-
sa, a disciplina deveria ser oferecida em caráter obrigatório, concluindo
que "é absolutamente necessário fornecer, de algum modo, informações
essenciais sobre essa atividade tão importante, exercida pelo homem desde os seus primórdios: a arte". Ao ser questionado sobre as medidas que
considera urgentes para o desenvolvimento das artes no país, indica "a
criação de centros de cultura artística", como "museus didáticos, escolas
de artes, enfim, orientação técnica e cultural dos que procuram iniciar-se
em arte".[29] Um adendo: em 1958, dois anos após a entrevista, Abelardo
Zaluar viria a tomar posse da Segunda Cadeira de Desenho Artístico da
Escola Nacional de Belas Artes, posto que, na ocasião da entrevista, ocupava interinamente. Na ocasião de sua posse, Mário Barata proferiu o
discurso de boas vindas.

---

29 Clemente de Magalhães Bastos, "Arte no Brasil. Importante depoimento de
Abelardo Zaluar", *Diário de Notícias*, Suplemento Literário, Ano XXVI, nº
10.184, 15 de janeiro 1956, p.5.

350 Gildo Magalhães (org.)

Ubi Bava, professor catedrático de Desenho Artístico da Faculdade Nacional de Arquitetura, afirma não ter dúvidas sobre o interesse que despertaria no meio intelectual brasileiro a criação de um curso superior de história da arte e que o mesmo "serviria para aprimorar os conhecimentos não só de pessoas de cultura artística já bastante apreciável, como também e principalmente, de ex-alunos das Escolas de Belas Artes e das Escolas de Arquitetura". Mostra-se igualmente favorável à inclusão da disciplina no último ano do colegial, afirmando estar "plenamente convencido de que se prestaria um grande benefício ao ensino em nosso país".[30]

É importante ressaltar o lugar a partir do qual Ubi Bava discursa, o qual aliás compartilha com Campofiorito e Zaluar. Além de professores da Universidade do Brasil, deve-se lembrar que a formação de todos deu-se nessa mesma instituição, tendo os três sido alunos da ENBA. Particularmente Ubi Bava, antes de formar-se em pintura, fez-se arquiteto na Faculdade Nacional de Arquitetura. Logo, não seria descabido pensar que suas respostas estariam fundamentadas em uma experiência pessoal de formar-se e formar outros, enquanto aluno e professor.

Outros ex-alunos também foram entrevistados. Fernando Pamplona responde sem muitos rodeios: considera o ensino de história da arte "imprescindível para a evolução cultural de um povo".[31] José Nolasco Albano limita sua resposta à questão da inclusão da história da arte no currículo do curso colegial, afirmando que deveria ser obrigatória "não só pela importância como fator para a compreensão do comportamento dos

---

30 Clemente de Magalhães Bastos, "Arte no Brasil. Ubi Bava fala-nos sobre artes plásticas", *Diário de Notícias*. Suplemento Literário, Ano XXVI, Nº 10.189, 22 de janeiro de 1956, p. 4-5.

31 Clemente de Magalhães Bastos, "Fernando Pamplona recebe prêmio de viagem pelo país", *Diário de Notícias*, Suplemento Literário, Ano XXVII, nº 10.311, 17/18 de junho de 1956, p.5. Pamplona, no futuro, viria a tornar-se também professor da ENBA.

O progresso e seus desafios   351

povos e das civilizações, como também pela influência, digamos psicológica que ela possa exercer sobre os jovens em formação".[32]

Por fim, são entrevistados outros dois artistas que, em comum, não foram alunos da ENBA como todos os outros até agora apresentados. Anna Letycia Quadros avalia a necessidade do ensino da história da arte como sendo de grande importância para "a educação artística do público" na medida em que "clareia a visão e dá possibilidade de se compreenderem e admirarem muitas tendências e atitudes, que poderiam parecer inadmissíveis".[33] Finalmente, Inimá de Paula opina que a necessidade do ensino da disciplina "é de grande importância na formação do artista", como forma de conhecer "a fonte de inspiração alheia, a natureza, a humanidade e os acontecimentos importantes na vida do povo em seu próprio país".[34]

Tendo em vista as respostas de cada um dos entrevistados diante das interrogações de Bastos, evidencia-se o íntimo diálogo entre os interesses do entrevistador, as respostas dos seus interlocutores e as teses de Barata. Além de supor que o tema deveria ser importante pauta em discussão no contexto artístico daquele momento, uma dúvida latejava: afinal, quem era Clemente de Magalhães Bastos? Curiosamente, não há qualquer referência sobre o autor das reportagens. Parecia-me estranho que alguém que tratou de questões tão relevantes não fosse digno de uma única nota.

32 Clemente de Magalhães Bastos, "Um jovem artista José Nolasco Albano opina sobre artes plásticas", *Diário de Notícias*, Suplemento Literário, Ano XXVII, nº 10.376, 2/3 de setembro de 1956, p.5.

33 Clemente de Magalhães Bastos, "Opinando sobre arte a Gravadora Anna Letycia", *Diário de Notícias*, Suplemento Literário, Ano XXVII, nº 10.381, 9/10 de setembro de 1956. p.5.

34 Clemente de Magalhães Bastos, "De volta da Europa, Ynimá exporá na "PetiteGalerie", *Diário de Notícias*, Suplemento Literário, Ano XXVII, nº 10.387, 16/17 de setembro de 1956, p.5.

Depois de meses de buscas infrutíferas, uma matéria do *Jornal do Brasil* de 1992, a qual tratava da descoberta de um dicionário inédito e inacabado de pseudônimos escrito pelo poeta Carlos Drummond de Andrade (1902-1987) e pelo historiador José Galante de Souza (1913-1986), parecia apontar para uma possível resposta:

> Como é que esta dupla inusitada de detetives literários conseguiu decifrar tanta coisa. Uns, Drummond descobriu por informações de amigos. [...] Foi também o próprio crítico de artes plásticas Mário Barata quem informou a Drummond que havia assinado artigos no Diário de Notícias de 1953 como Clemente Magalhães Bastos. [...] A descoberta desse precioso dicionário de pseudônimos pode provocar uma revolução nas formas de determinação de autorias dos textos de imprensa. Trata-se de um verdadeiro tesouro à espera de edição.[35]

Apesar do desencontro dos anos (a matéria do Jornal do Brasil cita o ano de 1953 e as entrevistas elencadas foram realizadas ao longo de 1956), acredita-se que a referência também nos caiba. O dicionário de Drummond e Galante é retomado em matéria publicada na *Revista de História da Biblioteca Nacional*, na qual Secchin destaca entre os vários motivos para o uso de pseudônimos "o fato de o autor poder se expressar sem se comprometer muito com o que é publicado. Ele renuncia à instância autoral por uma falta de compromisso literário".[36] Apesar de acreditar que o argumento seja válido para analisar o uso de pseudônimos em outros contextos, pensa-se que ele não dá conta deste caso em particular. Conjectura-se que Mário Barata opta por assinar suas entrevistas como

---

35 Marília Martins, "A.C., mais conhecido como Drummond", *Jornal do Brasil*, Caderno B, Ano CII, Nº 177, 2 de outubro de 1992, p.4.

36 Secchin apud Vivi Fernandes, "A obsessão de Drummond", in *Revista de História da Biblioteca Nacional*. Rio de Janeiro: Fundação Biblioteca Nacional e Sociedade de Amigos da Biblioteca Nacional. Ano 1, nº 5, novembro de 2005, p. 92.

O progresso e seus desafios

Clemente de Magalhães Bastos não por uma falta de compromisso com a discussão em pauta, mas justamente para valorizá-la. Não satisfeito de tornar a discussão pública apenas em sua coluna, Barata cria um personagem e um espaço paralelo para reiterar a questão, dando-lhe volume sem soar redundante.

A campanha proferida por outras vozes

Destacou-se até aqui a atuação de Mário Barata nos debates a respeito da necessidade da criação no Brasil de um curso superior de história da arte. A partir da sistematização das campanhas de Barata realizada até aqui, pretende-se finalmente identificar pontos de convergência e diálogo com dois de seus contemporâneos acerca do lugar da história da arte no Brasil: Mário Pedrosa e Walter Zanini.

Pouco mais de quatro décadas após a publicação das primeiras campanhas de Barata, durante o I Colóquio Internacional de História da Arte : Comitê Brasileiro de História da Arte (CBHA) - Comitê Internacional de História da Arte (CIHA), ocorrido na cidade de São Paulo no período de 5 a 10 de setembro de 1999, o professor de história da arte da Universidade de São Paulo Walter Zanini apresenta comunicação intitulada "A História da Arte no Brasil".[37] Inicia sua fala com o seguinte balanço:

A História da Arte permanece ainda hoje sem um claro espaço de desenvolvimento básico na universidade brasileira. Não constitui área própria entre os estudos de graduação. Tem sido matéria opcional para cursos de história, letras, filosofia, ciências sociais, comunicações etc Figura nas faculdades de arquitetura e urbanismo para contribuir a uma formação específica. Tornou-se

---

37 Walter Zanini, "A História da Arte no Brasil", in Heliana Angotti Salgueiro (coord.), *Paisagem e Arte: a invenção da natureza, a evolução do olhar* (São Paulo: CBHA /CNPq /Fapesp, 2000), p. 21-29.

um dos componentes teóricos do currículo de educação artística, mas o polivalente curso criado em 1970 não permite densidade maior para os que se destinam ao conhecimento histórico. Os alunos que atendem lamentavelmente desprovidos de informação no curso secundário dirigem-se em grande parte à produção da arte. A carga horária não contempla a área teórica na extensão que seria de desejar. Ela é contraída pela outra demanda, a prática, que, por sua vez, reclama da redução do seu tempo. Ora, uma tal situação não pode ou dificilmente pode ser redimida em estágios de pós-graduação. É verdade, entretanto, que um grande esforço tem sido feito pelos que procuram superar de algum modo os obstáculos de formação no próprio ambiente ou rumam para universidades do exterior. Mas é preciso reiterar a imprescindibilidade de uma educação básica rigorosa e aprofundada para o historiador da arte, que somente um curso que considere as condições que lhe são específicos – previstas articulações interdisciplinares atualizadas – pode oferecer.

Os apontamentos de Zanini são desanimadores. Ao que parece, poucos foram os avanços em relação às campanhas empreendidas por Barata nas décadas anteriores. A história da arte não foi incluída no currículo do Ensino Médio, o que significa que a população, de modo geral, ainda é carente de formação básica na área. As graduações específicas na área não foram criadas, figurando (quando muito) como componente complementar ou (numa situação menos prestigiosa) opcional em outros cursos. Mesmo nos cursos voltados à formação artística, seja para o bacharelado ou para a licenciatura, sua carga horária é diminuta, considerando o tempo despendido em disciplinas práticas. Por fim, tendo em vista as inúmeras lacunas anteriores, pouco é possível remediar na pós-graduação, apesar de salientar os esforços realizados pelos que se dedicam à disciplina, seja optando por aqui prosseguir pelejando ou seguindo para o exterior, onde haveria mais condições de prosseguir. Adverte, no

O progresso e seus desafios   355

entanto, que apesar da história da História da Arte no Brasil ter-se feito através de "muitos entraves", "nas décadas recentes [...] encontrou uma melhor via de desenvolvimento".

Zanini prossegue seu argumento traçando um quadro comparativo entre o desenvolvimento do ensino e da pesquisa da história da arte na Europa e no Brasil: "configurada na universidade europeia desde meados do século XIX, a disciplina foi introduzida no Brasil em 1870 como forma de preparo dos alunos pensionistas da Academia Imperial de Belas Artes, no Rio de Janeiro, que viajavam para aperfeiçoar-se em Roma".[38] Lembra ainda que o projeto que criava uma cadeira dedicada à disciplina era bem anterior, datado de 1848, tendo sido idealizado na gestão de Félix-Émile Taunay (1795-1881). A inclusão no currículo da nomeada "História das Belas Artes, Estéticas e Arqueologia" somente terá reconhecimento jurídico em 1855, "no conjunto de mudanças da diretoria de Manuel de Araújo Porto Alegre (Reforma Pedreira)". Salienta assim o espaço de tempo de quinze anos entre o reconhecimento oficial (em 1855) e o exercício de fato do ensino da história da arte (a partir de 1870).

O primeiro titular da cadeira foi o pintor Pedro Américo (1843-1905), ocupando-a até o início de 1873. Segundo Zanini, tendo o pintor se dedicado a "várias outras atividades" que não só o fazer artístico, "requereu constantes afastamentos e com permanências longas no exterior, entregou a responsabilidade das aulas [*de História das Belas Artes...*] a professores interinos". Ao que indica o autor, esse quadro de profissionais flutuantes ainda permanecerá durante longo período: "com a República, na agora Academia Nacional de Belas Artes, a disciplina conheceu rápida sucessão de ocupantes. Em 1918 assumiu-a, por muitos anos, o professor José Flexa Pinto Ribeiro, espírito bastante conservador, formado junto a *Maxime Collignon*, em Paris". A ENBA permaneceria assim "moldada e perseverante em geral na observância de princípios

---

38 Zanini recorda ainda que "no ensino universitário europeu da época [...], não havia uma fronteira nítida que distinguisse a arqueologia da história da arte".

356   Gildo Magalhães (org.)

acadêmicos, insensível às ideias da modernidade que explodiram no país em 1922". Apesar dos desejos de reformistas como Lúcio Costa (1902-1998), que durante brevíssimo período foi diretor da instituição (entre 1930 e 1931), somente alcançaria a renovação dos estudos teóricos muito mais adiante. Acrescenta que "a História da Arte encontrou, de fato, um outro rumo a partir de 1954 com o ingresso do professor Mário Barata, formado junto ao Instituto de Arte e Arqueologia da Universidade de Paris", enfatizando (em nota) ser o mesmo "autor de um dos poucos textos que conhecemos sobre o ensino da história da arte no país". Zanini cita então o texto "Perspectivas da história da arte no Brasil, importância da disciplina e de sua bibliografia especializada", publicado na Revista do Instituto Histórico e Geográfico Brasileiro em 1962, sobre o qual já tratamos anteriormente. Por conseguinte, lamenta a carência de estudos sobre a presença da história da arte tanto no quadro de ensino na antiga Academia, como em outras escolas criadas à sua semelhança (como a Academia de Belas Artes da Bahia, fundada em 1877; e o Instituto Livre de Belas Artes do Rio Grande do Sul, em 1908).

Parece-nos que a citação de Barata por Zanini não é mero exercício de levantamento de nomes de uma instituição para efeito de preencher lacunas de uma revisão historiográfica, justamente por ter-se em conta que, além de contemporâneos, ambos possuem uma trajetória de formação acadêmica e atuação profissional muito semelhantes e compartilharam momentos fundantes de importantes organizações da área.[39] Ambos participaram e assinaram a ata da reunião de formação do

---

39 Em 1956, Zanini concluiu a graduação em História da Arte pela *Université de Paris VIII* e entre 1957 e 1961 cursou doutorado na mesma instituição, razão pela qual muito possivelmente não pôde participar do Congresso Extraordinário de Críticos de Arte, de 1959. Poucos anos antes, era Barata que passava alguns anos na França: em 1946, premiado com uma bolsa de estudos, viajou para Paris e lá permaneceu até 1949, frequentando cursos na *École du Louvre* e no *Institut d'Ethnologie* do *Musée de l'Homme*. Concluiu, ainda, um Curso Superior em História da Arte pela *Faculté des Lettres* da *Université Paris-Sorbonne*.

Comité International d'Histoire de l'Art, realizada em 3 de junho de 1972, no Rio de Janeiro; [40] e, entre 1987-1989, Zanini e Barata ocuparam respectivamente a primeira presidência e a vice-presidência da recém criada Associação Nacional de Pesquisadores em Artes Plásticas (ANPAP). [41]

Retomando o artigo de Zanini, ele aborda ainda a fundação da Universidade de São Paulo em 1934, voltando-se particularmente ao caso da Faculdade de Filosofia, Ciências e Letras que, apesar de "orientada em seus primeiros tempos por numeroso grupo de professores europeus [...], não implantou a área de artes". Em outro artigo, intitulado "Arte e história da arte" e publicado em 1994, Zanini discorre com mais detalhes sobre a questão:

> Um longo tempo decorreu para que a USP demonstrasse interesse pelo ensino da arte. Os estatutos de 1934 previam uma escola específica que, entretanto, permaneceu letra morta. Décadas depois, em 1972, tomaria forma - finalmente - uma área prático-teórica, ainda hoje parte do conglomerado de departamentos da ECA [Escola de Comunicação e Artes]. Mas as tentativas de configurar esse território em toda a sua complexidade - nos projetos

---

Considerando a atuação profissional, os dois foram professores universitários. Tão logo retornou de Paris, Zanini foi contratado como professor da Faculdade de Filosofia, Ciências e Letras da USP. Já Barata, em 1955, tornou-se catedrático de História da Arte da ENBA. Além disso, ambos atuaram em instituições museológicas. Em 1963, Zanini tornou-se o primeiro diretor do Museu de Arte Contemporânea da USP, cargo que ocupou até 1978. Por sua vez, antes da formação em história da arte, Barata já concluíra o Curso de Museus do Museu Histórico Nacional no ano de 1949, tendo posteriormente lecionado e atuado como "Conservador" (ou Museólogo) no Museu Nacional de Belas Artes, entre 1942 a 1947, por aprovação em concurso público.

40 A Ata encontra-se disponível no site do CBHA: <http://www.cbha.art.br/pdfs/ata_formacao.pdf>. Acesso em 5 de novembro de 2014.

41 Informações disponíveis no site da ANPAP: <http://www.anpap.org.br/diretoriashistoria.html>. Acesso em 5 de novembro de 2014.

358   Gildo Magalhães (org.)

de criação de um instituto de arte - encontraram sempre muitos obstáculos e não se concretizaram.[42]

Zanini lamenta ainda a inexistência de um instituto de artes na USP (segundo ele, "aspiração legítima que encontra o empecilho de outros interesses, e que é uma frustração para todos os que pensam seriamente no assunto"), bem como de um bacharelado ou uma licenciatura em História da Arte, em suas palavras, "disciplina básica e indispensável".[43]

Nesse ensejo, é importante salientar um fato na trajetória profissional de Mário Zanini: em 1963, tornou-se o primeiro diretor do recém criado Museu de Arte Contemporânea (MAC) da USP, cargo que ocupará até 1978.[44] Ao assumir, herdou simbolicamente o "Parecer sobre o *core*

---

42   Walter Zanini, "Arte e História da arte". In: *Estudos Avançados*, vol.8, nº 22, 1994, p.487-489.

43   A ausência de um Instituto de Arte na USP é uma questão ainda não resolvida e foi retomada em artigo publicado em 2013 no *Jornal da USP* pelos professores da Escola de Comunicação e Artes, Sônia Salzstein e Luís Fernando Ramos.

44   A história do MAC USP encontra-se intimamente relacionada à trajetória do Museu de Arte Moderna (MAM) de São Paulo, que por sua vez pode ser dividida em duas fases. A primeira fase iniciou-se com a sua fundação, em 1948. Após o processo de formalização pública, o museu foi alojado no edifício sede dos Diários Associados, localizado na Rua 7 de abril, e sua abertura oficial ocorreu no início de 1949, com a inauguração da mostra "Do Figurativismo ao Abstracionismo", organizada por Léon Degand (1907-1958), crítico francês que assumiu o posto de primeiro diretor do museu. Poucos anos após sua fundação, o MAM SP se lançou na organização da Bienal de São Paulo. Aliás, foi esta um dos motivos da recorrente instabilidade financeira que levou à interrupção das atividades em 1963, quando se encerrou a primeira fase de sua existência. Salienta-se a atuação do crítico de arte Mário Pedrosa (1900-1981), diretor do museu entre 1961 e 1963, em sua tentativa de persuadir os sócios efetivos e fundadores da importância do museu em comparação com os números negativos. Seus argumentos, no entanto, não impedem a extinção do MAM SP por seu fundador, Ciccillo Matarazzo. O acervo original do museu foi doado à Universidade de São Paulo, tornando-se germinal para a fundação do Museu de

da cidade universitária" assinado em 14 de novembro de 1962 por Mário Pedrosa e que, segundo Amaral, "serviria de embasamento ao projeto de Oswaldo Bratke para a USP" e no qual o autor "destaca como da maior importância a ideia da criação de um Instituto de Artes".[45]

Para Pedrosa, o *core* da Cidade Universitária deveria ser "centro cívico", "centro cultural", "centro artístico", mas também "socialmente atrativo e recreativo".[46] Concebe o projeto do *core* em três partes: 1) Reitoria/Conselho Universitário/Aula Magna; 2) A Biblioteca Central; 3) O museu e adjacências. Refletindo particularmente sobre o lugar do museu na universidade, Pedrosa considera-o "centro de um feixe de atividades artísticas e culturais que se ligam, direta ou indiretamente". Tendo em vista seu caráter educativo e enquanto lugar de pesquisa, acredita que o mesmo deveria "prever, em seu recinto, todo um departamento destinado ao aprendizado e à formação profissional no plano artístico". Propõe a criação de um curso de "iniciação artística, no qual o homem

---

Arte Contemporânea da USP. Com a descontinuidade das atividades do museu e a dissolução do seu acervo, um grupo formado por alguns signatários do registro inicial de oficialização do museu, ocorrido em 1948, tentou reverter a situação. A partir desses esforços, inicia-se a segunda fase da história do MAM SP, que abarca o período pós-1963 até os dias de hoje.

45 Segundo Segawa e Dourado, "a consolidação da Cidade Universitária da Universidade de São Paulo (USP) é um longo enredo de iniciativas frustradas. Nenhum projeto concebido pelas várias administrações que se responsabilizaram pelo planejamento do campus e de seus edifícios logrou ser implementado por completo, perdendo-se ao longo do tempo e das gestões a integridade própria de soluções coerentemente planejadas. Muitas propostas – algumas de inegável valor arquitetônico e urbanístico – sequer saíram do papel. (...). Cf. Guilherme Mazza Dourado e Hugo Segawa, "Mário Pedrosa Urbanista", in *Revista de Pesquisa em Arquitetura e Urbanismo* (São Carlos: Departamento de Arquitetura e Urbanismo, nº1, 2003, p.63-66.

46 Mário Pedrosa, "Parecer sobre o core da cidade universitária". In: *Revista de Pesquisa em Arquitetura e Urbanismo* (São Carlos: Departamento de Arquitetura e Urbanismo, nº1, 2003, p.67-73.

360 Gildo Magalhães (org.)

aprenderá a ver, a estimar as obras e objetos de arte e, ao mesmo tempo, ensaiar-se livremente com os materiais tradicionais". Trata ainda da conveniência de criar-se ali e tão somente ali um "instituto de arte", que teria como importância ser "o instrumento da formação histórica do estudante", assim justificando:

> O instituto de arte, separado do contexto museográfico e da ambiência da obra viva, tende a congelar-se num processo de ensino como outro qualquer. É preciso que seus estudantes nunca ouçam falar apenas nas obras, mas tenham ocasião freqüente de vê-las, se possível no original, de ter contato constante com elas. Instrução e educação, em matéria de arte, jamais podem ser apartadas, assim como não deve existir separação da teoria e da prática. Pois na fusão dos dois elementos, no ativismo do processo instrutivo e educacional é que reside o principal mérito da educação e preparação artística dadas no museu.

A importância dada por Pedrosa à criação de um instituto de artes ligado ao museu, que articulasse reflexão histórica e produção artística como caminho para desenvolvimento da história da arte no Brasil, dialoga diretamente com as teses defendidas por Barata e os apontamentos de Zanini. A convergência de ideias e interesses nos levam a crer que as campanhas pela história da arte não devem ser compreendidas como o empreendimento de um único indivíduo, mas tema de discussão de um grupo.

Uma campanha sem fim: notas conclusivas

> Ora, a História da Arte não é tarefa para um só especialista. Tal qual ocorre com outras disciplinas, só poderá progredir como obra coletiva: as informações e pesquisas de uns estudiosos completarão as dos outros. As condições da vida brasileira impõem autêntica cooperação nesta seara, onde ninguém é autossuficien-

O progresso e seus desafios   361

te e não há ninguém que possa julgar-se superior e desprezar a contribuição de seus colegas.[47]

A reivindicação pela criação de um curso superior em história da arte parece ter sido uma pauta cara não apenas a Barata, mas de grande relevância no contexto artístico a partir dos anos de 1950. Tanto que não bastava a Barata apenas operar em territórios já conhecidos: criou um personagem para adensar a discussão, propôs Concursos Populares de História da Arte, se empenhou em tornar pública uma discussão, até hoje muito restrita aos meios especializados. A defesa da criação de instituições sólidas que possibilitem a oferta de espaços de formação de excelência de profissionais que, em última instância, servirão à sociedade e contribuirão ainda mais para o reconhecimento da importância da produção artística e da história da arte repercutiu não só seus posicionamentos, mas construiu pontos de convergência e diálogo com seus contemporâneos.

O que não estava previsto, no entanto, é que o Golpe de 1964 e os expurgos que acometeram as instituições de ensino superior brasileiras pudessem paralisar tal projeto. Em abril de 1969, durante o novo ciclo repressivo do Regime Militar nas universidades, impulsionado pelo AI 5 baixado no ano anterior, Mário Barata foi afastado das atividades da UFRJ juntamente com Quirino Campofiorito e Abelardo Zaluar. Mário Pedrosa sofreu também as consequências da conjuntura opressora: no início da década de 1970 seguiu para o exílio, retornando ao Brasil apenas em 1977. Acredita-se, por ora, que a ditadura e suas implicações tenham sido um dos motivos para que a concretização das propostas de Barata tenha se dado tão tardiamente. A criação de uma graduação em história da arte na Escola de Belas Artes da UFRJ ocorreu apenas em 2009, mais de cinco décadas depois do início de sua "Campanha pela História da Arte".

Por fim, uma questão que me intrigou durante muito tempo e profundamente: a ausência de uma palavra sequer de Mário Barata sobre o

---

47   Barata, *op. cit.* 1962, p.32

362　　　　　　　Gildo Magalhães (org.)

Curso Superior de História da Arte criado na estrutura do extinto IBA. Para mim, esse silêncio não fazia o menor sentido. Até que me deparei com uma matéria assinada por Barata, publicada no jornal O Estado de São Paulo em dezembro de 1985. O título "A formação do museólogo e seu nível cultural" quase me fez passar adiante. No entanto, a existência de ferramentas de buscas muito mais eficientes que os olhos viciados da pesquisadora afogada em um número infinito de informações, localizou aquilo que, relutando em aceitar a inexistência, buscava sem ter certeza de encontrar. Em meio ao texto no qual trata da regulamentação profissional da carreira de museólogo, avaliando brevemente os cursos de graduação e pós-graduação oferecidos no país, Barata indica a existência de uma concentração de estudos em história da arte na museologia. Justifica a situação afirmando que o fato resulta da inexistência no Brasil de um "curso específico de Graduação em História da Arte, em nível de bacharelado ou designação equivalente". No entanto, ressalta:

> Não se esqueça porém que no Rio de Janeiro, embora recente, existe um Curso de Licenciatura em Educação Artística, opção em História da Arte, na Universidade do Estado do Rio de janeiro, curso que resultou de transformação do especializado em História da Arte, não reconhecido, do antigo Instituto de Belas Artes, depois de Artes Visuais, da Secretaria de Educação da Prefeitura do Rio de Janeiro. Em sua nova formulação as matérias pedagógicas são muito estudadas rivalizando com o núcleo histórico-artístico. A sua contribuição é porém louvável).[48]

Impressiona a atualidade das campanhas pela história da arte. Retomá-las é dar sentido a reivindicações atuais (ou nem tanto) e plasmar projetos de futuro.

48　Mário Barata, "A formação do museólogo e seu nível cultural", O Estado de São Paulo, Ano 106, nº 33.995, 25 de dezembro de 1985, p.21.

Lugar(es) da ciência: as duas primeiras décadas do Programa *Roda Viva*

Lívia Botin

Introdução

No ar desde 1986, o *Roda Viva*, programa de entrevistas produzido pela TV Cultura (televisão pública do estado de São Paulo), já entrevistou mais de 900 personalidades das áreas econômica, política, social, esportiva, científica e tecnológica. Com o slogan "O Brasil passa por aqui", o programa encontrou seu lugar na grade de programação brasileira realizando ora entrevistas com figuras representativas de assuntos relativos à vida pública, ora programas de debates com vários especialistas, pautados a partir de temáticas amplamente abordadas em outros meios de comunicação. Apesar de sofrer algumas alterações ao longo dos anos, o cenário mantém a mesmo formato do primeiro programa: há uma cadeira giratória localizada no centro do estúdio, reservada ao entrevistado da noite, e ao seu redor ficam posicionados o mediador e os entrevistadores (Figura 13.1).

Figura 13.1. *O líder sindical e candidato à presidência, Luís Inácio Lula da Silva, no programa Roda Viva em 1989. Fotógrafos de outros veículos de comunicação fazem o registro desse momento.*[1]

Quando foi ao ar pela primeira vez, o programa recebeu críticas importantes da imprensa. O jornal *Folha de S. Paulo* assegurou que se mantivesse aquele cenário estalinista e um repórter da TV Globo [na época o apresentador do *Roda Viva* era Rodolpho Gamberini, do Jornal *Bom dia Brasil*, pela TV Globo] certamente o programa estaria fadado ao fracasso. A revista *Veja*, por sua vez, afirmou que o semanário "se equilibra entre sobriedade, a informalidade e os debates. Seu principal trunfo é a clareza: os entrevistados têm oportunidade de replicar e discordar, sem que o programa vire um bate-boca confuso".[2]

A própria televisão brasileira se reestruturava nos anos de 1970. A expectativa de uma liberalização política que levasse à redemocratização crescia entre os brasileiros, e as emissoras passaram a investir em programas com novos formatos jornalísticos que se diferenciavam dos telejornais.

---

1   Fonte: Valdir Zwestsch, *Roda Viva 18 anos*. São Paulo: Stilgraf, 2004.
2   Revista *Veja*, setembro de 1987.

O progresso e seus desafios 365

Entre os avanços e retrocessos desse período, em especial após a posse do presidente Ernesto Geisel em 1974, setores interessados no retorno da ordem democrática, que até então estavam afastados, ganharam espaço na gestão política e a ideia da abertura "lenta, gradual e segura" ganhou fôlego. Assim, em meio às experiências de censura, censura prévia e da autocensura nas quais vivia a imprensa, alguns grupos ligados à mídia passaram a discutir e apresentar pautas novas e ousadas, relacionadas agora às temáticas sociais.

Era então o momento oportuno para reconfigurar o conteúdo jornalístico. Os programas de tevê ampliaram a agenda de discussão, e passaram a estar mais próximo do telespectador, corroborando assim com os valores democráticos que a sociedade, os críticos e os jornalistas demandavam.

Nesse contexto, o debate público ganhou espaço nas emissoras televisivas, que investiram na criação de programas de entrevista no estilo *talk show*, tais como o *Vox Populi* (1977) na TV Cultura; *Abertura* (1979) na TV Tupi, *Sem Censura* (1985) na TVE, *Canal livre* (1973) na Rede Bandeirantes, *Crítica e Auto Crítica* (1980), da mesma rede. A ideia era criar programas que possibilitassem o retorno da confiança na mídia – que passou anos sob censura e não publicava muito do que se vivia no país. Os *talk shows* jornalísticos, devido ao seu formato e conteúdo, possibilitavam tal reconquista, na medida em que traziam para a cena televisiva figuras desconhecidas da população em geral. Além disso, assuntos relacionados às temáticas políticas e sociais passaram a ser recorrentes nestes programas, e com o *Roda Viva* não foi diferente. Em 1987, durante a entrevista com o Secretário de Segurança Pública do Estado de São Paulo, Eduardo Muylaert, o apresentador Rodolpho Gamberini interrompeu o programa e chamou o jornalista da TV Cultura, Tonico Ferreira, para comentar as decisões tomadas na Assembleia Constituinte.[3]

---

3 No dia da entrevista a Assembleia Constituinte elegia seu presidente. Concorriam ao cargo Ulysses Guimarães e o deputado Lisâneas Maciel, do PDT do Rio de Janeiro.

Em meio às primeiras eleições diretas do Brasil, no ano de 1989, o programa entrevistou nove dos 22 candidatos a presidente.[4]

Além das temáticas políticas, o *Roda Viva* procurava estar atento aos assuntos do momento. Em 1987, na cidade de Goiânia, ocorreu um grave acidente com o elemento radioativo césio-137. A contaminação teve início em 13 de setembro, quando um aparelho utilizado em radioterapia das instalações de um hospital foi abandonado na zona central da cidade. O instrumento foi encontrado por catadores de um ferro velho do local, que entenderam tratar-se de sucata. Foi desmontado e repassado para terceiros, gerando um rastro de contaminação, o qual afetou seriamente a saúde de centenas de pessoas. Este acidente radioativo foi o maior do Brasil e o maior do mundo, ocorrido fora das usinas nucleares. No mês seguinte ao acidente, a equipe de produção do *Roda* organizou um programa especial de debate, intitulado contaminação radioativa.[5]

---

4 Na ocasião, o programa entrevistou em uma semana nove candidatos à presidência: Mario Covas, do Partido Social Democrata (PSDB) no dia 07 de agosto; Fernando Collor de Mello, do Partido da Reconstrução Nacional (PRN) e Luís Inácio Lula da Silva, do Partido dos Trabalhadores (PT), no dia 08 de agosto; Aureliano Chaves, do Partido da Frente Liberal (PFL) e Leonel Brizola, do Partido Democrático Trabalhista (PDT) no dia 09 de agosto; Roberto Freire, do Partido Comunista do Brasil (PCB) e Guilherme Afif Domingos, do Partido Liberal (PL) no dia 10 de agosto. E, por fim, Ulysses Guimarães, do Partido Movimento Democrático do Brasil (PMDB) e Ronaldo Caiado, da União Democrática dos Ruralistas (UDR), no dia 11 de agosto.

5 Esse programa foi transmitido no dia 19 de outubro de 1987 com os seguintes convidados: Hélio Gueiros, governador do Pará, Estado para o qual o governo federal cogitou a hipótese de encaminhar os resíduos de césio; Antônio Faleiros, médico e Secretário da Saúde do governo de Goiás; Fabio Feldman, deputado federal pelo PMDB, eleito com uma plataforma eleitoral ecologista; Ted Eston, médico, fundador do Centro de Medicina Nuclear da USP e então professor do hospital naval Marcílio Dias, no Rio de Janeiro, que estava colaborando no tratamento às vítimas da contaminação de Goiânia; Cláudio Rodrigues, físico superintendente do Instituto de Pesquisas Energéticas e Nucleares de São Paulo

O progresso e seus desafios 367

Discutiu-se, entre outros temas, o destino do elemento radioativo e que procedimentos a população deveria tomar para evitar a contaminação. Falou-se ainda longamente sobre as pesquisas em energia nuclear, em especial, sobre o "programa autônomo", coordenado secretamente pelos militares, e desenvolvido simultaneamente às pesquisas lideradas pela Nuclebrás. O então mediador Tônico Ferreira, em determinado momento, perguntou:

> Tonico Ferreira [para Fábio Feldman]: Você poderia abrir uma campanha nacional para proibir e desativar todo o programa nuclear brasileiro e teria o apoio de todo o povo para isso? Você teria até a possibilidade de fazer um plebiscito, existe a ideia de sua parte?
>
> Fábio Feldman: Nós tentamos uma emenda popular sobre isso em que nós realmente tivemos alguma dificuldade na divulgação e nós conseguimos na Comissão de Ordem Social alguns dispositivos, como a proibição dos reatores nucleares para produção de energia elétrica, exceto para finalidades científicas. Nós garantimos, inclusive, a fiscalização supletiva das entidades civis não governamentais em todas as instalações nucleares, mas nós não conseguimos manter isso, por quê? Porque a questão nuclear não desperta interesse no povo em geral e eu devo denunciar aqui que existe um grande lobby nuclear no Congresso Nacional [pausa] O que nós conseguimos – e eu acho que é muito pouco – é um dispositivo que diz que a energia nuclear será admitida apenas

---

(IPEN), um órgão gerenciado pela CNEN (Comissão Nacional de Energia Nuclear); Washington Novaes, jornalista de televisão independente, autor da série *Xingu*, da TV Manchete, na época morador de Goiânia e que acompanhava a questão da contaminação radioativa em sua cidade; Luiz Carlos Menezes, físico, professor da USP e conselheiro da Sociedade Brasileira de Física; Luiz Pinguelli Rosa, físico, diretor e professor da Universidade Federal do Rio de Janeiro, membro do Conselho da Sociedade Brasileira para o Progresso da Ciência.

para fins pacíficos. Eu acho que não é suficiente, porque muitos daqueles que defendem a opção nuclear, inclusive em termos bélicos, dizem que a bomba atômica é o instrumento da paz e que, portanto, nós devemos ter a bomba atômica para evitar ataques externos, isso foi me dito pelas altas autoridades militares. Agora, eu acho que o episódio de Goiânia deve refletir na Constituinte.[6]

Claudio Rodrigues: Bom, vamos colocar aqui algumas informações... Primeiro, vamos definir o que é isso que você mencionou. O nosso programa de autonomia na energia nuclear que você colocou aqui como programa paralelo [interrompido por Fábio Feldman].

Fábio Feldman: O doutor Rex Nazaré colocou esse nome no programa.[7] [interrompido por Cláudio Rodrigues]

Claudio Rodrigues: Não é importante agora. O importante é saber o que nós pretendemos. Quer dizer, quando eu falo 'o que nós pretendemos', é o que, nós, técnicos, cientistas, professores que trabalham nesse programa pretendemos. E é dotar o país de uma competência na área nuclear. Quer dizer, queiramos ou não a energia nuclear vai conviver com a gente no futuro, não há como

---

6   Em 1985, cumprindo uma das promessas de campanha da Aliança Democrática, chapa pela qual havia sido eleito, o presidente José Sarney deu início aos debates sobre a convocação da Assembleia Nacional Constituinte, cuja função seria a de elaborar e aprovar o novo texto constitucional. Assim, os deputados federais e senadores também ficaram com a tarefa de elaborar a nova Constituição.

7   Rex Nazaré foi professor em diversas cadeiras no curso de mestrado em Engenharia Nuclear do IME, professor de Física Nuclear do curso de Ciências Nucleares da Faculdade de Engenharia da UFRJ e professor de Mecânica Quântica Aplicada à Física de Nêutrons e Física Nuclear II, no curso de mestrado em Engenharia nuclear da COPPE/UFRJ. Atuou, dentre outros cargos, como presidente da Comissão Nacional de Energia Nuclear (CNEN), como chefe do Departamento de Tecnologia da ABIN e como Assessor Especial do Ministro de Estado Chefe do Gabinete de Segurança Institucional. Durante as décadas de 1970 e 1980, coordenou o Programa Nuclear Paralelo.

negar. [pausa] Eu acredito que a tecnologia nuclear – e você sabe disso – é uma tecnologia que está aí com vários benefícios.

Luiz Carlos Menezes: A tecnologia [sim], não a energia nuclear necessariamente.

Claudio Rodrigues: Não, eu não estou defendendo a energia nuclear para fins de geração de energia elétrica, se bem que eu acho que daqui a 30, 40, 50 anos, quando se esgotarem as reservas hídricas e não houver nenhuma tecnologia que permita ao Brasil ter eletricidade, nós vamos ter que recorrer à energia nuclear. [pausa] Eu não estou falando no programa nuclear elétrico, eu estou falando no programa nuclear autônomo [pausa] De ter uma competência no Brasil para, mesmo na área de geração de energia elétrica, se houver necessidades, os brasileiros saberem fazer. O que se quer fazer no programa nuclear brasileiro é dar ao país a capacidade para gerar os benefícios da energia nuclear para sua população...

Essa entrevista diz muito do contexto político e social do Brasil. Devido aos problemas de acordo com a Alemanha e a impossibilidade de transferência de tecnologia para o domínio do ciclo do combustível nuclear, a CNEN, dirigida a partir de 1982 por Rex Nazaré Alves, implementou junto com as Forças Armadas um programa secreto, intitulado pelos membros da equipe de "autônomo". O objetivo inicial da pesquisa era obter tecnologia para produzir hexafluoreto de urânio, mas o programa foi ampliado, evoluindo para desenvolver tecnologia sobre todas as etapas de produção de energia, desde a construção de um reator até o desenvolvimento de explosivos nucleares. No mesmo mês em que ocorreu o acidente com o césio -137 na cidade de Goiânia, o então presidente José Sarney foi a público afirmar que o Brasil, contrariando os acordos internacionais, alcançou "a capacidade de enriquecer autonomamente urânio através de um programa nuclear mantido secreto para garantir a segurança nacional".

As discussões entre Luiz Carlos Menezes, Fabio Feldman e Cláudio Rodrigues no *Roda Viva* tratam, sobretudo, da finalidade e domínio do programa nuclear nacional. Por um lado, Menezes e Feldman, membros respectivamente da Sociedade Brasileira para o Progresso da Ciência (SBPC) e do Congresso Nacional, acusaram o programa liderado pelos militares de não ser transparente e público, além de possuir o explícito objetivo de produzir armas nucleares. Por outro lado, Cláudio Rodrigues, membro da Comissão de Energia Nuclear, defendeu-se das acusações e enfatizou que o domínio dessa tecnologia poderia representar, em última instância, a soberania e a independência externa do país. Não se pode deixar de comentar que Rex Nazaré, mentor do mencionado programa paralelo, era, na época, chefe de Cláudio Rodrigues.

Pode-se dizer então que a "ciência" apresentada neste programa estava vinculada ao debate sobre os agentes responsáveis pela pesquisa e tecnologia no setor de energia nuclear. Além disso, representantes de entidades científicas e civis – Menezes e Feldman – denunciavam em um programa de televisão ações secretas dos militares que poderiam afetar o bem-estar da população brasileira. Ao trazer para o centro do debate temas do momento, o *Roda Viva* revelou conflitos típicos do momento político vivido no país a partir de 1985, entre os quais se destacam as críticas, agora abertas e explícitas, aos militares.

Um dos elementos que compõem o processo de seleção dos entrevistados no *Roda Viva* é a ideia de agenda política ou *setting*. A constituição ou a formação de uma agenda é um processo complexo, sobre o qual interfere um grande número de fatores: a opinião de lideranças políticas, ações de movimentos sociais, opinião de especialistas, partidos políticos, meios de comunicação, ações individuais. Certamente, dentre tantos fatores, alguns adquirem pesos maiores que outros, dependendo muito da natureza das questões, das condições políticas e institucionais vigentes.[8]

---

8   Vide Jürgen Habermas, "O espaço público 30 anos depois". In: *Cadernos de filosofia e ciências humanas*, ano VII, n.12, abril, 1999, p. 7-28; e L. F. Miguel, "Representação

O progresso e seus desafios 371

Segundo Livingstone e Lunt, em uma "democracia participativa", o poder instituído está engajado com a discussão e o diálogo com o público.[9] Nessa perspectiva, as pessoas comuns têm o direito de participar politicamente não só por meio do voto, mas por meio da atuação em movimentos sociais e políticos, por exemplo, ou ainda em organizações e entidades civis. Os principais resultados dessa forma de organização e representação política se dão por meio da efetiva participação da palavra pelos diversos grupos que compõem a rede social, gerando esferas públicas alternativas. Nesse sentido, os meios de comunicação de massa teriam um papel central na inclusão/exclusão de temas ou problemas relativos às reivindicações das diferentes esferas que compõem o ambiente democrático. Pensando a partir desse aspecto, a televisão pode ser entendida não como veículo reducionista dos papéis políticos que os indivíduos podem exercer na democracia, mas segundo os mesmos autores como forma de "facilitar e legitimar a negociação pública – através do compromisso e não do consenso – dos significados entre os grupos de oposição e marginalizados".

O caráter público da TV Cultura traz elementos diferenciados em relação ao contexto das outras emissoras brasileiras. A emissora é gerida pela Fundação Padre Anchieta, uma entidade autônoma e independente, ligada à Secretária de Cultura do Governo do Estado de São Paulo e foi criada com a finalidade de transmitir programas educativos seguindo o modelo da principal televisão pública do mundo, a BBC de Londres.

Este artigo procura analisar como o programa *Roda Viva* divulgou temas relacionados à ciência e tecnologia entre 1986 e 2006. Parte-se do pressuposto que as visões sobre atividade científica apresentada no programa se entrelaçam com o próprio projeto institucional da TV Cultura.

---

política em 3-D: elementos para uma teoria ampliada da representação política", in *Revista Brasileira de Ciências Sociais*, vol. 18, n. 51, fev. 2003.

9   Sonia Livingstone & Peter Lunt, *Talk on Television: Audience Participation and Public Debate*. London: Routledge, 1994.

A emissora, apesar de seguir o modelo de televisão pública, baseado na autonomia e independência, na prática, sofreu inúmeras interferências do governo do estado ao longo dos anos, afetando assim sua grade de programação e até mesmo o programa *Roda Viva*.

Além disso, busca-se analisar as fontes chamadas a compor a entrevista. No que diz respeito aos temas relacionados à ciência e tecnologia que motivaram a escolha de um entrevistado, constatou-se a existência de determinados elementos essenciais para atrair a atenção do público – conflito, proeminência, drama, impacto, proximidade, novidade. No que diz respeito aos entrevistados, muitos representam instituições de pesquisa e universidades, identificadas social e culturalmente como importantes agentes para a melhoria da qualidade de vida das pessoas. Em vários casos constatou-se que a ciência apresentada no programa é consensual e laudatório. Os especialistas convidados a comparecer no centro da roda são tratados como fontes fidedignas e confiáveis; seus discursos geralmente são enaltecidos pelos pares e jornalistas e quase não há objeções às suas falas.

TV Cultura: histórias de um canal público de televisão

> A partir do dia 16 de junho de 1969, a nova emissora de televisão que surgia passou a se destacar das demais, pelo aspecto cultural e educativo de sua programação e pelo nível mais elevado de suas realizações.[10]

---

10 Roberto Costa de Abreu Sodré, "Uma história de sucesso". In: Walmes Nogueira Galvão e Waldimas Nogueira Galvão (orgs.). *Cultura 20 anos*. São Paulo: IMESP, 1989, p. 7.

O progresso e seus desafios

Figura 13.2. *Inauguração da TV Cultura como Canal 2* [11]

Antes de ser tornar um canal público de televisão, a TV Cultura, pertencia à emissora Diários Associados, do empresário Assis Chateaubriand, que era até aquele momento uma das empresas mais lucrativas de televisão no Brasil. No entanto, devido a uma série de problemas de ordem estrutural e econômica, incluindo a morte do seu fundador, a Diários Associados pôs à venda seus principais canais – a TV Tupi e a TV Cultura – em 1967.

Coincidência ou não, a falência do emissora ocorreu em um momento oportuno para o governo estadual de São Paulo, que, na mesma

---
11 Galvão e Galvão, *op. cit.*, p. 2.

época, abriu licitação para a compra de um emissora de televisão por três milhões e 400 mil cruzeiros.[12]

Como se vê pela imagem (Figura 13.2), o indiozinho, símbolo das Associadas, deixou de existir do novo canal público. Mas, o nome permaneceu – TV Cultura – Canal 2. A primeira cobertura do novo canal teve início com o pronunciamento do então governador Abreu Sodré, seguido do primeiro presidente da Fundação Padre Anchieta, José Bonifácio Coutinho Nogueira. Após discursos oficias, foi exibido um vídeo mostrando o surgimento da emissora, os planos para o futuro e uma descrição da grade de programação. Além disso, exibiram uma fita com o Papa Paulo VI, dando benção à TV Cultura.

Assim que foi empossado, o então governador Roberto da Costa de Abreu Sodré formou uma comissão com o objetivo de verificar "in locu" como funcionava o modelo de televisão pública da Grã-Bretanha, em especial "o que se fazia em termos de aprimoramento cultural nos veículos de comunicação de massa".[13] Ao regressar, foi feita uma comissão para estudar a constituição de uma entidade para a difusão da educação e da cultura pela televisão e rádio.

A ideia, segundo Sodré, era formar uma entidade civil, com dotação do Estado, mas desvinculada do poder governamental. "Assim surgiu a Fundação Padre Anchieta – Centro Paulista de Rádio e Televisão Educativas. Uma figura "sui generis'" pois, instituída e sustentada pelo Estado, possui o estatuto de entidade de direito privado, com autonomia administrativa absoluta".[14] Mantida por subvenções do governo estadual, votadas anualmente pela Assembleia Legislativa, a TV Cultura voltou a funcionar no dia 15 de junho de 1969, agora sob a tutela da Fundação Padre Anchieta.

---

12 Laurindo Leal Filho, *Atrás das câmeras: relações entre cultura, Estado e televisão.* São Paulo: Summus, 1988, p. 21.

13 Galvão e Galvão, *op. cit.*, p. 11.

14 Leal Filho, *op. cit.*, p. 11.

O progresso e seus desafios 375

A relação que a TV Cultura estabeleceu com o governo do Estado de São Paulo desde sua criação diz muito sobre a estrutura do programa *Roda Viva* e o seu percurso – e também sobre as entrevistas que serão analisadas aqui. A emissora foi construída a partir de uma conflituosa relação entre grupos que buscavam certa autonomia e setores que insistiam que a TV poderia ser porta voz oficial do governo. O resultado dessa disputa é, ao mesmo tempo, uma enorme dependência política financeira e uma contradição, já que as gestões que conseguiram estreitar relações com os dirigentes do governo de São Paulo foram aquelas que obtiveram, no final das contas, autonomia para investir na rede de programação.

A gestão de Roberto Muylaert (1985-1994), considerada como a de maior sucesso, atingindo picos de audiência, é um bom exemplo dessa relação contraditória. O dirigente fora indicado pessoalmente pelo governador Franco Montoro para "fazer da Cultura uma tevê pública pra valer, a serviço da comunidade. No jornalismo, limpar a mancha chapa--branca forjada anteriormente."[15]

A entrada de Muylaert coincidiu com dois marcos importantes para o canal. No ano de 1986 um incêndio destruiu parte da emissora, que precisou substituir seus equipamentos por novos e modernos, e além disso foi elaborado um novo Estatuto que reduziu os departamentos de produção, eliminando assim, uma excessiva burocracia e centralização. Tudo isso contribuiu para a TV Cultura alcançar um relativo sucesso administrativo e de capacidade produtiva semelhante aos outros canais de televisões abertas.

Nesse contexto de revitalização e ajustes na programação da TV Cultura foi criado o *Roda Viva*, que foi ao ar pela primeira vez em 29 de setembro de 1986, entrevistando o então ministro da Justiça Paulo Brossard. Apesar de sofrer algumas alterações ao longo dos anos, o cenário mantém a mesmo formato do primeiro programa (Figura 13.3): há uma cadeira giratória localizada no centro do estúdio, reservada ao

---

15 Entrevista com Rodolpho Gamberini concedida à autora em 17 de março de 2015.

entrevistado da noite, e ao seu redor ficam posicionados o mediador e os entrevistadores.

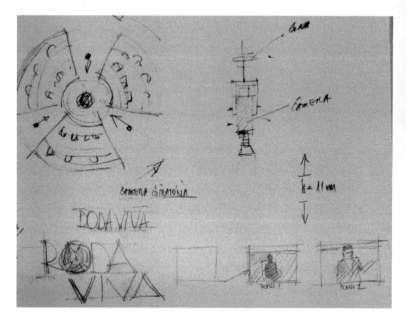

Figura 13.3. O primeiro croqui do programa Roda Viva.[16]

Através dessa estrutura, todos podem se entreolhar e o entrevistado pode se dirigir a qualquer lado. Tal formato sugere que o centro do programa, ocupado pelo entrevistado, será o foco do debate; é para ele, portanto, que todas as questões formuladas pelo apresentador do programa, pelos mediadores convidados e pelos telespectadores (que participam por telefone ou *e-mail*) serão encaminhadas. Para Rodolpho Gamberini, o primeiro apresentador do *Roda*, a ideia era:

---

16 É possível ver, pelo desenho, o lugar do entrevistado, no centro de uma arena redonda, cercado por entrevistadores. Os produtores pensaram em três eixos focais usando três câmeras e uma quarta câmera que ficaria em cima do entrevistado, a uma altura de 11 metros. Cf. Weinstock, *op. cit.*

> Criar um programa de entrevista coletiva, com jornalistas dos principais órgãos de imprensa, que botassem contra a parede um entrevistado do primeiríssimo time de qualquer área da vida nacional – política, economia, sociedade, esportes, cultura, ciência... A palavra-chave era relevância. Mas, não bastava trazer um entrevistado relevante, era preciso fazer uma entrevista relevante.[17]

As gestões seguintes às de Muylaert, entretanto, não conseguiram manter boas relações com o governo de São Paulo. O clima de prosperidade e euforia dos anos 1980 foi substituído por uma enorme crise orçamentária nas décadas seguintes. "Não foi fácil o ano de 1995" – dizia o relatório das atividades emitido pela Fundação Padre Anchieta para este ano.

Houve, a partir de 1995, uma queda violenta de orçamento da Fundação, que sofreu corte de verbas pelo governador Mário Covas, eleito um ano antes. O recém empossado presidente da Fundação, Jorge Cunha Lima, encontrou uma emissora com sérios problemas orçamentários, com dívida de cerca de R$ 30 milhões, sem contar os débitos trabalhistas. Um dos primeiros documentos oficiais produzido em sua gestão, o Relatório de Atividade, procurava, de certa maneira, justificar a crise na qual se encontrava a tevê.

> Em 1995, a Fundação Padre Anchieta sentiu os efeitos de duas transformações muito importantes, uma interna em nosso país, de caráter econômico, outra, internacional, de caráter tecnológico. No Brasil mudou a economia, consolidou-se a moeda, a produtividade tornou-se uma condição de sobrevivência e a privatização um dogma. As verbas para instituições subsidiadas pelo poder público foram congeladas. A produtividade, em todos os níveis, tornou-se meta de rotina para qualquer empresa que deseja sobreviver. No caso da Fundação Padre Anchieta, cerca de 30% do orçamento deverão ser cobertos com serviços, licensing, apoios culturais e par-

---

17 Cf. entrevista citada anteriormente.

cerias. No plano internacional, a tecnologia proporcionou avanços inacreditáveis: a TV a cabo, Direct TV, Pay TV, Processo Digital, Internet etc [...] Disso tudo resulta que os canais se multiplicarão indefinidamente no caminho da segmentação, pois não há mais mercado para a multiplicação dos canais generalistas.[18]

O documento traz informações interessantes sobre o tratamento que o poder executivo de São Paulo na gestão de Mário Covas (do PSDB) passou a dispensar à TV Cultura. Além disso, revela o novo "inimigo" da Fundação Padre Anchieta – a televisão a cabo – já que o público que assistia à emissora era o mesmo que consumia os programas da tevê paga.

Segundo Cunha Lima, a tevê enfrentava dificuldades de orçamento devido a duas situações – a primeira, de ordem econômica. A gestão de Mário Covas impunha às empresas estatais posturas equivalentes à de empresas privadas; era necessário ser produtivo em todos os níveis. Assim, baseada na política de privatização de setores públicos e no entendimento de que a Fundação, como empresa, deveria se garantir sozinha, o governo do estado de São Paulo cortou verbas que seriam destinadas à emissora. Em segundo lugar, com a nova tecnologia e o surgimento de novos tipos de televisão – a tevê por assinatura, por exemplo – a concorrência da TV Cultura aumentava. Os índices de audiência da emissora, por sua vez, passaram a ser cada vez menores.

Ao invés de se opor à política do novo governo, Cunha Lima procurou ajustar a Fundação às novas demandas; reduziu o número de funcionários (ao todo foram demitidas cerca de 400 pessoas), ajustou a grade de programação e suspendeu a gravação de programas novos. As dificuldades enfrentadas pela TV Cultura não eram só de ordem financeira. A gestão de Jorge Cunha Lima também sofreu investigações na Assembleia Legislativa e a intervenção de uma auditoria pública.

Tudo isso afetava, e muito, a programação. As reprises eram evidentes para o público. Durante mais de um ano o programa *Vitrine* exi-

---

18 *Relatório de Atividades* para o ano de 1995, fl. 1.

O progresso e seus desafios

379

biu retrospectivas dos melhores momentos, sem transmitir, contudo, nenhuma matéria nova. O infantil *Ilha Rá-Tim-Bum* não fez o sucesso desejado. Já as entrevistas do programa *Roda Viva* deixaram de acompanhar os temas e as pautas nacionais. Ao que tudo indica, não era interessante para a equipe de produção entrevistar pessoas e trazer assuntos controversos e de interesse público para o centro da roda. Heródoto Barbeiro, apresentador entre os anos de 1994 e 1995, afirmou:

> Tinha a impressão que a orientação que a TV passou a ter naquele momento era a de se livrar dos assuntos polêmicos, entendeu? Então, o programa caiu num debate só de temas acadêmicos [...] Os entrevistados e os entrevistadores eram acadêmicos e isso não fazia sentido em um programa que se consolidou tratando de assuntos sociais, de temas que interessavam à sociedade. Não que assuntos acadêmicos não sejam importantes, mas muitas vezes parecia um debate de pessoas que ficavam ali, defendendo suas teses.[19]

Para o jornalista, essa mudança na linha editorial do *Roda Viva* ocorreu devido a fortes interferências que o programa passou a sofrer com a entrada de Jorge Cunha Lima. Ao ser questionado sobre como funcionava o processo de elaboração das pautas do programa, Heródoto Barbeiro respondeu:

> O processo de elaboração das pautas ocorria na redação. E ocorre o seguinte: as pautas eram submetidas à Direção da empresa, em específico à Diretoria Executiva. O presidente opinava sobre todos os entrevistados e sobre os entrevistadores.

Ao ser questionado sobre os eventuais motivos de tal intervenção, Barbeiro argumentou: "Muitas vezes os entrevistados eram amigos. E você não vai chamar para entrevistar seu amigo, os inimigos dele".

---

19 Entrevista concedida à autora em 15 de setembro de 2013. *Idem*, as citações seguintes.

Em abril de 2004, a relação entre o então diretor Jorge Cunha Lima e o governo estadual, sob a gestão de Geraldo Alckmin (também do PSDB) ficou insustentável. Já há nove anos no comando da Fundação, ao tentar a reeleição pela quarta vez consecutiva, Jorge Cunha Lima teve que enfrentar um adversário indicado pelo governo: Marcos Mendonça, ex-secretário de cultura da gestão Mário Covas. Geralmente, no processo de escolha do diretor da Fundação, ocorria um consenso entre cavalheiros e somente uma pessoa, normalmente alguém do próprio Conselho Curador, se candidatava. Com a entrada de Mendonça para concorrer ao cargo, tem início uma disputa que só terminou após acordo entre os candidatos – Jorge Cunha Lima desistiu do quarto mandato. Mas, em troca dessa desistência, o ex- diretor da Fundação Padre Anchieta recebeu um novo cargo vitalício – presidência do Conselho Curador.

Quando Marcos Mendonça assumiu a presidência da Fundação Padre Anchieta, houve uma espécie de privatização da emissora. Predominou neste período uma forte preocupação com os índices de audiência e rendas. O Conselho da Fundação passou a permitir, por exemplo, a veiculação de propagandas.

A partir da análise da trajetória da TV Cultura podemos agrupar as entrevistas do *Roda Viva* em três diferentes momentos. O período de 1986 a 1994 foi considerado sob a ótica da consolidação do programa diante do público. Vimos que a emissora passou por uma crise financeira nos anos 1990 e o segundo bloco de análise constituiu-se das entrevistas televisionadas entre os anos de 1994 a 2000.

Depois o *Roda Viva* vem sobrevivendo de verbas públicas e dos projetos em parcerias com instituições privadas. Além disso, a emissora passa por uma grave crise de gestão. Fica explícita a intervenção do governo do Estado que pressiona a emissora a reorganizar seus gastos e custos, correspondendo às entrevistas do período 2000 a 2006, analisadas em um último bloco.

Os critérios de exclusão/inclusão das entrevistas que compuseram o *corpus* documental de análise foram estipulados a partir da relevância e

O progresso e seus desafios

relação dos entrevistados com as áreas de ciência e tecnologia. Assim, antes de tratar propriamente das entrevistas, se faz necessário problematizar alguns conceitos relativos à ciência, comunidade científica e tecnologia.

A noção de comunidade científica ou de "campo científico", nos termos colocados por Bourdieu (1989), é central para a compreensão do modo como se organiza a produção do conhecimento. Segundo essa linha, a ciência pode ser interpretada a partir do funcionamento e dinâmica interna de uma comunidade que tem a função de analisar e julgar as prioridades de pesquisa, os espaços de divulgação dos trabalhos e assim por diante. Porém, essa análise leva em consideração aspectos internos e pertinentes ao campo daquela área de interesse, deixando de lado elementos referentes às práticas e ao cotidiano de uma pesquisa, entre estes a atuação de outros cientistas, dos não cientistas, dos técnicos, dos políticos, empresários dirigentes de órgãos públicos e vários outros atores.[20] Segundo os estudos propostos pela linha denominada "construtivista", os resultados de uma pesquisa dependem tanto do conhecimento técnico e racional quanto da participação de outros representantes sociais, políticos e culturais, culminando numa combinação complexa e representativa de um processo histórico.

Para compor a análise, destacaram-se entrevistas nas quais as personalidades convidadas faziam parte da comunidade acadêmica e científica, mas não só. Ampliou-se a esfera de análise e foram levadas em consideração as entrevistas com figuras políticas, empresários e membros da sociedade civil que representavam investimentos públicos e privados na área de ciência e tecnologia com o intuito de compreender como indivíduos fora do *ethos* científico entendiam e atuavam nas discussões relacionadas às políticas para o desenvolvimento de Ciência e Tecnologia no país.

---

20 Bruno Latour, *As 'visões' do espírito. Uma introdução à antropologia das ciências e das técnicas*. Publicação Didática 190. Rio de Janeiro: COPPE/UFRJ, 1990.

Roda viva: lugar(es) da ciência e tecnologia

Dos 959 programas produzidos entre os anos de 1986 e 2006, 188 tratam da temática Ciência e Tecnologia (Tabela 13.1).[21] Além disso, constatou-se a existência de cinco debates, no qual não há um especialista convidado, mas vários que se propõe a discutir um tema. Os especialistas que participaram deste debate também foram incorporados nas análises (Tabela 13.2).

Tabela 13.1 As entrevistas por temática

Entrevistas programa Roda Viva por tema (1986-2006)	
Política Nacional	278
Sociedade	195
Ciência e Tecnologia	165
Economia	162
Segurança	83
Política Internacional	76
Total	**959**

---

21 O programa *Roda Viva* produziu cinco debates especiais na área de C&T, nos quais participaram mais de um entrevistado, registrando a presença de 13 especialistas no cômputo geral, que foram incorporados na Tabela 13.1.

Tabela 13.2 Entrevistadores e campos de ciência e tecnologia[22]

	CNA: Ciências Naturais e Agrárias	T: Tecnologia	CMS: Ciências médicas e da saúde	MA: Meio Ambiente	CES: Ciências Exatas e na Sociedade	CHS Ciências Humanas e Sociais
86-94	3	4	16	10	8	19
95-03	5	8	21	6	11	25
04-007	4	7	12	7	6	17
tal	12	19	49	23	25	61
tal eral						**188**

A partir dessa primeira amostragem foi possível perceber que a maioria das entrevistas na área de C&T (Ciência e Tecnologia) foi realizada com professores e/ou especialistas da área de humanidades e ciências sociais, tais como cientistas políticos, sociólogos, historiadores, antropólogos, entre outros (Cf. Gráfico 1).

---

22 As entrevistas foram classificadas seguindo o artigo de Winfried Göpfert, "Scheduled Science: TV coverage of science, technology, medicine and social science and programming policies in Britain and Germany". In: *Public understanding of Science*, vol.5, 1996, p.361-374.

Gráfico 1: Especialistas convidados no programa *Roda Viva* por período

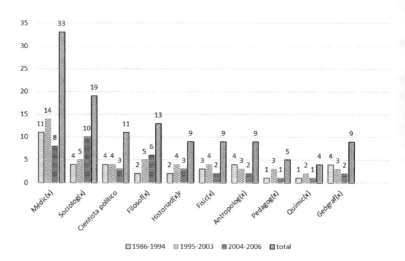

Foi constatado também um equilíbrio entre os representantes das áreas de Ciências Sociais e Humanidades no que se refere aos locais onde atuam – os entrevistados convidados a participar do programa trabalhavam tanto em universidades públicas, tais como USP, Unesp e Unicamp, como em Institutos e Centros de Pesquisa, localizadas principalmente no Sudeste, em especial no eixo Rio de Janeiro - São Paulo, como mostra a Tabela 13-3. Esses resultados indicam, portanto, que a produção científica produzida no Sudeste foi amplamente divulgada no programa.

O progresso e seus desafios

Tabela 13.3. Instituição à qual pertencem os entrevistados do programa *Roda Viva*

	Universidades públicas				Universidades Particulares		Institutos/ Centros de Pesquisa Brasil	Convidados estrangeiros
	USP	Unesp	Unicamp	Outras	PUC (São Paulo)	Outras		
1986-1994	4	1	2	3	1	3	2	5
1995-2003	6	2	2	2	2	3	3	5
2004-2007	3	2	2	1	1	2	2	2
Total	13	5	6	6	4	8	7	12
Total Final								61

No que se refere às instituições de ensino, a USP claramente se destaca em relação às outras universidades. O alto índice de convidados desta instituição reflete a falta de interesse pela divulgação por parte de outros acadêmicos? Possivelmente não. Talvez a ausência de convidados de outras universidades do país pode ser reflexo da falta de conhecimento desse universo (pesquisas acadêmicas) e dificuldades de obtenção de fontes de informação por parte dos jornalistas, que acabam se interessando pelas mesmas pesquisas científicas.

Além disso, segundo os estatutos e relatórios da Fundação Padre Anchieta, quando a TV Cultura foi criada, ainda nos anos 1960, a emissora foi amplamente influenciada pela opinião de diversos intelectuais, entre os quais professores da própria USP e jornalistas ligados aos jornais *Estado de S. Paulo* e *Folha de S. Paulo*.[23] Assim, historicamente, indivíduos ligados à USP teriam mais acesso às atividades da Fundação e, portanto, seriam mais fáceis de serem acessados no momento de organizar uma pauta ou uma entrevista em relação às outras instituições.

No que se refere aos temas ligados às Ciências Médicas e da Saúde, foram encontradas 49 entrevistas. Destas, a grande maioria foi realizada com médicos, conforme indica o Gráfico 1. A cobertura de temas relacionados à saúde foi alta em todo o período analisado, com destaque para doenças (câncer e Aids, principalmente) e assuntos cotidianos tais como hábitos alimentares, envelhecimento e outros. Também foram encontrados temas relacionados a uma agenda política com destaque para: funcionamento e/ou a privatização do Sistema Único de Saúde, Imposto para Saúde (CPMF), remédios genéricos, vacinas, funcionamento de hospitais públicos. Por fim, foram encontradas entrevistas que tratam de temáticas controversas tais como aborto, células-tronco e inseminação artificial.

Como se constata, o programa deu importante espaço para a área de Ciências Médicas e Saúde. Muitas entrevistas foram elaboradas a partir, inclusive, das dúvidas de leitores que surgiram em um programa, mas que não puderem ser tratadas de forma ampla. Foi o caso da Aids. Encontramos sete entrevistas que tratam especificamente desse assunto

---

23 Leal Filho, *op. cit.*, p. 21.

entre os anos 1986 e 1994[24]. De certa maneira, elas acabaram acompanhando os debates da medicina a respeito do assunto, inclusive dos problemas de preconceito relacionados à doença. Roseli Tardelli, apresentadora do programa em 1994, comentou:

> Em 1994, ser portador do HIV significava sentença de morte. Muitos veículos de comunicação tratavam do tema com sensacionalismo. E a entrevista com o [infectologista] David Uip foi muito importante no sentido de informar à população com clareza a situação real em que a pandemia se encontrava...Prestou serviços e falou sem rodeios.[25]

Para a área de Meio Ambiente, constatou-se a existência de 27 entrevistas entre 1986 e 2006, sendo 10 para o primeiro período. Um dos fatores que pode explicar tal fenômeno é que em 1992 ocorreu a Conferência das Nações Unidas para o Meio Ambiente e o Desenvolvimento (Eco-92), no Rio de Janeiro. Em decorrência desse evento, muitas especialistas nessa área foram chamadas ao centro do debate para falar sobre preservação ambiental, agenda 21.

Conforme vemos pelo Gráfico 2, há uma incidência menor de entrevistas com personalidades nas áreas de Ciências Exatas e Naturais ao longo dessas duas décadas. No entanto, foi possível identificar que a maioria delas ocorreu com representantes das secretarias e ministérios das pastas de ciência, tecnologia, ensino e pesquisa. No que se refere aos especialistas (conferir Gráfico 1) as figuras chamadas a tratar da temática científica têm o intuito de preparar a população para determinados temas

---

24 As entrevistas que tratam desse tema ocorreram nos seguintes períodos: Debate Aids (19/01/1987); Jose A. Pinotti (Secretário da Saúde do Estado de São Paulo, 31/07/1989); Silvano Raia (infectologista, 28/08/1989); Alceni Guerra (Ministro da Saúde, 21/10/1991); Caio Rosenthal (18/05/1992) e David Uip (23/05/1994)

25 Entrevista concedida à autora em 20 de março de 2015.

388 Gildo Magalhães (org.)

aparentemente complexos, porém, o que se vê nas entrevistas é uma certa reprodução de um modelo tradicionalista de se fazer e pensar a ciência.

Conclusões

Pela análise geral desse primeiro levantamento foi possível constatar uma crescente presença da divulgação da ciência na programação do *Roda Viva* no decorrer do período. Assim, se na década de 1980 houve reduzida representatividade de vozes de cientistas entrevistados, a década seguinte sinalizou o oposto. Por outro lado, muitas entrevistas relativas às áreas científicas nos anos 1980 e 1990 foram feitas com representantes do Ministério da Ciência e Tecnologia, da Saúde e Educação e, ainda, reitores de universidades públicas, com destaque para a Universidade de São Paulo, pois, José Goldemberg, foi chamado ao centro da roda em diferentes momentos ao longo dos anos 1980 e 1990. Percebe-se uma valorização de personalidades representativas das áreas tradicionais de C&T, contribuindo, inclusive, para legitimar socialmente a autoridade desses cargos nos primeiros anos de vida do programa.

Muitas entrevistas com representantes da área de C&T ocorreram quando a ciência foi pauta nacional. Em 1987, por exemplo, foi organizado um debate após o acidente com o césio-137 em Goiânia; também neste ano, devido à alta incidência de indivíduos portadores de HIV, a equipe de produção do *Roda Viva* organizou como programa especial o Debate Aids. No ano de 1992, ocorreram três entrevistas e um Debate Especial com especialistas e/ou representantes dos poderes públicos relacionados à pasta de meio ambiente, em decorrência da Conferência das Nações Unidas para o Meio Ambiente e Desenvolvimento (Eco-92), realizada no Rio de Janeiro. No início dos anos 2000, após uma crise que afetou o fornecimento e distribuição de energia elétrica no país, especialistas e representantes das esferas públicas foram ao centro da *Roda* falar sobre mudanças climáticas e estiagem. Também nesse ano ocorreu o debate sobre crise energética.

Gráfico 2: Representantes dos poderes públicos nas áreas de C&T no programa *Roda Viva* (1986-2006)

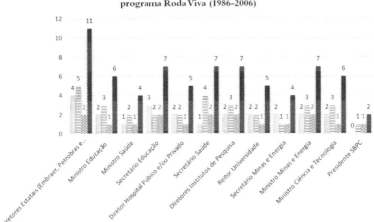

Porém, a agenda pública nacional não era fator determinante no processo de escolha dos entrevistados. A partir dos anos 1990, divulgadores da ciência e cientistas, tais como Marcelo Gleiser, Amit Goswat, Nièdi Guidon, Domenico de Masi e outros foram chamados para o centro do debate. O apresentador Paulo Markun comentou:

> Depois de um tempo começamos a receber muita oferta de editoras, principalmente de São Paulo – a Cia. das Letras, Boitempo e do Rio... às vezes o Senac também... Mas então, [as editoras falavam] Vai chegar o filósofo fulano de tal ou o cientista tal e isso era uma das vertentes de pauta. E isso passou a integrar o trabalho naturalmente.[26]

---

26 Entrevista concedida à autora em agosto de 2013.

Ao que tudo indica, a equipe de produção passou a utilizar uma agenda cultural promovida pelas próprias editoras de São Paulo e Rio de Janeiro, abandonando, cada vez mais, temas na área de política científica a partir dos anos 2000. Conforme indica o Gráfico 2, o número de ministros e/ou secretários ligados a essas pastas apresentou o menor índice para todo o período.

Nesse estudo, observamos que as entrevistas nas áreas de C&T seguiram dois pressupostos. O primeiro voltado para a atenção do público. Constatou-se a existência de certas características necessárias para que um determinado assunto seja tema de um debate – conflito, drama, impacto, novidade, utilidade para os cidadãos – tais elementos mobilizaram, e muito, a equipe de produção a convidar um representante do mundo da ciência. Esses indivíduos foram apresentados como figuras confiáveis e fidedignas. Pouco se falou nas controvérsias que envolvem o processo de produção do conhecimento, das diferentes linhas de pesquisa ou comunidades científicas.

É importante destacar, por fim, que o *Roda Viva* convidou prioritariamente cientistas de instituições localizadas no eixo Rio/São Paulo. Assim, ainda que contenha o slogan o *Brasil passa por aqui*, pautando-se por uma agenda nacional, e ter sido constituído em um momento de redemocratização política, o programa, no que se refere à produção na área de Ciência e Tecnologia, priorizou as pesquisas promovidas no Sudeste.

Sobre os autores

ADRIANA TAVARES DO AMARAL MARTINS KEULLER é graduada em História, mestre em História Social da Cultura pela PUC-RJ, e doutora em História Social pela USP. É autora do livro *Os estudos físicos de antropologia no Museu Nacional do Rio de Janeiro: cientistas, objetos,ideias e instrumentos (1876-1930)*. Atualmente, é Pesquisadora Colaboradora do Museu de Astronomia e Ciências Afins (MAST-RJ) onde desenvolve pesquisa em história da antropologia.

ALEXANDRE RICARDI é historiador e mestre em História Social, ambos pela Universidade de São Paulo. É doutorando em História Social pela mesma universidade, com pesquisa sobre a atuação da Brazilian Traction, controladora da Light Rio, Light São Paulo e São Paulo Electric Company (que construiu a usina de Ituparanga em Sorocaba). Possui experiência como pesquisador independente e como professor da Universidade de Santo Amaro.

DALMO DIPPOLD VILAR é bacharel em História pela Pontifícia Universidade Católica de São Paulo. Mestre e doutor em Arqueologia pela Universidade de São Paulo, com especialização na área de Arqueologia Industrial na Universidade do Minho. Realizou pós-doutorado em História Social pela Universidade de São Paulo.

DANIELLE RODRIGUES AMARO é graduada em História da Arte pela UERJ, mestre em Artes pela Unicamp e doutoranda em História Social na USP com o projeto de pesquisa "História da Arte no Brasil: lugar e cientificidade". Desde 2004 realiza trabalhos educativos em museus de arte e história, atualmente é educadora no Programa de Inclusão Sociocultural do Núcleo de Ação Educativa da Pinacoteca do Estado de São Paulo.

DAYANA DE OLIVEIRA FORMIGA é historiadora formada pela Universidade Estadual de Londrina e mestre em História Social pela Universidade de São Paulo. É doutoranda em História Social nesta Universidade, com pesquisa sobre o desenvolvimento da Genética Humana no Brasil. Desde 2010 atua como professora e coordenadora de estágios do curso de História do Centro Universitário Adventista (UNASP), *campus* de Engenheiro Coelho.

FILOMENA PUGLIESE FONSECA é bacharel em Ciências Jurídicas e Sociais pela Pontifícia Universidade Católica de São Paulo. Mestre e doutora em Arqueologia pela Universidade de São Paulo, com especialização na área de Arqueologia Industrial na Universidade do Minho. Realizou pós-doutorado em História Social na Universidade de São Paulo.

GILDO MAGALHÃES DOS SANTOS FILHO é engenheiro eletrônico e doutor em História Social, ambos pela Universidade de São Paulo. Com pós-doutorado na *Smithsonian Institution*, foi *Fellow* da *Chemical Heritage Foundation* e é membro do Centro de Filosofia da Ciência da Universidade de Lisboa. Publicou os livros *Força e Luz, Introdução à Metodologia da Pesquisa, História e Energia, Ciência e Conflito* e *Um Bit Auriverde*. É Professor Titular no Departamento de História, Faculdade de Filosofia, Letras e Ciências Humanas da Universidade de São Paulo, onde desde 1998 atua em História da Ciência e Tecnologia.

GISELA TOLAINE MASSETTO DE AQUINO, historiadora graduada pela Universidade de São Paulo, é mestre em História Social e doutoranda neste programa, pela mesma universidade. Pedagoga com especialização em Psicopedagogia, desenvolve pesquisa sobre História da Ciência no Ensino Médio e atua na formação de professores. É professora e coordenadora de História no Colégio Visconde de Porto Seguro, em São Paulo.

Alameda nas redes sociais:
Site: www.alamedaeditorial.com.br
Facebook.com/alamedaeditorial/
Twitter.com/editoraalameda
Instagram.com/editora_alameda

Esta obra foi impressa em São Paulo no inverno de 2017. No texto foi utilizada a fonte Minion Pro em corpo 10,25 e entrelinha de 15 pontos.